智能制造应用型人才培养系列教程

工业机器人技术

工业机器人编程操作

（FANUC 机器人）

张明文◆主编

王伟 何定阳◆副主编　　霞学会◆主审

微课 附 视频

人民邮电出版社

北京

图书在版编目（C I P）数据

工业机器人编程操作 : FANUC机器人 / 张明文主编
. -- 北京 : 人民邮电出版社, 2020.1（2024.7重印）
智能制造应用型人才培养系列教程. 工业机器人技术
ISBN 978-7-115-52327-3

Ⅰ. ①工… Ⅱ. ①张… Ⅲ. ①工业机器人－教材
Ⅳ. ①TP242.2

中国版本图书馆CIP数据核字(2019)第230160号

内 容 提 要

本书以 FANUC 机器人为主，从 FANUC 机器人应用过程中需掌握的技能出发，由浅入深、循序渐进地介绍了 FANUC 机器人操作编程的相关知识。全书共八章，内容包括 FANUC 机器人简介、FANUC 机器人编程操作、工业机器人系统外围设备的应用、激光雕刻应用、码垛应用、仓储应用、伺服定位控制应用、综合应用。

本书图文并茂，通俗易懂，具有较强的实用性和可操作性，既可作为本科院校和职业院校工业机器人技术专业的教材，又可作为工业机器人培训机构用书，也可供相关行业的技术人员阅读参考。

◆ 主　　编　张明文
　副 主 编　王　伟　何定阳
　主　　审　霰学会
　责任编辑　刘晓东
　责任印制　王　郁　马振武
◆ 人民邮电出版社出版发行　　北京市丰台区成寿寺路 11 号
　邮编　100164　　电子邮件　315@ptpress.com.cn
　网址　http://www.ptpress.com.cn
　固安县铭成印刷有限公司印刷
◆ 开本：787×1092　1/16
　印张：13.25　　　　2020 年 1 月第 1 版
　字数：244 千字　　　　2024 年 7 月河北第 6 次印刷

定价：46.00 元

读者服务热线：(010)81055256　印装质量热线：(010)81055316
反盗版热线：(010)81055315
广告经营许可证：京东市监广登字20170147号

编审委员会

名誉主任　蔡鹤皋

主　　任　韩杰才　李瑞峰　付宜利

副 主 任　于振中　张明文

委　　员　（按姓氏笔画为序排列）

王　伟　王　艳　王东兴　王伟夏　王璐欢
开　伟　尹　政　卢　昊　包春红　宁　金
华成宇　刘馨芳　齐建家　孙锦全　李　闻
杨浩成　杨润贤　吴战国　吴冠伟　何定阳
张广才　陈　霞　陈欢伟　陈健健　邰文涛
郑宇琛　封佳诚　姚立波　夏　秋　顾三鸿
顾德仁　殷召宝　高文婷　高春能　章　平
董　璐　韩国震　喻　杰　赫英强　滕　武
霰学会

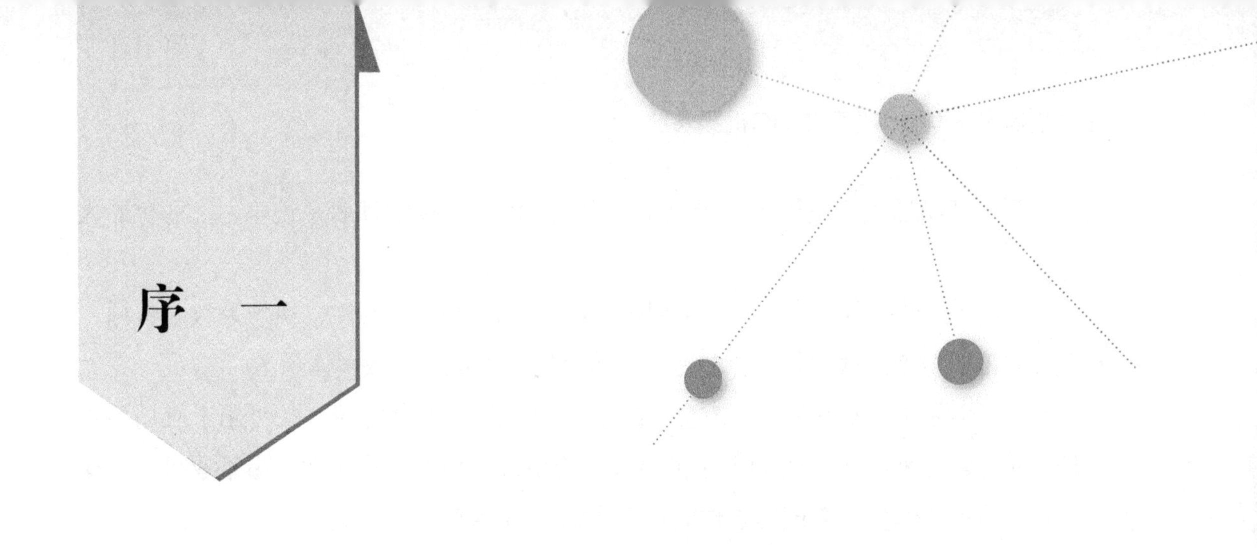

序 一

现阶段，我国制造业面临资源短缺、劳动成本上升、人口红利减少等压力，而工业机器人的应用与推广，将极大地提高生产效率和产品质量，降低生产成本和资源消耗，有效地提高我国工业制造竞争力。我国《机器人产业发展规划（2016—2020年）》强调，机器人是先进制造业的关键支撑装备和未来生活方式的重要切入点。广泛采用工业机器人，对促进我国先进制造业的崛起，有着十分重要的意义。“机器换人，人用机器”的新型制造方式有效推进了工业转型升级。

工业机器人作为集众多先进技术于一体的现代制造业装备，自诞生至今已经取得了长足进步。当前，新科技革命和产业变革正在兴起，全球工业竞争格局面临重塑，世界各国紧抓历史机遇，纷纷出台了一系列国家战略：美国的“再工业化”战略、德国的“工业4.0”计划、欧盟的“2020增长”战略等。伴随机器人技术的快速发展，工业机器人已成为柔性制造系统（FMS）、自动化工厂（FA）、计算机集成制造系统（CIMS）等先进制造业的关键支撑装备。

随着工业化和信息化的快速推进，我国工业机器人市场已进入高速发展时期。国际机器人联合会（IFR）统计显示，截至2016年，我国已成为全球最大的工业机器人市场。未来几年，我国工业机器人市场仍将保持高速的增长态势。然而，现阶段我国机器人技术人才匮乏，与巨大的市场需求严重不协调。

目前，许多应用型本科院校、职业院校和技工院校纷纷开设工业机器人相关专业，但普遍存在师资力量缺乏、配套教材资源不完善、工业机器人实训装备不系统、技能考核体系不完善等问题，导致无法培养出企业需要的专业机器人技术人才，严重制约了我国机器人技术的推广和智能制造业的发展。江苏哈工海渡教育科技集团有限公司依托哈尔滨工业大学，顺应形势需要，产、学、研、用相结合，组织企业专家和一线科研人员开展了一系列企业调研，面向企业需求，联合高校教师共同编写了该系列图书。

该系列图书具有以下特点。

（1）循序渐进，系统性强。该系列图书从工业机器人的入门实用、技术基础、实训指导，到工业机器人的编程与高级应用，由浅入深，有助于读者系统学习工业机器人技术。

（2）配套资源，丰富多样。该系列图书配有相应的电子课件、视频等教学资源，以及配套的工业机器人教学装备，构建了立体化的工业机器人教学体系。

（3）通俗易懂，实用性强。该系列图书言简意赅，图文并茂，既可用于应用型本科院校、职业院校和技工院校的工业机器人应用型人才培养，也可供从事工业机器人操作、编程、运行、维护与管理等工作的技术人员学习参考。

（4）覆盖面广，应用广泛。该系列图书介绍了国内外主流品牌机器人的编程、应用等相关内容，顺应国内机器人产业人才发展需要，符合制造业人才发展规划。

该系列图书结合实际应用，教、学、用有机结合，有助于读者系统学习工业机器人技术和强化、提高实践能力。本系列图书的出版发行，必将提高我国工业机器人专业的教学效果，全面促进我国工业机器人技术人才的培养和发展，大力推进我国智能制造产业变革。

中国工程院院士 蔡鹤皋

2017年6月于哈尔滨工业大学

序 二

机器人技术自出现至今短短几十年中，其发展取得长足进步，伴随产业变革的兴起和全球工业竞争格局的全面重塑，机器人产业发展越来越受到世界各国的高度关注，主要经济体纷纷将发展机器人产业上升为国家战略，提出“以先进制造业为重点战略，以‘机器人’为核心发展方向”，并将此作为保持和重获制造业竞争优势的重要手段。

工业机器人是目前技术发展最成熟且应用最广泛的一类机器人。工业机器人现已广泛应用于汽车及零部件制造、电子、机械加工、模具生产等行业以实现自动化生产线，并参与焊接、装配、搬运、打磨、抛光、注塑等生产制造过程。工业机器人的应用，既保证了产品质量，提高了生产效率，又避免了大量工伤事故，有效推动了企业和社会生产力发展。作为先进制造业的关键支撑装备，工业机器人影响着人类生活和经济发展的方方面面，已成为衡量一个国家科技创新和高端制造业水平的重要标志。

当前，随着劳动力成本上涨、人口红利逐渐消失，生产方式向柔性、智能、精细转变，我国制造业转型升级迫在眉睫。全球新一轮科技革命和产业变革与我国制造业转型升级形成历史性交汇，我国已经成为全球最大的机器人市场。大力发展工业机器人产业，对于打造我国制造业新优势、推动工业转型升级、加快制造强国建设、改善人民生活水平具有深远意义。

我国工业机器人产业迎来爆发性的发展机遇，然而，现阶段我国工业机器人领域人才储备严重不足，对企业而言，从工业机器人的基础操作维护人员到高端技术人才普遍存在巨大缺口，缺乏经过系统培训、能熟练安全应用工业机器人的专业人才。现代工业是立国的基础，需要有与时俱进的职业教育和人才培养配套资源。

该系列图书由江苏哈工海渡教育科技集团有限公司联合众多高校和企业共同编写完成。该系列图书依托于哈尔滨工业大学的先进机器人研究技术，综合企业实际用人需求，充分贯彻了现代应用型人才培养“淡化理论，技能培养，重在运用”的指导思想。该系列图书既可作为应用型本科院校、职业院校工业机器人技术或机器人工程专业的教材，也可作为机电一体化、自动化专业开设工业机器人相关课程的教学用书。该系列图书涵盖了国际主流品牌和国内主要品牌机器人的入门实用、实训指导、技术基础、高级编程等几方面内容，注重循序渐进与系统学习，强化学生的工业机器人专业技术能力和实践操作能力。

该系列图书“立足工业，面向教育”，有助于推进我国工业机器人技术人才的培养和发展，助力中国制造。

中国科学院院士 韩杰才

2017年6月

前　言

习近平总书记在党的二十大报告中深刻指出，“培养造就大批德才兼备的高素质人才，是国家和民族长远发展大计”，并且强调要大力弘扬劳模精神、劳动精神、工匠精神，激励更多劳动者特别是青年一代走技能成才、技能报国之路。本书全面贯彻党的二十大报告精神，以习近平新时代中国特色社会主义思想为指导，结合企业生产实践，科学选取典型案例题材和安排学习内容，在学习者学习专业知识的同时，激发爱国热情、培养爱国情怀，树立绿色发展理念，培养和传承中国工匠精神，筑基中国梦。

机器人是先进制造业的重要支撑装备，也是未来智能制造业的关键切入点，工业机器人作为机器人家族中的重要一员，是目前技术最成熟、应用最广泛的一类机器人。然而，现阶段我国工业机器人领域人才供需失衡，缺乏经系统培训的、能熟练安全使用和维护工业机器人的专业人才。针对当前情况，为了更好地推广工业机器人技术应用和加速推进人才培养，我们编写了这本教材。

本书以FANUC机器人为主，结合工业机器人仿真系统和哈工海渡机器人学院的工业机器人技能考核实训台，从工业机器人应用中需掌握的技能出发，遵循“由浅入深、循序渐进”的原则编写而成。本书可以帮助读者具备工业机器人编程及操作的基本技能，可以帮助读者掌握工业机器人编程操作基本原理及工业机器人在一些领域中的应用。

鉴于工业机器人技术专业具有知识面广、实操性强等显著特点，为了提高教学效果，建议教师在教学过程中，重视实操演练与小组讨论；同时，高效利用本书配套的教学辅助资源，如仿真软件、实训设备、教学课件及视频素材、教学参考与拓展资料等。

本书的参考学时为24学时，建议采用理论实践一体化教学模式，各章的参考学时见下面的学时分配表。

章节	课程内容	学时分配
第 1 章	FANUC 机器人简介	2
第 2 章	FANUC 机器人编程操作	6

续表

章节	课程内容	学时分配
第 3 章	工业机器人系统外围设备的应用	4
第 4 章	激光雕刻应用	2
第 5 章	码垛应用	2
第 6 章	仓储应用	2
第 7 章	伺服定位控制应用	2
第 8 章	综合应用	4
学时总计		24

本书由哈工海渡机器人学院张明文任主编，王伟和何定阳任副主编，霰学会任主审，参加编写的还有顾三鸿、董璐。全书由张明文统稿，具体编写分工如下：王伟编写第1章、第2章，顾三鸿编写第3章、第4章，何定阳编写第5章、第6章，董璐编写第7章、第8章。本书编写过程中，得到了哈工大机器人集团和上海FANUC机器人有限公司的有关领导、工程技术人员，以及哈尔滨工业大学相关教师的鼎力支持与帮助，在此表示衷心的感谢！

由于编者水平有限，书中难免存在不妥之处，希望广大读者批评指正。

编　者

2023年8月

目 录

第1章 FANUC机器人简介

机器人是典型的机电一体化装置，它涉及机械、电气、控制、检测、通信和计算机等方面的知识。以互联网、新材料和新能源为基础，以“数字化智能制造”为核心的新一轮工业革命即将到来，工业机器人则是“数字化智能制造”的重要载体。

【学习目标】

（1）初步认识FANUC机器人。

（2）了解FANUC机器人的发展历程和模式。

（3）熟悉FANUC机器人的分类及概况。

（4）熟悉FANUC机器人在各行业中的应用。

微课视频

FANUC 发展概述

1.1 FANUC发展概述

FANUC（发那科）的总部坐落在富士山脚下，如图1-1所示，创建于1956年，是当今世界上数控系统科研、设计、制造、销售实力最强的企业之一，也是最早进入我国市场推广机器人技术的跨国公司之一。

图1-1 FANUC总部位置

1.1.1　FANUC企业介绍

1971年，FANUC数控系统销量排名世界第一，占据全球70%的市场份额。

FANUC机器人产品系列多达240种，负载从0.5kg到2 300kg，广泛应用在汽车、食品、医药、工程机械、金属加工、塑料、机床等众多行业的装配、搬运、焊接、铸造、喷涂、码垛等不同生产环节，满足不同的生产需求。

1.1.2　FANUC机器人发展历程

创新是动力，它推动企业不断进取。自1974年，FANUC首台机器人问世以来，FANUC就始终致力于机器人技术上的领先与创新，是世界上最早由机器人来做机器人的公司。2011年，FANUC不但入围英国《金融时报》世界500强（位列排行榜的第235名），而且同时被“福布斯”和“路透社”评为全球100强最具创新力公司之一。

1977年，FANUC第一代机器人ROBOT-MODEL1开始量产。FANUC机器人先后经历了多次的变革，系统从数控系统6发展到现在的数控系统15、数控系统16以及数控系统18等。

1992年，FANUC机器人学校开办，为客户和员工提供实体样机技术培训。

2008年，FANUC推出当时世界上最迷你的喷涂机器人FANUC Paint Mate 200iA，其腕部负载能力大、位置重复精度高、所有马达内置密封和运动速度快，为在危险的作业环境中进行涂装作业提供最佳的解决方案，如图1-2所示。

2009年，FANUC推出当时世界上最小且速度最快的FANUC M-1iA，它是一款轻型、结构紧凑、灵活度高的六轴拳头型高速装配机器人，如图1-3所示。

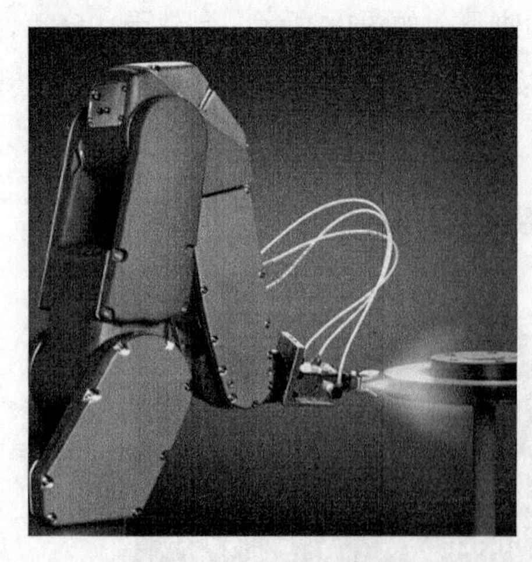

图1-2　Paint Mate 200iA

图1-3　FANUC M-1iA

2010年，FANUC推出当时世界上最大的机器人FANUC M-2000iA，其最大可搬运质量达到了2 300kg，能够做到快、准、稳地移动大型部件，用于物流搬运、机床上下料、装配、码垛及材料加工等，如图1-4所示。同年，FANUC推出FANUC P-50i，它是新一代的涂装机器，是一款紧凑型机器人，针对一般工业喷涂而设计，也适用于晶体涂覆、遮蔽涂覆和涂胶，如图1-5所示。

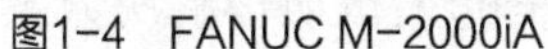

图1-4 FANUC M-2000iA

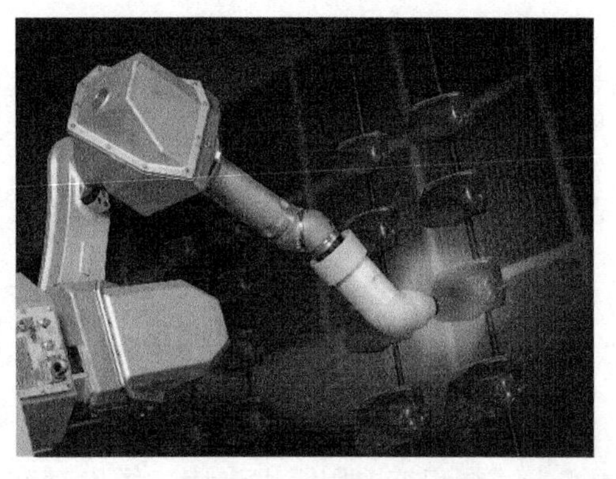

图1-5 FANUC P-50i

2011年，FANUC推出高速紧凑型学习机器人FANUC R-1000iA，其采用串联机构，拥有可到达机器人背部和下方的广阔的动作领域，广泛用于机加工、冲压加工、锻造加工、铸造加工过程中的工件搬运、取件、装卸，如图1-6所示。同年，FANUC推出FANUC M-1iA拳头智能机器人，其以极高的速度和精确度完成拣选、装配、搬运、打磨等作业，如图1-7所示。

图1-6 FANUC R-1000iA

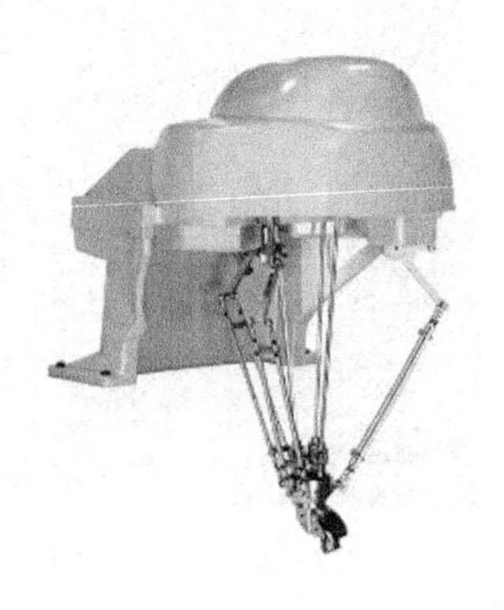

图1-7 FANUC M-1iA

2012年，FANUC推出新品机器人FANUC R-0iA，它是一款具有智能化功能的六轴机器人，其机身设计紧凑、细巧，占地面积小，特别适用于在狭小空间内的弧焊作业，如图1-8所示。

2015年，FANUC全新推出一款协作机器人FANUC Robot CR-35iA，其负载达到35kg，是当时世界上负载最大的协作机器人，如图1-9所示。

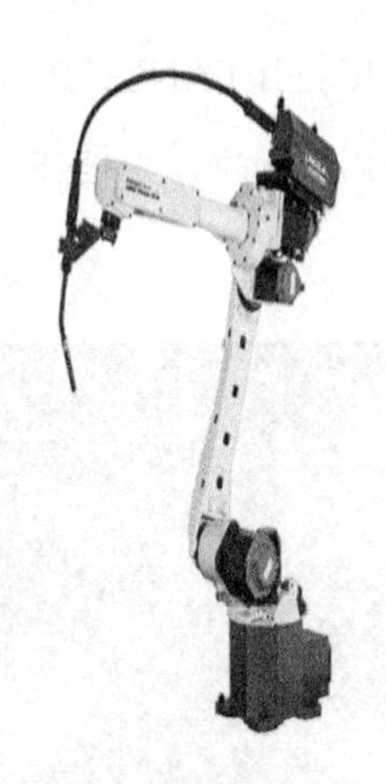

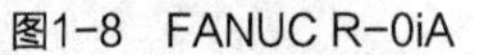
图1-8　FANUC R-0iA

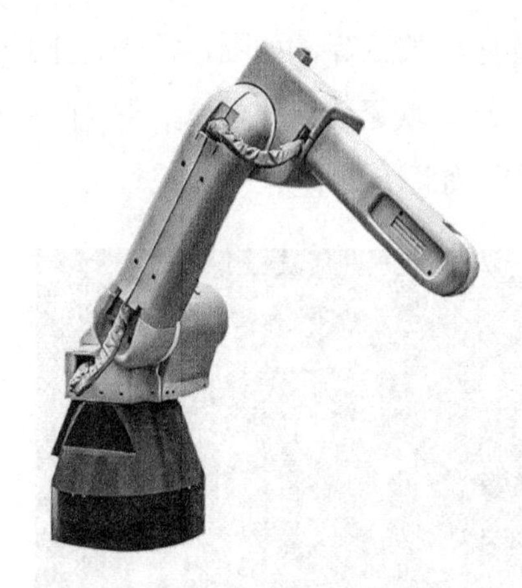

图1-9　FANUC Robot CR-35iA

2016年11月，FANUC正式发布小型协作机器人FANUC CR-7iA，它针对小型部件的搬运、装配等应用需求为用户提供精准、灵活、安全的人机协作解决方案，如图1-10所示。

2018年，FANUC推出新款弧焊机器人FANUC M-10iD/12，其搬运质量达到12kg，活动半径可达1 441mm，重复定位精度±0.02 mm。M-10iD/12机器人采用整体式管线，所有管线全内置，并且与同类型机器人相比，运动速度更快，精度更高，如图1-11所示。

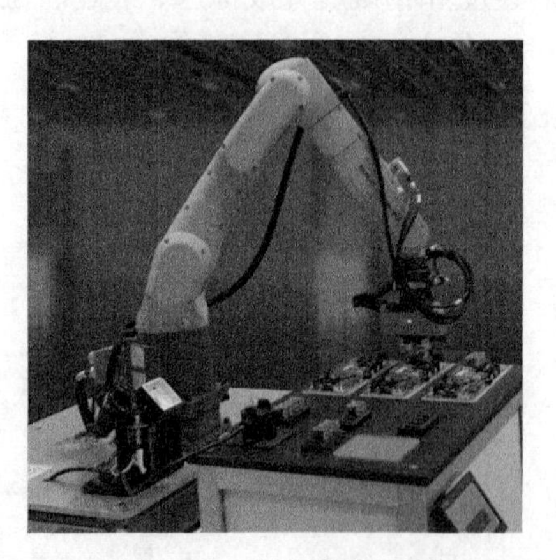

图1-10　FANUC CR-7iA

图1-11　FANUC M-10iD/12

1.2　FANUC机器人的行业概况

2008年，FANUC全球子公司达72家。FANUC机器人产品分别在北美占有50%、在日本占有25%、在欧洲占有25%、在我国占有23%的市场份额，2008年FANUC公司全球产值达到40亿美元。2008年6月，FANUC成为世界上第一个装机量突破20万台的机器人厂家，成为全球工业机器人的龙头。2011年，FANUC全球机器人装机量已超25万台，市场份额稳居第一。

1.2.1 FANUC机器人的市场分析

2012年以来，全球工业机器人市场规模逐渐扩大，销量持续增加，2016年全球销量达29.4万台，同比增长13.78%。相比其他厂商2016年的销售情况，四大家族（FANUC、ABB、KUKA和YASKAWA）合计销量占外资品牌总销量的比例超过50%，如图1-12所示。其中，FANUC机器人销量达1.7万台。

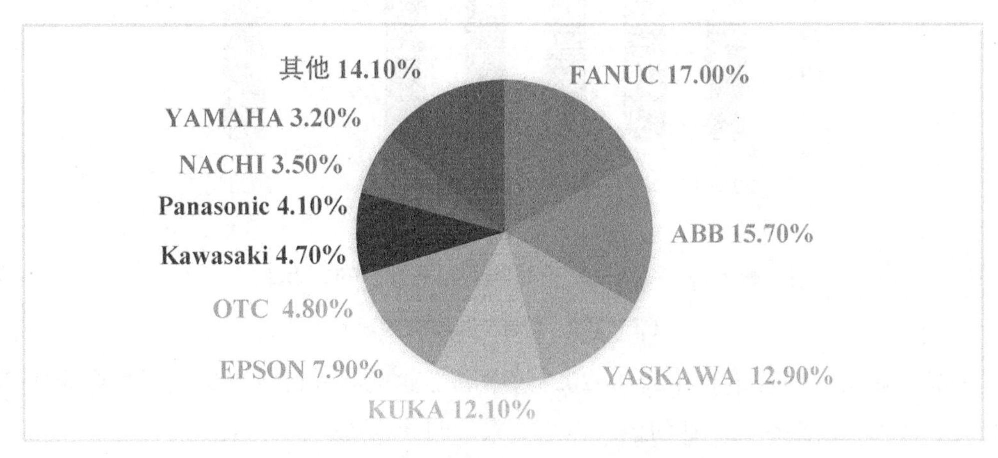

图1-12 2016年品牌工业机器人厂商市场份额

FANUC是目前市场总销量最大的机器人品牌，其不依托大客户的销量，而是采用开放性的市场策略，使得FANUC在市场上全面开花，销量节节攀升。

1.2.2 工业机器人未来前景

目前，全球机器人市场规模持续扩大，工业机器人、特种机器人市场增速稳定，服务机器人增速突出。技术创新围绕仿生结构、人工智能和人机协作不断深入，产品在教育陪护、医疗康复、危险环境等领域的应用持续拓展，企业前瞻布局和投资并购异常活跃，全球机器人产业正迎来新一轮增长。

工业机器人是最典型的机电一体化数字装备，技术附加值很高，应用范围很广，作为先进制造业的支撑技术和信息化社会的新兴产业，将对未来生产和社会发展起着越来越重要的作用。根据IFR统计，2016年，全球工业机器人本体销售额首次突破132亿美元（加上系统集成部分，整个工业机器人市场约500亿美元）。随着主要经济体的自动化改造，全球工业机器人使用密度大幅提升。2016—2018年，世界机器人销量分别为29.4万台、38.1万台、38.4万台，根据IFR预测，2019年、2020年销量将分别为43.3万台、52.1万台，到了2025年，世界机器人销量将会达到85万台，如图1-13所示。

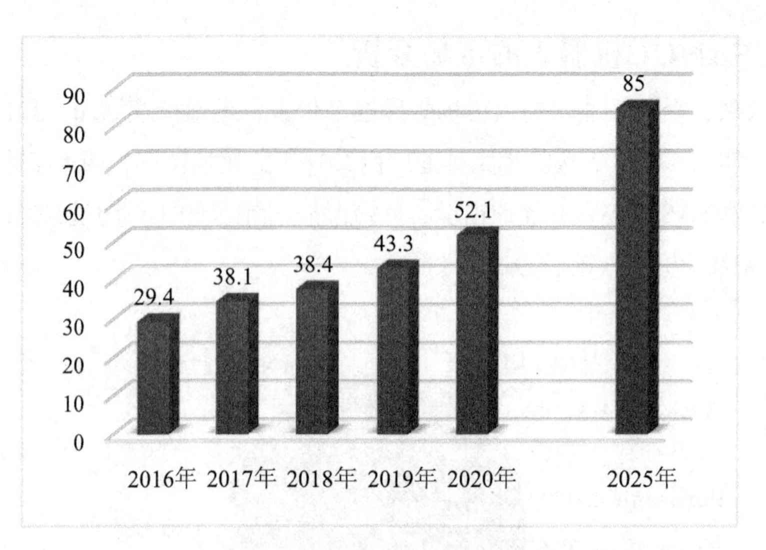

图1-13 2016~2025年世界机器人销量（单位：万台）

（资料来源：前瞻产业研究院整理）

前瞻产业研究院发布的《2018~2023年中国工业机器人行业战略规划和企业战略咨询报告》认为，未来全球工业机器人主要有以下四大趋势。

1.工业机器人与信息技术深入融合

大数据和云存储技术使得机器人逐步成为物联网的终端和节点。信息技术的快速发展将机器人与网络融合，组成复杂的生产系统，各种算法如蚁群算法、免疫算法等可以逐步应用于工业机器人应用中，使其具有人的学习能力。多台机器人协同技术，使一套生产解决方案成为可能。

2.工业机器人产品易用性与稳定性提升

随着工业机器人标准化结构、集成一体化关节、自组装与自修复等技术的改善，工业机器人的易用性与稳定性不断提高。

（1）工业机器人的应用领域已经从较为成熟的汽车、电子产业延展至食品、医疗、化工等更广泛的制造领域，服务领域和服务对象不断增加，机器人本体向体积小、应用广的特点发展。

（2）工业机器人成本快速下降。工业机器人技术和工艺日趋成熟，工业机器人初期投资相较于传统专用设备的价格差距逐渐缩小。在个性化程度高、工艺和流程烦琐的产品制造中，使用机器人替代传统专用设备具有更高的经济效率。

（3）人机关系发生深刻改变。例如，工人和工业机器人共同完成目标时，工业机器人能够通过简易的感应方式理解人类语言、图形、身体指令，利用其模块化的插头和生产组件，免除工人复杂的操作。现有阶段的人机协作存在较大的安全问题，尽管具有视觉和先进传感器的轻型工业机器人已经被开发出来，但是目前仍然缺乏可靠安全的工业机器人协作的技术规范。

3.工业机器人向模块化、智能化和系统化方向发展

目前全球推出的工业机器人产品向模块化、智能化和系统化方向发展。

（1）模块化改变了传统工业机器人的构型仅能适用有限范围的问题。工业机器人的研发更趋向于采用组合式、模块化的产品设计思路。重构模块化可帮助用户解决产品品种、规格与设计制造周期和生产成本之间的矛盾。例如，关节模块中伺服电机、减速机和检测系统的三位一体化，由关节、连杆模块重组的方式构造机器人整机。

（2）工业机器人产品向智能化发展的过程中，工业机器人控制系统向开放性控制系统集成方向发展，伺服驱动技术向非结构化、多移动工业机器人系统改变，工业机器人协作已经不仅是控制的协调，而是工业机器人系统的组织与控制方式的协调。

（3）工业机器人技术不断延伸，目前的工业机器人产品正在嵌入工程机械、食品机械、实验设备、医疗器械等传统装备中。

4.新型智能工业机器人市场需求增加

新型智能工业机器人，尤其是具有智能性、灵活性、合作性和适应性的工业机器人需求持续增长。

（1）下一代智能工业机器人的精细作业能力被进一步提升，对外界的适应感知能力不断增强。在工业机器人精细作业能力方面，波士顿咨询集团调查显示，最近进入工厂和实验室的工业机器人具有明显不同的特质，它们能够完成精细化的工作内容，如组装微小的零部件，预先设定程序的工业机器人不再需要专家的监控。

（2）市场对工业机器人灵活性方面的需求不断提高。雷诺使用了一批29kg的拧螺丝工业机器人，它们在仅有的1.3m长机械臂中嵌入6个旋转接头，机器臂均能灵活操作。

（3）工业机器人与人协作能力的要求不断增强。未来工业机器人能够靠近工人执行任务，新一代智能工业机器人采用声呐、摄像头或者其他技术感知工作环境是否有人，如有碰撞可能它们会减慢速度或者停止运作。

1.3 FANUC机器人的应用

如今，工业机器人已应用到众多领域。工业机器人的种类繁多，有点焊、弧焊机器人，码垛机器人，喷涂机器人，装配机器人，搬运机器人等。工业机器人应用领域有高温应用、测量检测、包装、弧焊、点焊、喷涂、搬运、分拣处理、码垛、填装、机器上下料、冲压、压力铸造、热处理、装配、修缘、抛光、打磨、水切割、等离子切割、激光焊接与切割、压力装配机铆接、粘接与封接等。

目前，FANUC机器人在我国许多领域得到广泛应用。FANUC机器人种类众多，能够完成绝大部分领域的应用任务。下面主要列举FANUC机器人在汽车行业、食品医药行业、金属加工中的应用。

1.3.1 在汽车行业中的应用

自开创至今，FANUC一直为世界自动化生产行业提供专业的柔性一体化技术及装备。其服务涵盖了汽车制造的各个环节和应用领域。在汽车生产领域，FANUC机器人广泛地应用于各个环节，按照不同车间的不同使用要求，FANUC针对性地开发出200余种机器人产品，并且不断更新软件增强性能和智能化、柔性化功能，使FANUC机器人的品质在行业内一直保持领先地位。

在众多FANUC机器人中，广泛应用于汽车行业的R-2000iB系列共有14种机型，每种机型都有其独特的效用，其中包括R-2000iB/165EW中空手臂机器人，如图1-14所示。该款机器人的整套电缆、管线全部由机器人手臂内部通过，不会裸露在外，既保护了电缆管线，又避免了裸露在外的电缆管线与周边设备的干涉，外形固定的机身能更有效地使用机器人电脑仿真，因而特别适用于车身焊装车间。除R-2000iB系列之外，FANUC还生产M-900iA系列大负载机器人，最大负载达到700kg，同样很好地应用在车身车间，如图1-15所示。

图1-14　FANUC R-2000iB/165EW

图1-15　FANUC M-900iA

FANUC机器人在总装车间里应用于装配、玻璃涂胶等方面。常用机型有R-2000iB系列（见图1-16）及M-710iC系列机器人。在涂装车间，FANUC有超过25年的喷涂机器人的开发经验，超过20年的喷涂设备开发历史，拥有专业的机器人及涂装设备研究所，具备完全的系统设计、制造及集成能力。通过离线仿真、实验喷房内工艺条件测试、系统集成后实际测试等途径实现系统全方位工艺开发及设备确认，图1-17所示为正在车间里进行作业的FANUC喷涂机器人。

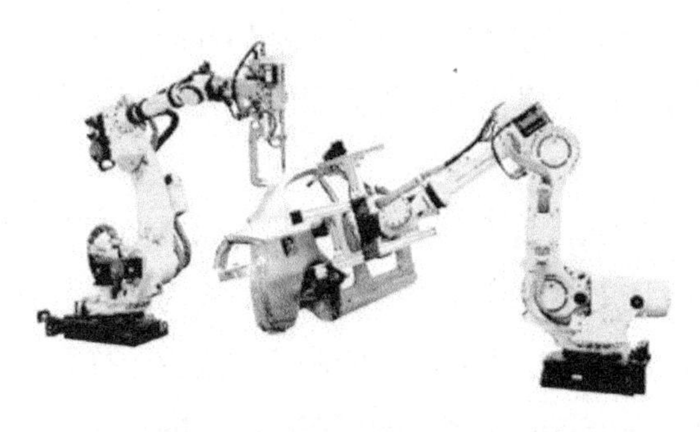

图1-16　FANUC R-2000iB

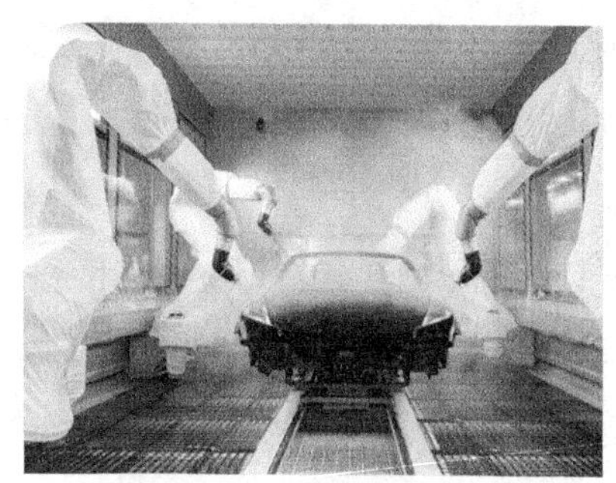

图1-17　FANUC M-710iC

1.3.2　在食品医药行业中的应用

1.食品行业

食品的生产都是按照大规模的标准化工业程序来完成的。在这个过程中，既要保证食品本身的品质，又要保证产出的数量，更要满足严格的卫生标准和包装、外观等一系列苛刻要求。作为最先进的自动化技术的典型代表，机器人的出现提供了完美的解决方案，使食品企业在保障生产与控制成本之间找到了良好的平衡点。目前，全世界已有许多食品企业和包装生产企业成功引入FANUC机器人，包括乳品、肉类、烘焙、糖果、冷冻、点心、饮料等食品的加工、包装、搬运、码垛、拣选，如图1-18所示。有些企业甚至直接使用FANUC机器人生产产品，建立了全自动化的工作生产线，不仅保证了作业效率，还确保了食品生产安全和卫生质量。

（a）码垛

（b）拣选

图1-18　FANUC工业机器人在食品行业中的应用

FANUC提供的机器人应用解决方案不仅使得食品工业制造商能更好地适应新的轻量级连续包装设计方案，提高设备综合效率，减少人员轮换时间，消除更换部件的麻烦，而且降低了运营成本，大大改善了食品安全性，提高了食品质量。

2.医药行业

随着医药和制药工业不断发展，对新技术和效率的需求不断提高，机器人技术以空前的速度在医药行业得到普及。高速度、高精度的FANUC机器人不但在医药包装生产线和物流转运仓库大显身手，在实验室同样可以上岗作业，提高研究开发效率，降低生产成本。

FANUC机器人在医药生产的拾料、包装和货盘堆垛系统方面扮演着重要角色。稳定和效率是它最值得称道的地方，可以有效杜绝手工操作中可能出现的人为错误，可靠持续地连续工作24小时；集成视觉系统可以快速识别不同颜色的药片并进行分拣；可以适应各种工位的安装，机器人本身只需调用一个新的程序，即可在短时间内完成转型，如图1-19所示。

（a）拾料

（b）包装

图1-19 FANUC机器人在医药行业中的应用

在医药研发中心里，许多以往需要专业操作人员谨慎操作的实验流程，也可以由FANUC机器人代替，包括根据标签抓取特定试管而后配制化学溶液、对化合物进行加热实验等大量虽然看似简单但精度要求较高的劳动密集型工作。专门开发的洁净室机器人覆有专用涂层，配备密封部件和可食用级润滑油，非常有利于卫生化设计，大大消除污染的风险，为要求严格的实验室环境提供理想的解决方案。

1.3.3 在金属加工中的应用

FANUC机器人广泛应用于诸如钻孔、铣削、切割、折弯、抛光、打磨等加工过程，此外FANUC机器人还可以缩短焊接、安装、检测、装卸料以及冲压过程的工作周期并提高生产率。即使在粉尘多、水气重、温度高等肮脏恶劣的生产环境下，如铸造喷淋、浇注、上下料、去边、铣削钻孔加工、去毛刺、清洗等环节，FANUC机器人也能从容应对，显著提高生产过程的经济效益。具有紧凑结构和优越动作性能的FANUC机器人，可以在狭小空间内与加工中心完美融合，灵活作业，利用整体视觉系统实时监控，快速识别、校正，精准取放，为无人化加工带来了高效便捷的解决方案，如图1-20所示。

（a）打磨

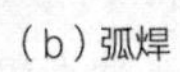

（b）弧焊

（c）机床取料

（d）柔性清洗

图1-20　FANUC机器人在金属加工中的应用

第2章 FANUC机器人编程操作

使用机器人时，操作人员必须能够对机器人进行操作、编程和调试。进行机器人示教时，需要操作者能够使用示教器，完成机器人基本运动操作；而为使流程能够再现，必须把机器人工作单元的作业过程用机器人语言编成程序。当然，在操作机器人之前还必须严格遵守相关安全操作规程。

【学习目标】

（1）了解FANUC机器人的基本组成。

（2）掌握FANUC机器人的运动类型。

（3）掌握FANUC机器人的坐标系类型。

（4）掌握FANUC机器人的I/O通信种类。

（5）掌握FANUC机器人的基本指令。

（6）掌握FANUC机器人的编程基础知识。

2.1 工业机器人基本概念

工业机器人是一种自动控制、可重复编程、具有多用途的操作机。想要熟练地实施工业机器人项目，就要了解工业机器人的系统组成、动作类型、坐标系种类、负载设定、宏指令等。

2.1.1 系统组成

FANUC机器人一般由3部分组成：机器人本体、控制器、示教器。

本书以FANUC典型产品LR Mate 200iD/4S机器人为例，进行相关产品介绍和应用分析，其组成结构如图2-1所示。

1.机器人本体

机器人本体又称操作机，是工业机器人的机械主体，是用来完成规定任务的执行机构，主要由机械臂、驱动装置、传动装置和内部传感器组成。对于六轴串联机器人而言，其机械臂主要包括基座、腰部、手臂（大臂和小臂）和手腕。

LR Mate 200iD/4S六轴串联机器人的机械臂如图2-2所示。

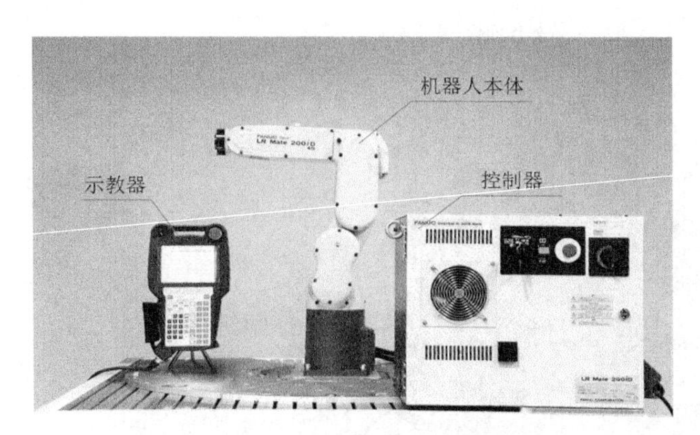

图2-1　FANUC LR Mate 200iD/4S机器人组成

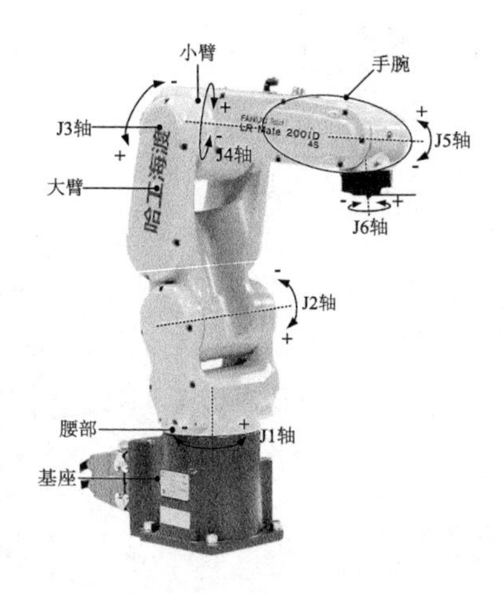

图2-2　LR Mate 200iD/4S六轴机器人的机械臂

图2-2中，J1~J6为LR Mate 200iD/4S机器人的6个轴。LR Mate 200iD/4S机器人的规格和特性如表2-1所示。

表 2-1　机器人规格和特性

规格		
型号	工作范围	额定负荷
LR Mate 200iD/4S	550 mm	4kg
特性		
重复定位精度	± 0.02 mm	
机器人安装	地面安装，吊顶安装，倾斜角	
防护等级	IP67	
控制器	R-30iB Mate	

机器人的运动范围如表2-2所示。

表 2-2　机器人的运动范围

轴运动	工作范围	最大速度
J1 轴	−170° ～ +170°	340° /s
J2 轴	−110° ～ +120°	230° /s
J3 轴	−69° ～ +205°	402° /s
J4 轴	−190° ～ + 190°	380° /s
J5 轴	−120° ～ +120°	240° /s
J6 轴	−360°～ +360°	720° /s

2.控制器

LR Mate 200iD/4S机器人一般采用R-30iB Mate型控制器，其面板和接口的主要构成有：操作面板、断路器、USB端口、连接电缆、散热风扇单元，如图2-3所示。

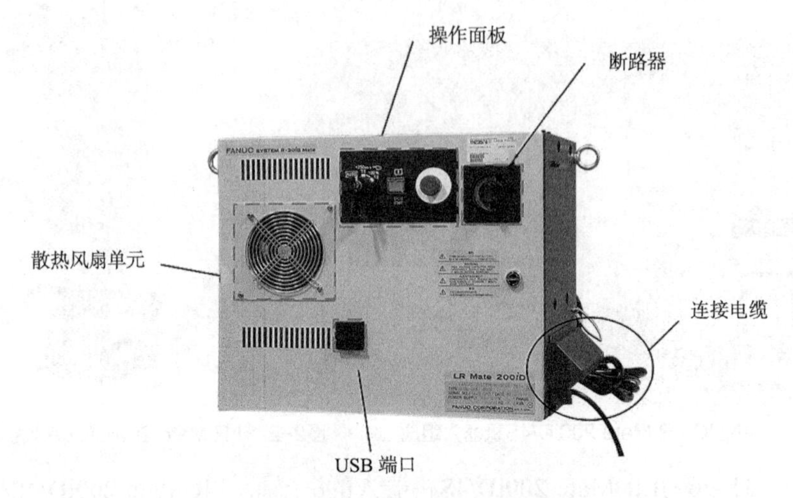

图2-3 R-30iB Mate型控制器

下面主要介绍操作面板（见图2-4）和断路器（见图2-5）。

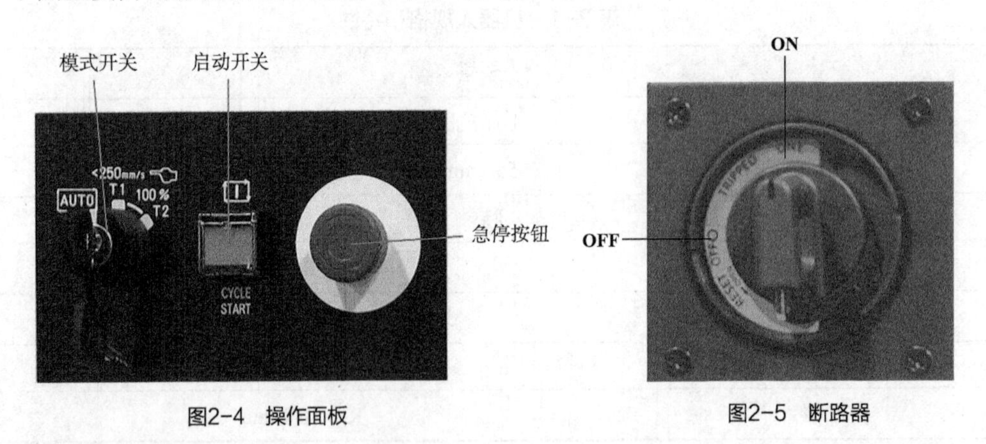

图2-4 操作面板　　图2-5 断路器

（1）操作面板

操作面板上有模式开关、启动开关、急停按钮，如图2-4所示。

①模式开关。

模式开关有3种模式：T1模式、T2模式和AUTO。

a. T1模式：手动状态下使用，机器人只能低速（小于250mm/s）手动控制运行。

b. T2模式：手动状态下使用，机器人以100%速度倍率手动控制运行。

c. AUTO：在生产运行时使用的一种方式。

②启动开关。

启动当前所选的程序，程序启动中亮灯。

③急停按钮。

按下此按钮可使机器人立即停止。向右旋转急停按钮即可解除按钮锁定。

（2）断路器

断路器即控制器电源开关。ON表示通电；OFF表示断电，如图2-5所示。当断路器处于ON时，无法打开控制器的柜门；只有将其旋转至OFF，并继续逆时针转动一段距离，才能打开柜门，但此时无法启动控制器。

3.示教器

示教器是工业机器人的人机交互接口，工业机器人的绝大部分操作均可以通过示教器来完成，如点动机器人，编写、测试和运行机器人程序，设定、查阅机器人状态设置和位置等。示教器通过电缆与控制器连接。

FANUC机器人的示教器（iPendant）有4个开关：有效开关、急停按钮、安全开关（2个），如图2-6所示。

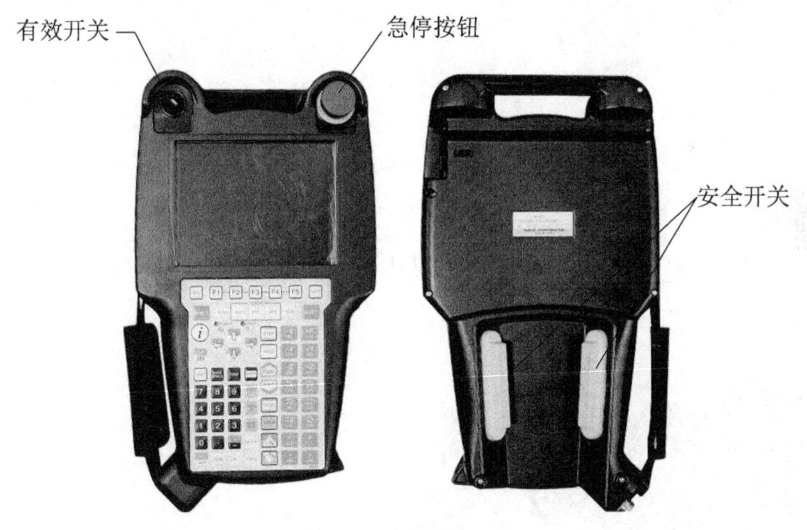

图2-6 示教器外观图

示教器主要的功能是处理与机器人系统相关的操作，具体如下。

（1）机器人的点动进给。

（2）程序创建。

（3）程序的测试执行。

（4）操作程序。

（5）状态确认。

2.1.2 动作类型

动作类型是指机器人向指定位置移动时的运行轨迹。机器人的动作类型有4种：关节动作（J）、直线动作（L）、圆弧动作（C）、C圆弧动作（A）。

1.关节动作

关节动作（J）是将机器人移动到指定位置的基本移动方法，如图2-7所示。机器人所有轴同时加速，以示教速度移动后，同时减速停止。移动轨迹通常为非直线，在对目标点进行示教时记述动作类型。

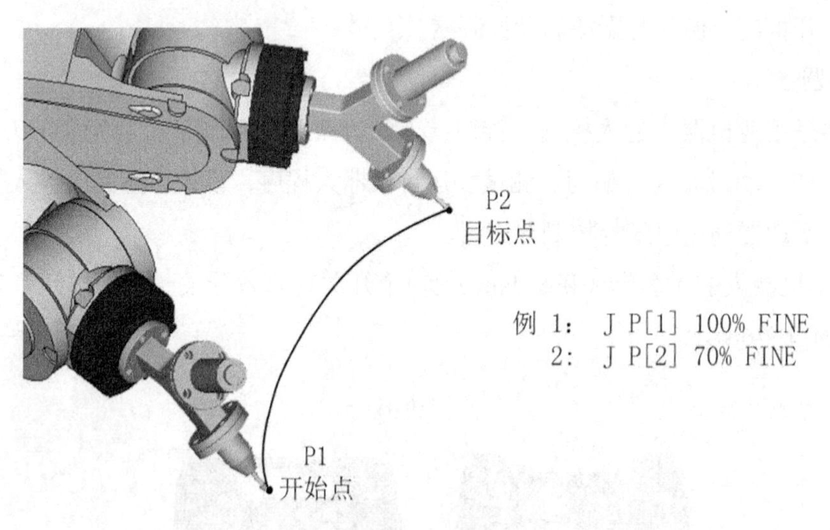

图2-7 关节动作

2.直线动作

直线动作（L）是将选定的机器人工具中心点（TCP）从轨迹开始点运动到目标点的运动类型，如图2-8所示。

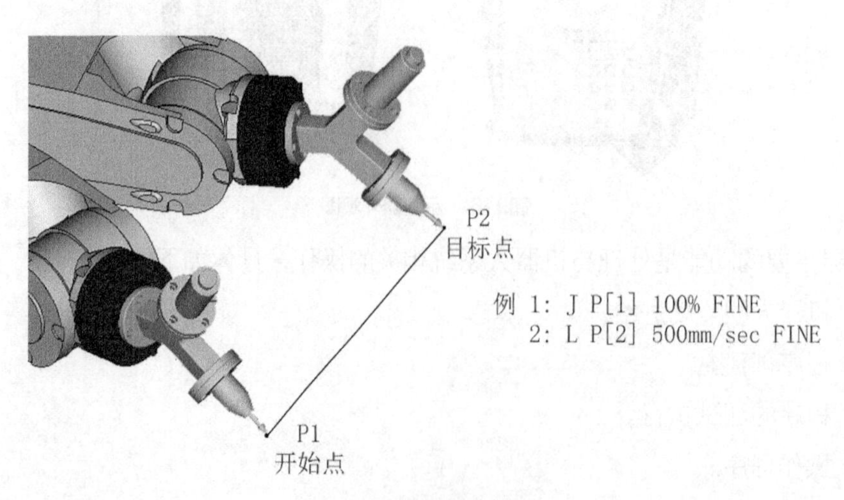

图2-8 直线动作

3. 圆弧动作

圆弧动作（C）是从动作开始点通过经过点到目标点，以圆弧方式对工具中心点移动轨迹进行控制的一种移动方法，其在一个指令中对经过点、目标点进行示教，如图2-9所示。

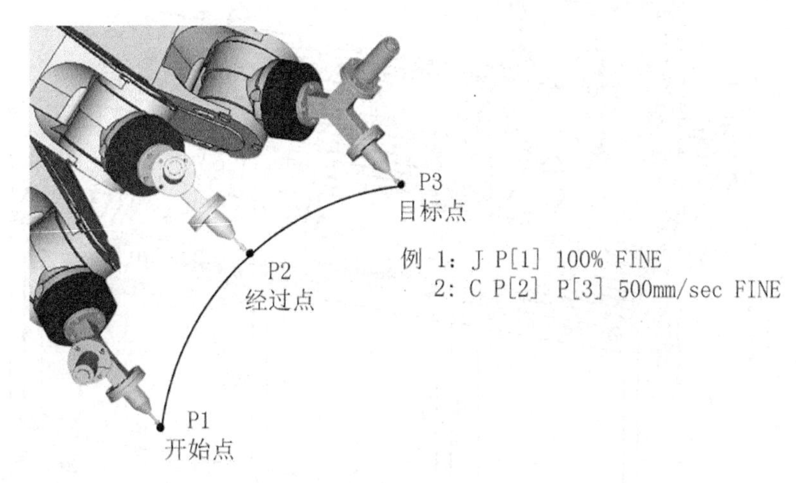

图2-9　圆弧动作

4.C圆弧动作

在圆弧动作指令下，需要在一行中示教2个位置，分别是经过点和目标点，而在C圆弧动作（A）指令下，在一行中只示教一个位置，连续的3个圆弧动作指令将使机器人按照3个示教的点位形成的圆弧轨迹动作，如图2-10所示。

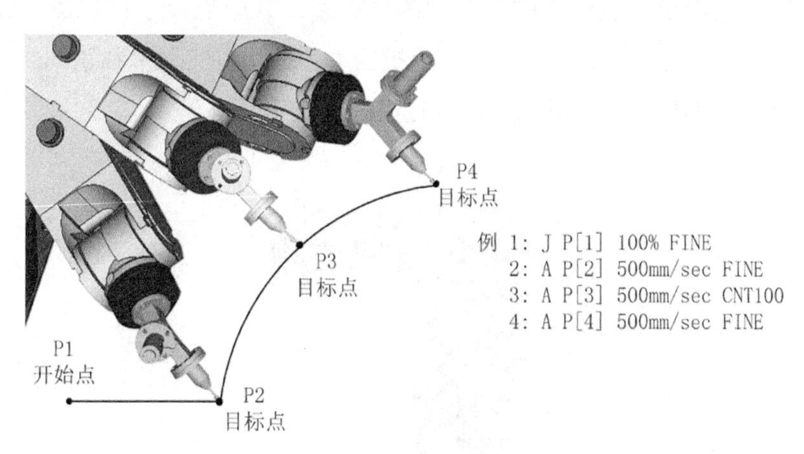

图2-10　C圆弧动作

2.1.3　坐标系种类

坐标系是为确定机器人的位置和姿态而在机器人或空间上定义的位置指标系统。

常用的机器人坐标系有：关节坐标系、世界坐标系、手动坐标系、工具坐标系、用户坐标系、单元坐标系，如图2-11所示。

其中世界坐标系、手动坐标系、工具坐标系、用户坐标系和单元坐标系均属于直角坐标系。机器人大部分坐标系都是笛卡尔直角坐标系，符合右手规则。

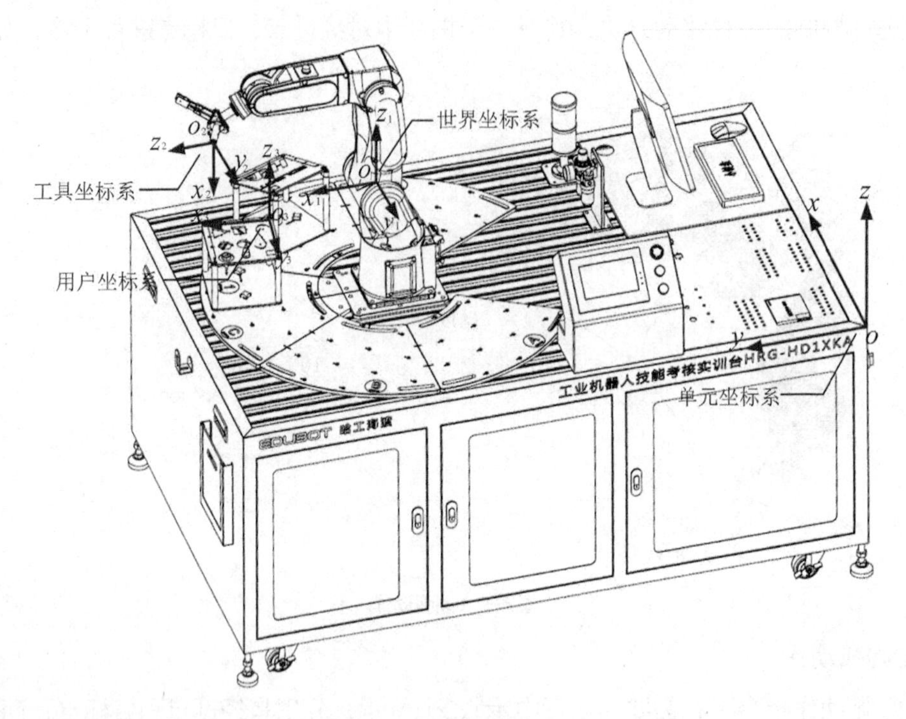

图2-11　机器人常用坐标系

1.关节坐标系

关节坐标系是设定在机器人的关节中的坐标系，其原点设置在机器人关节中心点处，如图2-12所示。在关节坐标系下，工业机器人各轴均可实现单独正向或反向运动。对于大范围运动，且不要求TCP姿态时，可选择关节坐标系。

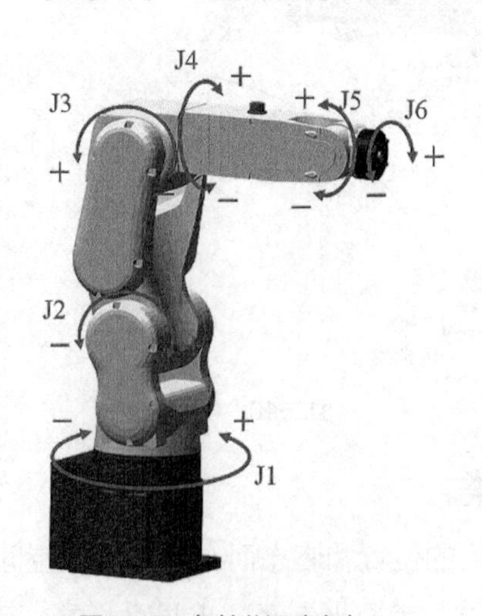

图2-12　各关节运动方向

2.世界坐标系

在FANUC机器人中，世界坐标系被赋予了特定含义，即机器人坐标系是被固定在空间上的标准直角坐标系，其被固定在由机器人事先确定的位置。用户坐标系、工具坐标系基于该坐标系而设定。它用于位置数据的示教和执行。

FANUC机器人的世界坐标系：原点位置定义在J2轴所处水平面与J1轴交点处，z轴向上，x轴向前，y轴按右手规则确定，如图2-11和图2-13中的坐标系o_1-$x_1y_1z_1$。

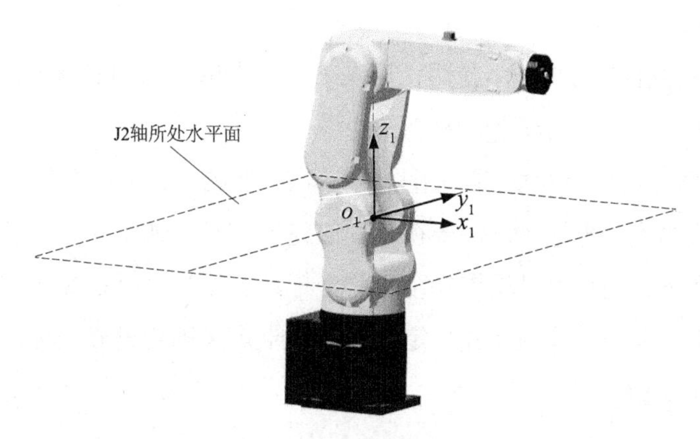

图2-13　世界坐标系

3.手动坐标系

手动坐标系是在机器人作业空间中，为了方便有效地进行线性运动示教而定义的坐标系。该坐标系只能用于示教，在程序中不能被调用。未定义时，与世界坐标系重合。

使用手动坐标系是为了在示教过程中避免其他坐标系参数改变时误操作，尤其适用于机器人倾斜安装或者用户坐标系数量较多的场合。

4.工具坐标系

工具坐标系是用来定义工具中心点的位置和工具姿态的坐标系。而TCP是机器人系统的控制点，出厂时默认位于最后一个运动轴或连接法兰的中心。

未定义时，工具坐标系默认在连接法兰中心处，如图2-14所示。安装工具后，TCP将发生变化，变为工具末端的中心。为实现精确运动控制，当换装工具或发生工具碰撞时，工具坐标系必须事先定义，如图2-11中的坐标系o_2-$x_2y_2z_2$。在工具坐标系中，TCP将沿工具坐标系的x、y、z轴方向做直线运动。

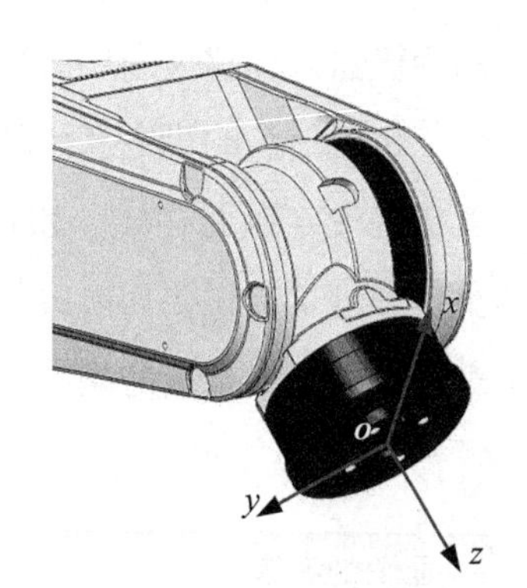

图2-14　默认工具坐标系

5.用户坐标系

用户坐标系是用户对每个作业空间进行定义的直角坐标系。它用于位置寄存器的示教和执行、位置补偿指令的执行等。未定义时，将由世界坐标系来代替该坐标系，用户坐标系与世界坐标系重合，如图2-11中的坐标系o_3-$x_3y_3z_3$所示。

用户坐标系的优点：当机器人运行轨迹相同，工件位置不同时，只需更新用户坐标系即可，无须重新编程。

通常，在建立项目时，至少需要建立两个坐标系，即工具坐标系和用户坐标系。前者便于操纵人员进行调试工作，后者便于机器人记录工件的位置信息。

6.单元坐标系

单元坐标系在4D图形功能中使用，用来表示工作单元内的机器人位置。设定单元坐标系，就可以表达机器人相互之间的位置关系。

FANUC机器人的工具坐标系和用户坐标系的建立方法是：工具坐标系是表示工具中心和工具姿势的直角坐标系，需要在编程前先自定义。如果未定义则为默认工具坐标系。在默认状态下，用户可以设置10个工具坐标系。用户坐标系是用户定义每个作业空间的直角坐标系，需要在编程前先自定义。如果未定义则与世界坐标系重合。在默认状态下，用户可以设置9个用户坐标系。

微课视频

负载设定

2.1.4 负载设定

负载设定是指与设定机器人的相关负载信息（重量、重心位置等）。设定适当负载信息，可以带来如下效果。

（1）动作性能提高（振动减小，周期时间改善等）。

（2）更加有效地发挥与动力学相关的功能（提高碰撞检测功能、重力补偿功能等的性能）。

如果负载信息错误变大，有可能导致振动加大，或错误检测出碰撞。为了更加有效地利用机器人，建议用户适当设定配备在机械手、工件、机器人手臂上的设备等负载信息。

负载信息的设定在“动作性能画面”上进行，该画面由一览画面、负载设定画面和手臂负载设定画面构成，如表2-3所示。使用该画面，可以设定10种负载信息。预先设定多个负载信息，只要切换负载设定编号就对应负载的变更。可通过程序指令，在程序中的任意时机切换负载设定编号。此外，作为选项功能，还提供机器人用来自动计算负载信息。

表2-3　动作性能画面

画面的名称	内容
负载设定（一览画面）	显示负载信息的画面（No.1~No.10） 也可以在此画面上确认、切换实际使用的负载设定编号
动作／负载设定	负载信息的详细设定画面 可以显示负载的重量、重心位置、惯量以及对每个负载编号进行设置
动作／手臂负载设定	用来设定机器人上设置的设备重量的画面 可以设定J1手臂（=J2机座部）和J3手臂的负载重量

2.1.5 宏指令

宏指令的功能是将包含一系列指令的一个程序注册为一条指令，当需要时，可以调用这样的一组指令来执行，如图2-15所示。

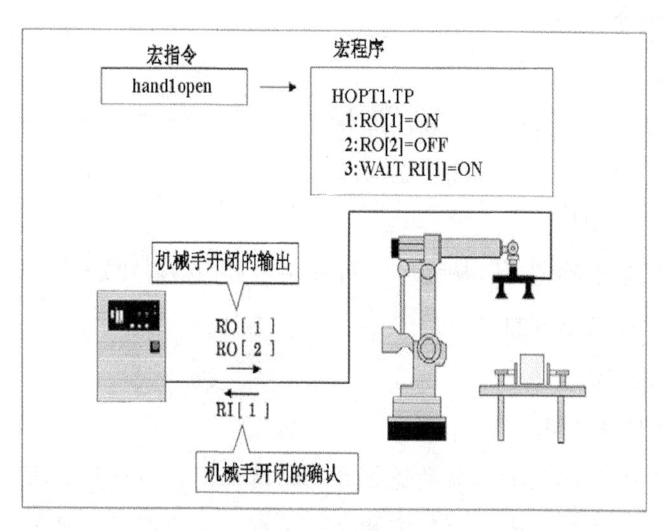

图2-15 宏指令

宏指令的启动方式如下。

（1）可在程序中对宏指令进行示教而作为程序指令启动。

（2）可从示教器的手动操作画面启动宏指令。

（3）可通过示教器的用户键来启动宏指令。

（4）可通过DI、RI、UI、F、M来启动宏指令。

将现有的程序作为宏指令予以记录。宏指令总共可以记录150个。使用宏指令时，按如下步骤进行。

（1）通过宏指令来创建一个要执行的程序。

（2）将所创建的宏程序作为宏指令予以记录。此外，分配用来调用宏指令的方法。

（3）在宏设定画面[6设置-宏]上设定宏指令。

1.设定宏指令

设定宏指令需要设定宏程序、设定宏程序名称以及向设备的分配。

（1）设定宏程序

宏程序是通过宏指令而被启动的程序。宏程序的示教和再现（作为程序再现的情形），可以与通常的程序相同的方式进行，但是受到如下制约。

①宏程序在作为宏程序被记录时，子类型被更改为宏。取消记录时，返回原先的子类型。

②宏画面上记录的宏程序，不能删除。

③不包含动作（组）的程序，即使没有处在动作允许状态（即使发生报警），也可以启动。

④不伴随动作的宏指令，应尽量在不包含动作组的程序中创建，否则，在机器人动作中也可启动宏指令。

（2）设定宏程序名称

宏指令的名称是用来在程序中调用宏程序的。宏指令通过至多36个字符的英文数字来定义。

（3）向设备的分配

向设备的分配是指确定可以从哪个装置来调用宏指令。要分配的设备包括如下部分。

①示教器的手动操作画面。

②示教器的用户键。

③DI、RI、UI、F、M。

注：在将宏指令分配到示教器的键控开关的情况下，该按键原有的功能将不能再使用；确认示教器的用户键上尚未分配宏指令，否则，在执行时有可能会引起故障。启动设备分配的宏程序如表2-4所示。向DI和RI分配的总数不超过10个。

表 2-4　宏指令分配

分配装置	说明
MF[1]~MF[99]	手动操作画面的条目
UK[1]~UK[7]	示教器的用户键 1~7
SU[1]~SU[7]	示教器的用户键 1~7+SHIFT 键
SP[4]~SP[5]	SP 现在无法使用
DI[1]~DI[32766]	D 1~32766
RI[1]~RI[32766]	R 1~32766
UI[7]	HOME 信号
F[1]~F[32766]	F 1~32766
M[1]~M[32766]	M 1~32766

2.执行宏程序

宏指令可以通过下列方法来执行。

（1）选择在示教器上的手动操作画面上的一项（同时按下SHIFT键）。

（2）按下示教器上的用户键（不按SHIFT键）。

（3）按下示教器上的用户键（同时按下SHIFT键）。

（4）SDI、RDI、UI。

（5）调用程序中的宏指令。

宏程序是被宏指令启动的程序。宏程序可以用与普通程序相同的方式来教导和运行（当作为一个程序被运行时），但是受到以下制约：单步运转方式不起作用（始终在连续运转方式下运动）；始终强制结束；始终从第1行起执行。

在宏程序包含动作语句（具有动作组）的情况下，必须在动作允许状态下执行宏指令。在不具备动作组的情况下，则没有这个必要。动作允许状态包括ENBL输入处在ON和SYSRDY输出处在OFF（伺服电源关闭）这两种。宏指令的执行允许条件如表2-5所示。

表 2-5　宏指令的执行允许条件

<table>
<tr><th>分配装置</th><th>是否有效</th><th>不具备动作组</th><th>说明</th></tr>
<tr><td>MF[1~99]</td><td rowspan="3">TP 有效</td><td rowspan="2">可以执行
见注释</td><td rowspan="2">可以执行</td></tr>
<tr><td>UK[1~7]</td></tr>
<tr><td>SU[1~7]</td><td>可以执行</td><td>—</td></tr>
<tr><td>SP[4~5]</td><td rowspan="6">TP 无效</td><td rowspan="6">可以执行</td><td rowspan="6">可以执行</td></tr>
<tr><td>DI[1~32766]</td></tr>
<tr><td>RI[1~32766]</td></tr>
<tr><td>UI[7]</td></tr>
<tr><td>F[1~32766]</td></tr>
<tr><td>M[1~32766]</td></tr>
</table>

注：在 MF 或 SU 执行不具备动作组的宏指令的情况下，将系统变量 $MACRTPDSBEXE 设定为 TRUE（有效），即便在示教器处在无效状态下，也可以执行宏指令。

2.2　工业机器人I/O通信

2.2.1　工业机器人I/O通信种类

I/O信号是机器人与末端执行器、外部装置等系统的外围设备进行通信的电信号。FANUC机器人的I/O信号可分两大类：通用I/O信号和专用I/O信号。

1.通用I/O信号

通用I/O信号是可由用户自定义而使用的I/O信号。通用I/O信号包括数字I/O信号、模拟I/O信号、组I/O信号。

（1）数字I/O信号

数字I/O信号是从外围设备通过处理I/O印刷电路板（或I/O单元）的信号线来进行数

据交换的信号，分为数字量输入DI [i]和数字量输出DO[i]。而数字I/O信号的状态有ON（通）和OFF（断）两类。

（2）模拟I/O信号

模拟I/O信号是将外围设备提供处理I/O印刷电路板（或I/O单元）的信号进行模拟输入/输出电压值交换，分为模拟量输入AI [i] 和模拟量输出AO[i]。模拟I/O信号进行读写时，将模拟输入/输出电压值转化为数字值。因此，该数字值与输入/输出电压值不一定完全一致。

（3）组I/O信号

组I/O信号是用来汇总多条信号线并进行数据交换的通用数字信号，分为GI [i]和GO[i]。组I/O信号的值用数值（十进制数或十六进制数）来表达，转变或逆转变为二进制数后，通过信号线交换数据。

2.专用I/O信号

专用I/O信号是指用途已确定的I/O信号。专用I/O信号包括机器人I/O信号、外围设备I/O信号、操作面板I/O信号。

（1）机器人I/O信号

机器人I/O信号是经由机器人，作为末端执行器I/O被使用的机器人数字信号，分为机器人输入信号RI [i] 和机器人输出信号RO[i]。末端执行器I/O与机器人的手腕上所附带的连接器连接后使用。

（2）外围设备I/O信号

外围设备I/O（UOP）信号是在系统中已经确定了其用途的专用信号，分为外围设备输入信号UI[i]和外围设备输出信号UO[i]。这些信号从处理I/O印刷电路板（或I/O单元）通过相关接口及I/O Link与程控装置和外围设备连接，从外部控制机器人。

（3）操作面板I/O信号

操作面板I/O（SOP）信号是用来交换操作面板、操作箱的按钮和LED状态数据的数字专用信号，分为输入信号SI[i]和输出信号SO[i]。输入随操作面板上的按钮的ON/OFF而定。输出时，控制操作面板上的LED指示灯的ON、OFF。

2.2.2 工业机器人I/O通信硬件连接

1.R-30iB Mate主板

外围设备接口的主要作用是从外部控制机器人。R-30iB Mate的主板有输入28点、输出24点的外围设备控制接口。由机器人控制器上的两根电缆线CRMA15和CRMA16连接至外围设备上的I/O印刷电路板。外部设备接口实物图如图2-16所示，外围设备接口如图2-17所示。

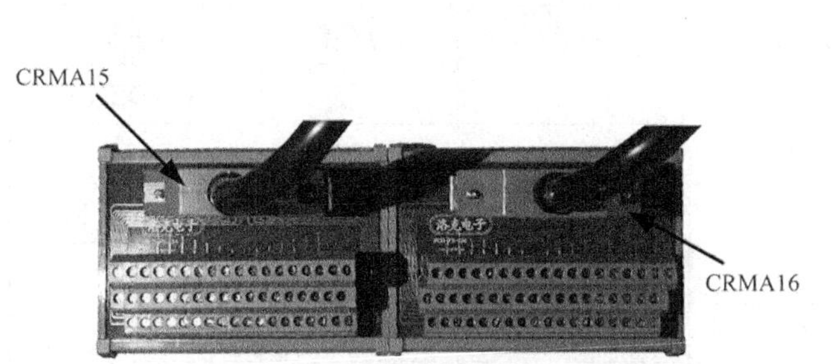

图2-16　外部设备接口实物图

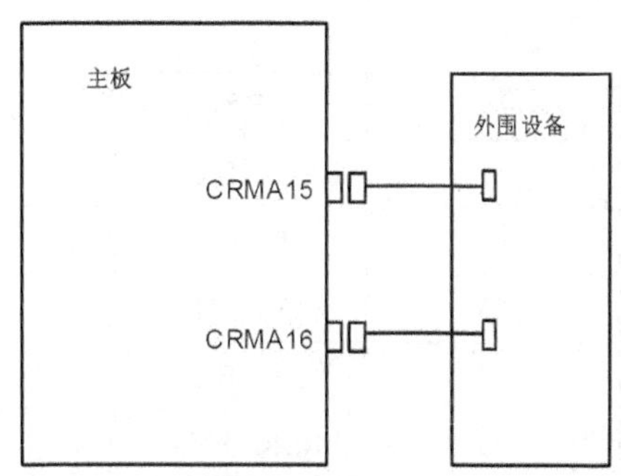

图2-17　外部设备接口图

表2-6与表2-7中所展示的地址分配均为出厂默认值，主要包含数字I/O信号和一些已经确定用途的专用I/O信号。

表 2-6　外围设备 1

序号	名称	序号	名称	序号	名称
01	DI101	/	/	33	DO101
02	DI102	19	SDICOM1	34	DO102
03	DI103	20	SDICOM2	35	DO103
04	DI104	21	/	36	DO104
05	DI105	22	DI117	37	DO105
06	DI106	23	DI118	38	DO106
07	DI107	24	DI119	39	DO107
08	DI108	25	DI120	40	DO108
09	DI109	26	/	41	/
10	DI110	27	/	42	/
11	DI111	28	/	43	/
12	DI112	29	0V	44	/
13	DI113	30	0V	45	/
14	DI114	31	DOSRC1	46	/
15	DI115	32	DOSRC1	47	/
16	DI116	/	/	48	/
17	0V	/	/	49	24F
18	0V	/	/	50	24F

表 2-7　外围设备 2

序号	名称	序号	名称	序号	名称
01	HOLD	/	/	33	CMDENBL
02	RESET	19	SDICOM3	34	FAULT
03	START	20	/	35	BATALM
04	ENBL	21	DO120	36	BUSY
05	RSR1/PNS1	22	/	37	/
06	RSR2/PNS2	23	/	38	/
07	RSR3/PNS3	24	/	39	/
08	RSR4/PNS4	25	/	40	/
09	/	26	DO117	41	DO109
10	/	27	DO118	42	DO110
11	/	28	DO119	43	DO111
12	/	29	0V	44	DO112
13	/	30	0V	45	DO113
14	/	31	DOSRC2	46	DO114
15	/	32	DOSRC2	47	DO115
16	/	/	/	48	DO116
17	0V	/	/	49	24F
18	0V	/	/	50	24F

2.EE接口

EE接口为机器人手臂上的信号接口，主要用来控制和检测机器人末端执行器的信号，如图2-18所示。

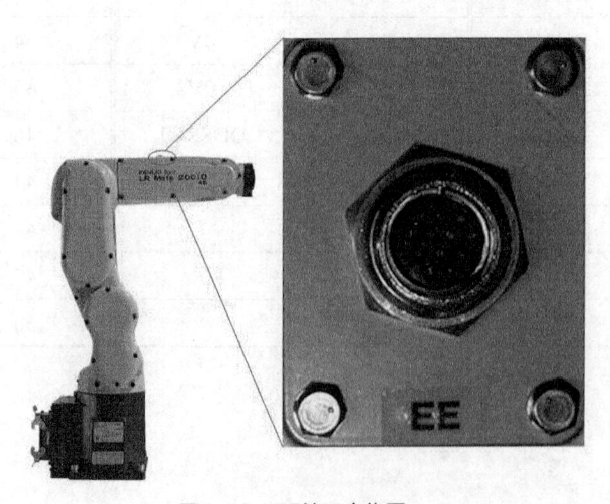

图2-18　EE接口实物图

LR Mate 200iD/4S型机器人的EE接口共有12个信号接口：6个机器人输入信号、2个机器人输出信号、4个电源信号。它的引脚排列如图2-19所示，其中9、10号引脚为24V，11、12号引脚为0V。

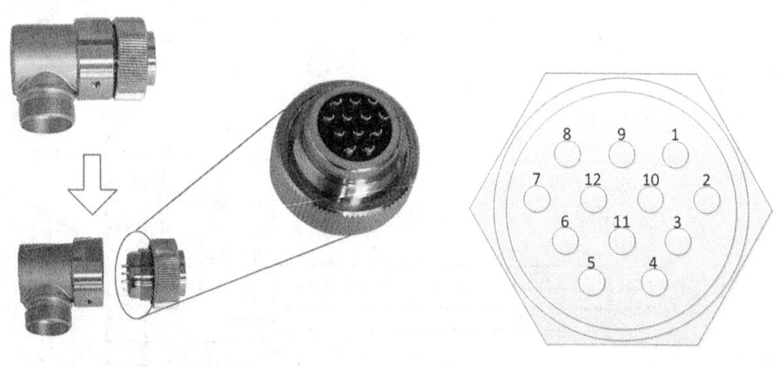

（a）航空插头实物图　　（b）引脚图

图2-19　机器人末端信号应用实例

EE接口各引脚功能见表2-8。

表2-8　EE接口引脚功能

引脚号	名称	功能	引脚号	名称	功能
1	RI 1	输入信号	7	RO 7	输出信号
2	RI 2	输入信号	8	RO 8	输出信号
3	RI 3	输入信号	9	24V	高电平
4	RI 4	输入信号	10	24V	高电平
5	RI 5	输入信号	11	0V	低电平
6	RI 6	输入信号	12	0V	低电平

3.安全信号

操作人员应确认通过所有安全信号能够停止机器人，并注意错误连接。安全信号在出厂时均采用短接的方式连接，如图2-20所示。

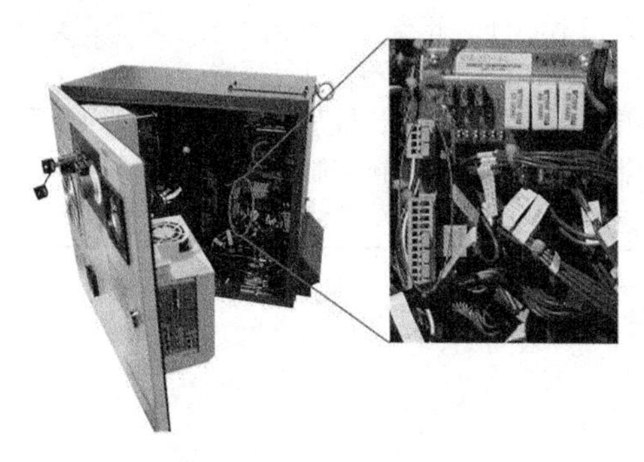

图2-20　安全信号接线

外部急停开关和安全栅栏连接图如图2-21所示。信号说明如表2-9所示。

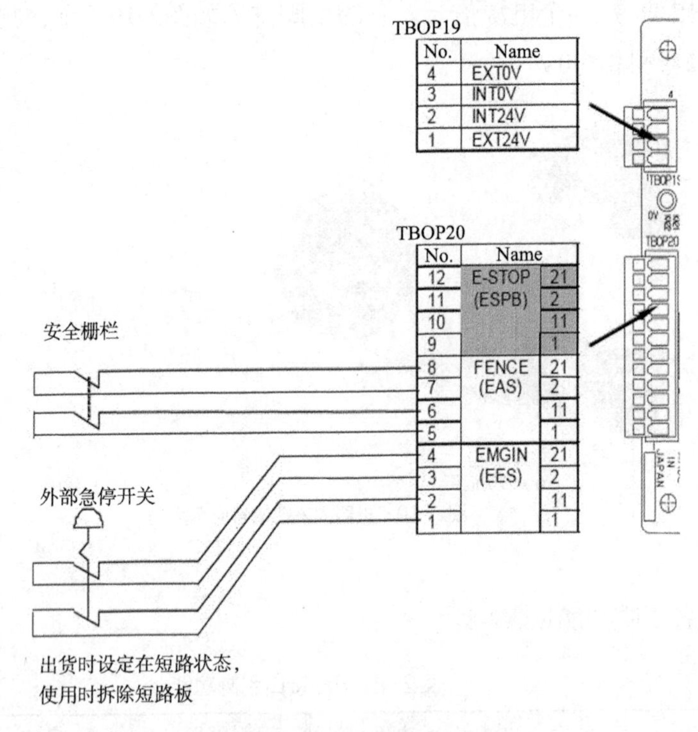

图2-21　外部急停开关和安全栅栏连接图

表2-9　信号说明

序号	名称	说明	电压、电流
1	EES1 EES11 EES2 EES21	（1）将急停开关的接点连接到此端子上。 （2）接点开启时，机器人会按照事前设定的停止模式停止。 （3）不使用开关而使用继电器、接触器的接点时，为降低噪声，在继电器和接触器的线圈上安装火花抑制器。 （4）不使用这些信号时，安装跨接线	DC24V 0.1A 的开闭
2	EAS1 EAS11 EAS2 EAS21	（1）在选定 AUTO 方式的状态下打开安全栅栏的门时，为使机器人安全停下而使用这些信号。在 AUTO 模式开启接点时，机器人会按照事前设定的停止模式停止。 （2）在 T1 或 T2 模式下，正确保持安全开关，即便在安全栅栏的门已经打开的状态下，也可以对机器人进行操作。 （3）不使用开关而使用继电器、接触器的接点时，为降低噪声，在继电器和接触器的线圈上安装火花抑制器。 （4）不使用这些信号时，安装跨接线	DC24V 0.1A 的开闭

双重化后的安全信号连接如图2-22所示。

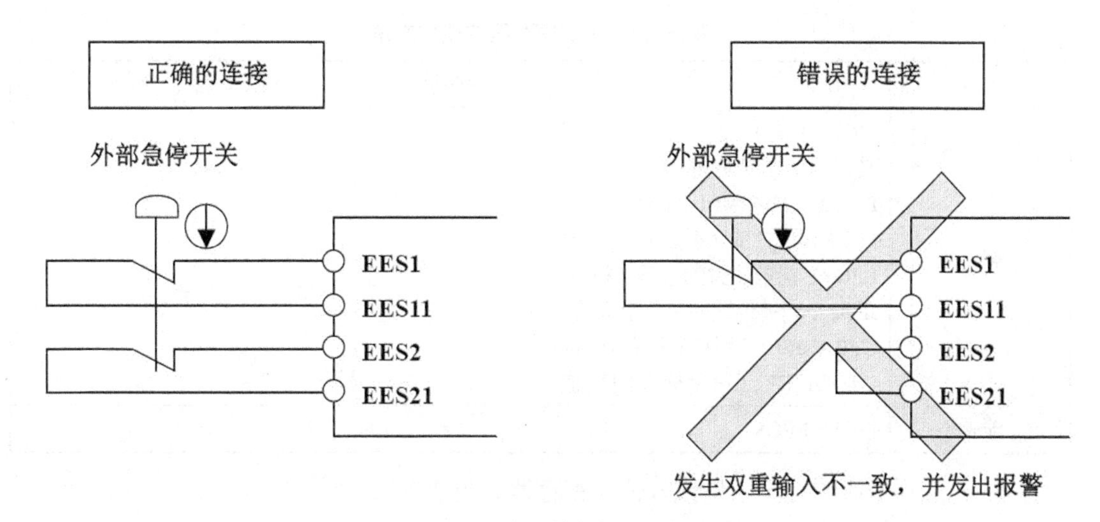

图2-22　双重化后的安全信号连接图

2.3　基本指令

FANUC机器人常见的基本编程指令有寄存器指令、I/O信号指令、等待指令、跳过条件指令、位置补偿条件指令、坐标系指令、FOR/ENDFOR指令。

2.3.1　寄存器指令

1.数值寄存器指令

数值寄存器指令是进行数值寄存器算术运算的指令，数值寄存器用来存储某一整数值或小数值的变量，标准情况下提供200个数值寄存器。数值寄存器的使用方法见表2-10。

表2-10　数值寄存器的使用方法

名称	描述
格式	R[i]=（值） R[i]=（值）+（值）
示例	R[1]=1 R[2]=1+2
说明	将某一值代入数值寄存器或将两个值的运算结果代入数值寄存器

2.位置寄存器指令

位置寄存器指令是进行位置数据算术运算的指令。位置寄存器指令可进行代入、加法运算、减法运算处理，以与数值寄存器指令相同的方式记述，标准情况下提供100个位置寄存器。

（1）将当前位置的直角坐标值代入位置寄存器，见表2-11。

表 2-11　位置寄存器的使用方法

名称	描述
格式	PR[i]=（值） 其“值”内容如下： PR：位置寄存器 [i] 的值 P[i]：程序内的示教位置 [i] 的值 LPOS：当前位置的直角坐标值 JPOS：当前位置的关节坐标值 UFRAME[i]：用户坐标系 [i] 的值 UTOOL[i]：工具坐标系 [i] 的值
示例	PR[1]=LPOS

（2）将两个值的运算结果代入位置寄存器，见表2-12。

表 2-12　位置寄存器运算

名称	描述
格式	PR[i]=（值）+（值） 其“值”内容如下： PR：位置寄存器 [i] 的值 P[i]：程序内的示教位置 [i] 的值 LPOS：当前位置的直角坐标值 JPOS：当前位置的关节坐标值 UFRAME[i]：用户坐标系 [i] 的值 UTOOL[i]：工具坐标系 [i] 的值
示例	PR[1]=PR[3]+LPOS
说明	将 PR[3] 中的数值与直角坐标值相加代入 PR[1] 中

3.码垛寄存器运算指令

码垛寄存器运算指令是进行码垛寄存器的算术运算的指令。码垛寄存器运算指令可进行代入、加法运算、减法运算处理，以与数值寄存器指令相同的方式记述，见表2-13。码垛寄存器存储有码垛寄存器要素（i，j，k）。码垛寄存器在所有程序中可以使用32个。

表 2-13　码垛寄存器运算指令

名称	描述
格式	PL[i]=（i,j,k） PL[i] 中的 i 表示码垛寄存器号码（1~32） i,j,k 表示码垛寄存器要素，内容如下。 直接指定：行（i）. 列（i）. 层数（k）(i、j、k 取值范围为 1~127） 间接指定：R[i] 的值 无指定：(*) 表示没有变更
示例	PL[1]=[*,R[1],1]
说明	将码垛寄存器要素代入码垛寄存器

2.3.2　I/O信号指令

I/O信号（输入/输出信号）指令，是改变向外围设备的输出信号状态，或读取输入信号状态的指令。常用的I/O信号指令有如下几种。

1.机器人I/O信号指令

机器人I/O信号指令包括机器人I/O信号输入指令（RI[i]）和机器人信号输出指令（RO[i]）。机器人I/O的硬件接口位于机器人手臂上，机器人I/O信号指令主要用于机器人末端执行器的控制与信号检测。

（1）将机器人输入的状态存储到寄存器中，具体说明见表2-14。

表2-14　机器人输入信号

名称	描述
格式	R[i]=RI[i] R[i]：其中 i 指寄存器号码，它的范围为 1~200 RI[i]：i 为机器人输入信号号码
示例	R[1]=RI[1]
说明	将机器人输入 RI[1] 的状态（ON=1, OFF=0）存储到寄存器 R[1] 中

（2）接通机器人数字输出信号，具体说明见表2-15。

表2-15　机器人输出信号（RO [i] =ON/OFF 指令）

名称	描述
格式	RO[i]=（值） RO[i]：i 为机器人输出信号号码 “值”分为 ON（接通数字输出信号） 和 OFF（断开数字输出信号）
示例	RO[1]=ON
说明	接通机器人数字输出信号 RO[1]

（3）根据指定的寄存器的值，接通或断开指定的数字输出信号，具体说明见表2-16。

表2-16　机器人输出信号（RO [i] =R [i] 指令）

名称	描述
格式	RO[i]= R[i] RO[i]：i 为机器人输出信号号码 R[i]：其中 i 指寄存器号码，它的范围为 1~200
示例	RO[1]= R[1]

2.数字I/O信号指令

数字输入（DI[i]）信号和数字输出（DO[i]）信号是用户可以控制的通用型数字输入/

输出信号。数字I/O信号指令在编程中的用法大致分为以下3种情况。

（1）将数字输入的状态存储到寄存器中，具体说明见表2-17。

表 2-17　数字输入信号

名称	描述
格式	R[i]=DI[i] R[i]：其中 i 指寄存器号码，它的范围为 1~200 D[i]：其中 i 指数字输入信号号码
示例	R[1]=DI[1]
说明	将数字输入 DI[1] 的状态（ON=1、OFF=0）存储到寄存器 R[1] 中

（2）接通数字输出信号，具体说明见表2-18。

表 2-18　接通数字输出信号

名称	描述
格式	DO[i]=（值） DO[i]：其中 i 指数字输出信号号码 “值”分为 ON（接通数字输出信号）和 OFF（断开数字输出信号）
示例	DO[1]=ON
说明	接通数字输出信号 DO[1]

（3）根据指定的寄存器的值，接通或断开指定的数字输出信号，具体说明见表2-19。

表 2-19　依据寄存器的值判断数字输出信号的状态

名称	描述
格式	DO[i]=R[i] DO[i]：其中 i 指数字输出信号号码 R[i]：其中 i 指寄存器号码，它的范围为 1~200
示例	DO[1]=R[1]
说明	根据指定的寄存器的值，接通或断开指定的数字输出信号

3.模拟I/O信号指令

模拟输入（AI[i]）和模拟输出（AO[i]）信号是连续值的输入/输出信号，表示该值的大小为温度和电压之类的数据值。模拟I/O信号指令在编辑中的用法大致分为以下3种情况。

（1）将模拟输入信号的值存储到寄存器中，具体说明见表2-20。

表 2-20　模拟输入信号

名称	描述
格式	R[i]=AI[i] R[i]：其中 i 指寄存器号码，它的范围为 1~200 AI[i]：其中 i 为模拟输入信号号码

续表

名称	描述
示例	R[1]=AI[1]
说明	将模拟输入信号 AI[1] 的值存储到寄存器 R[1] 中

（2）向所指定的模拟输出信号输出值，具体说明见表2-21。

表 2-21 模拟输出信号输出值

名称	描述
格式	AO[i]=（值） AO[i]：其中 i 为模拟输出信号号码 值：模拟输出信号的值
示例	AO[1]= 0
说明	向模拟输出信号 AO[1] 输出值 0

（3）向模拟输出信号输出寄存器的值，具体说明见表2-22。

表 2-22 模拟输出信号寄存器的值

名称	描述
格式	AO[i]=R[i] AO[i]：其中 i 为模拟输出信号号码 R[i]：其中 j 指寄存器号码，它的范围为 1~200
示例	AO[1]=R[2]
说明	向模拟输出信号 AO[1] 输出寄存器 R[2] 的值

2.3.3 等待指令

等待指令可以在指定的时间或条件得到满足之前使程序暂停向下执行，等待条件满足。等待指令有2类：指定时间等待指令和条件等待指令。

1.指定时间等待指令

指定时间等待指令，具体说明见表2-23。

表 2-23 指定时间等待指令

名称	描述
格式	WAIT（值） “值”：分为“常数等待时间 sec”和“R[i] 等待时间 sec”
示例	WAIT 10.5sec WAIT R[1]
说明	使程序的执行在指定时间内等待（等待时间单位：sec）

2.条件等待指令

（1）寄存器条件等待指令是指对寄存器的值和另外一方的值进行比较，在条件得到满足之前等待，具体说明见表2-24。

表 2-24　寄存器条件等待指令

名称	描述
格式	WAIT（变量）（算符）（值）（处理） 变量：R[i] 算符：>、>=、=、<=、<、<> 值：常数、R[i] 处理：①无指定时，等待无限长时间；② TIMEOUT,LBL[i]
示例	WAIT R[2] <> 1, TIMEOUT,LBL[1]
说明	当 R[2] 不等于 1 时，如果在规定的时间内条件没有得到满足，就跳转到 LBL[1] TIMEOUT：等待超时

（2）I/O条件等待指令是指对I/O的值和另外一方的值进行比较，在条件得到满足之前等待，具体说明见表2-25。

表 2-25　I/O 条件等待指令

名称	描述
格式	WAIT（变量）（算符）（值）（处理） 变量：AO[i]、AI[i]、GO[i]、GI[i]、DO[i]、DI[i]、UO[i]、UI[i] 等 算符：>、>=、=、<=、<、<> 值：常数、R[i]、ON、OFF 等 处理：①无指定时，等待无限长时间；② TIMEOUT,LBL[i]
示例	WAIT R[2] <> OFF, TIMEOUT,LBL[1] WAIT DI[2]<>OFF, TIMEOUT,LBL[1]
说明	当 DI[2] 的值不等于 OFF 时，如果在规定的时间内条件没有得到满足，就跳转到 LBL[1] TIMEOUT：等待超时

2.3.4　跳过条件指令

跳过条件指令用于预先指定在跳过指令中使用的跳过条件（执行跳过指令的条件）。在执行跳过指令前，必须先执行跳过条件指令。在机器人向目标位置移动的过程中，跳过条件满足时，机器人在中途取消动作，程序执行下一行的程序语句。在跳过条件不满足的情况下，机器人运动结束后，跳转到目标行，具体说明见表2-26。

表 2-26　跳过条件指令

名称	描述
格式	SKIP CONDITION（变量）（算符）（值） 变量：分为 R[i] 和系统变量 值：分为常数和 R[i]
示例	1：SKIP CONDITION DI[R[1]] <> ON 2：J P[1] 100% FINE 3：L P[2] 1000mm/s FINE SKIP,LBL[1] 4：J P[3] 50% FINE 5：LBL[1] 6：J P[4] 50% FINE
说明	机器人在向 P[2] 点运动过程中，如果 DI[R[1]]<>ON，那么机器人停止当前运动，执行下一条指令（即执行关节运动至 P[3] 点）；否则，执行完本条指令后，跳转至 LBL[1] 开始执行

2.3.5　位置补偿条件指令

位置补偿条件指令用于预先指定在位置补偿指令执行时使用的位置补偿条件。该指令需要在执行位置补偿指令前执行。运动的目标位置为运动指令的位置变量（或寄存器）中记录的位置加上偏移条件指令中的补偿量后的位置。曾被指定的位置补偿条件，在程序执行结束，或者执行下一个位置补偿条件指令之前有效，见表2-27。

表 2-27　位置补偿条件指令

名称	描述
格式	OFFSET CONDITION PR [R[i]] i：位置寄存器编号（1~100）
示例	1：OFFSET CONDITION PR [R[1]] 2：J P[1] 100% FINE 3：L P[2] 500mm/sec FINE OFFSET
说明	在执行第 3 条运动指令时，目标位置将是 P[2] 加上 PR [R[1]] 得到的位置

注：以关节形式示教的情况下，即使变更用户坐标系，也不会对位置变量、位置寄存器产生影响，但是在以直角形式示教的情况下，位置变量、位置寄存器都会受到用户坐标系的影响。

2.3.6　坐标系指令

坐标系指令是在想要改变机器人作业时，当下的直角坐标系设定时使用的。坐标系指令有2类：坐标系设定指令和坐标系选择指令。

1.坐标系设定指令

坐标系设定指令用以改变所指定的坐标系定义。

（1）改变工具坐标系的设定值为指定的值，具体说明见表2-28。

表 2-28　工具坐标系设定指令

名称	描述
格式	UTOOL[i]=（值） UTOOL[i]：其中 i 为工具坐标系号码（1~10） 值：为 PR[i]
示例	UTOOL[2]=PR[1]
说明	改变工具坐标系 2 的设定值为 PR[1] 中指定的值

（2）改变用户坐标系的设定值为指定的值，具体说明见表2-29。

表 2-29　用户坐标系设定指令

名称	描述
格式	UFRAME[i]=（值） UFRAME[i]：其中 i 为用户坐标系号码（1~9） 值：为 PR[i]
示例	UFRAME[1]= PR[2]
说明	改变用户坐标系 1 的设定值为 PR[2] 中指定的值

2.坐标系选择指令

坐标系选择指令用以改变当前所选的坐标系号码。

（1）改变当前所选的工具坐标系号码，具体说明见表2-30。

表 2-30　工具坐标系选择指令

名称	描述
格式	UTOOL_NUM=（值） “值”分为 R[i] 和常数（工具坐标系号码，取为 1~10）
示例	UTOOL_NUM=1
说明	改变当前所选的工具坐标系号码，选用 1 号工具坐标系

（2）改变当前所选的用户坐标系号码，具体说明见表2-31。

表 2-31　用户坐标系选择指令

名称	描述
格式	UFRAME_NUM=（值） “值”分为 R[i] 和常数（用户坐标系号码，取值为 1~9）
示例	UFRAME_NUM=1
说明	改变当前所选的用户坐标系号码，选用 1 号用户坐标系

2.3.7　FOR/ENDFOR指令

FOR/ENDFOR指令可以控制程序指针在FOR和ENDFOR之间循环执行，执行的次数可以根据需要指定。

微课视频

坐标系及循环指令

FOR指令的格式如下。

FOR（计数器）=（初始值）TO（目标值）

FOR（计数器）：一般使用R[i]；初始值：分为常数、 R[i]、AR[i]；目标值：分为常数、 R[i]、 AR[i]。

在执行FOR/ENDFOR指令时，R[i]的值将从初始值开始递增或递减至目标值，当下一次进行比较时，R[i]的值将超出初始值和目标值的区间范围，程序指针将跳出FOR/ENDFOR循环指令，开始执行ENDFOR后面的指令。

要执行FOR/ENDFOR指令，需要满足如下条件。

（1）指定TO时，初始值在目标值以下，计数值递增。

（2）指定DOWNTO时，初始值在目标值以上，计数值递减。

以上条件满足时，光标移动到FOR指令的后续行，执行FOR/ENDFOR区间。以上条件没有得到满足时，光标移动到对应的ENDFOR指令的后续行，不执行FOR/ENDFOR区间，具体说明见表2-32。

表2-32　FOR/ENDFOR指令

名称	描述
格式	FOR R[i]=（初始值）TO（目标值） L P[i] 100mm/sec CNT100 …… ENDFOR L P[i] 100mm/sec CNT100 END
示例	1：FOR R[1]=1 TO 5 2：L P[1] 100mm/sec CNT100 3：L P[2] 100mm/sec CNT100 4：ENDFOR 5：L P[3] 100mm/sec CNT100 6：END
说明	机器人将在P[1]和P[2]之间反复运动5次，然后结束循环，运动至P[3]点

2.4　编程基础

本节介绍使用机器人动作的程序的创建及修改，主要内容包括程序构成、程序创建、程序执行。

2.4.1 程序构成

机器人应用程序是由用户编写的一系列机器人指令及其他附带信息构成的，使机器人完成特定的作业任务。程序除了记述机器人如何进行作业的程序信息外，还包括程序属性等详细信息。

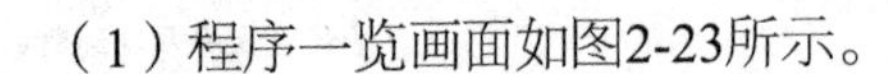

（1）程序一览画面如图2-23所示。

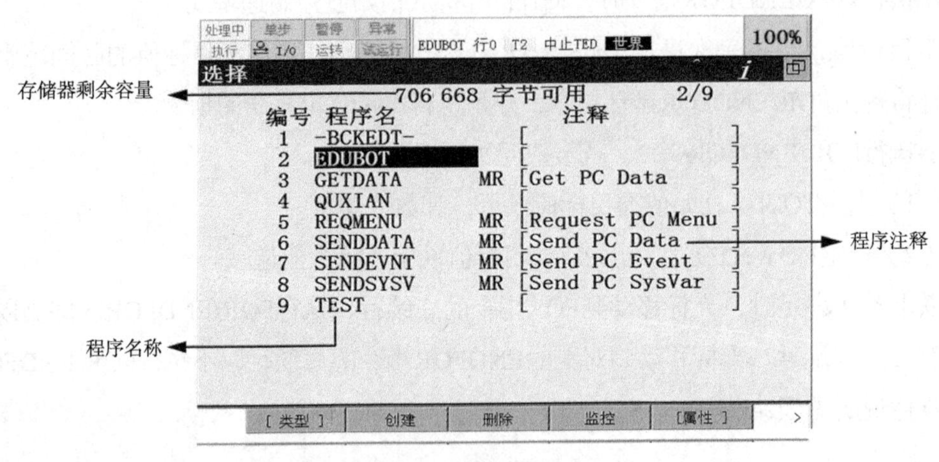

图2-23 程序一览画面

程序一览画面说明如下。

①存储器剩余容量：显示当前设备所能存储的程序容量。

②程序名称：用来区别存储在控制器内的程序，在同一控制器内不能创建同名的程序。

③程序注释：用来记述与程序相关的说明性附加信息。

（2）程序编辑画面如图2-24所示。

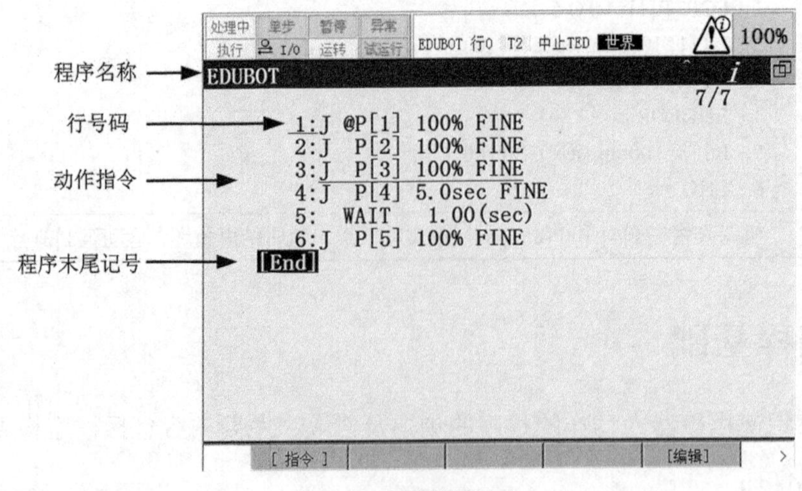

图2-24 程序编辑画面

程序编辑画面说明如下。

①行号码：记述程序各指令的行编号。

②动作指令：是以指定的移动速度和移动方法，使机器人向作业空间内的指定位置移动的指令。

③程序末尾记号：是程序结束标记，表示本指令后面没有程序指令。

2.4.2　程序创建

用户在创建程序前，需要对程序的概要进行设计，要考虑机器人执行所期望作业的最有效方法，在完成概要设计后，即可使用相应的机器人指令来创建程序。

程序的创建一般通过示教器进行。在创建动作指令时，通过示教器手动进行操作，控制机器人运动至目标位置，然后根据期望的运动类型记述程序指令。程序创建结束后，可通过示教器根据需要修改程序。程序编辑包括对指令的更改、追加、删除、复制、替换等。创建程序步骤见表2-33。

表 2-33　程序创建步骤

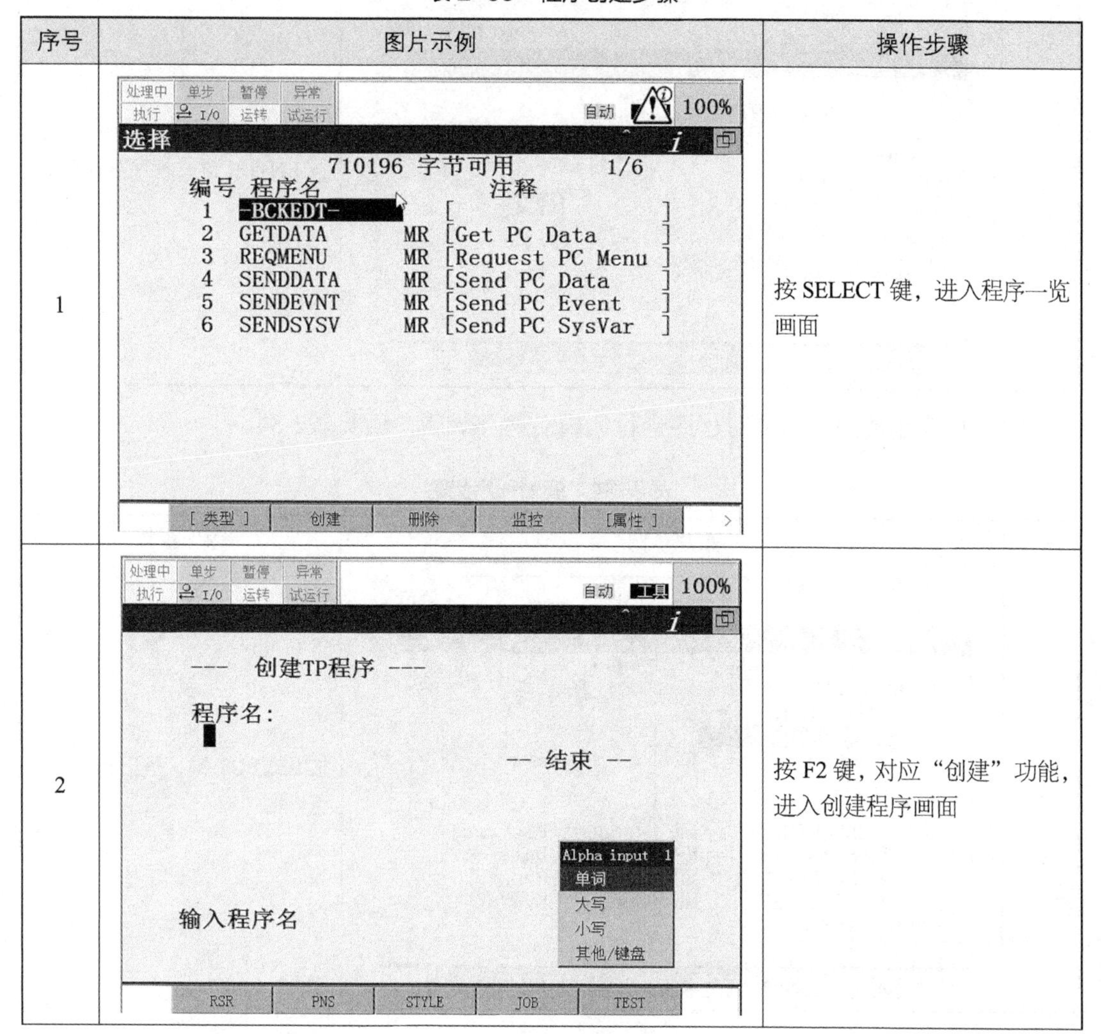

序号	图片示例	操作步骤
1		按 SELECT 键，进入程序一览画面
2		按 F2 键，对应“创建”功能，进入创建程序画面

续表

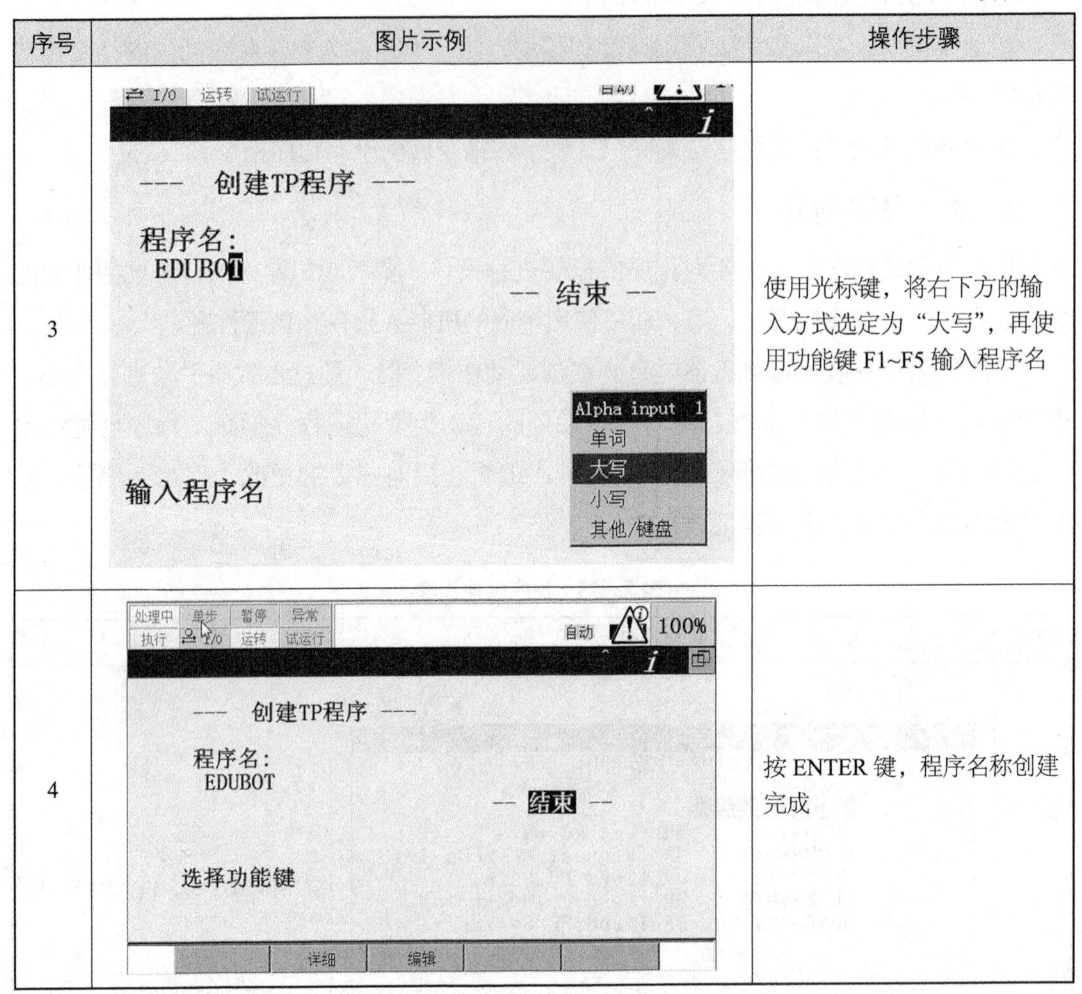

序号	图片示例	操作步骤
3		使用光标键，将右下方的输入方式选定为“大写”，再使用功能键 F1~F5 输入程序名
4		按 ENTER 键，程序名称创建完成

完成程序创建后，需要对程序进行编辑。程序编辑步骤见表2-34。

表 2-34　编辑程序步骤

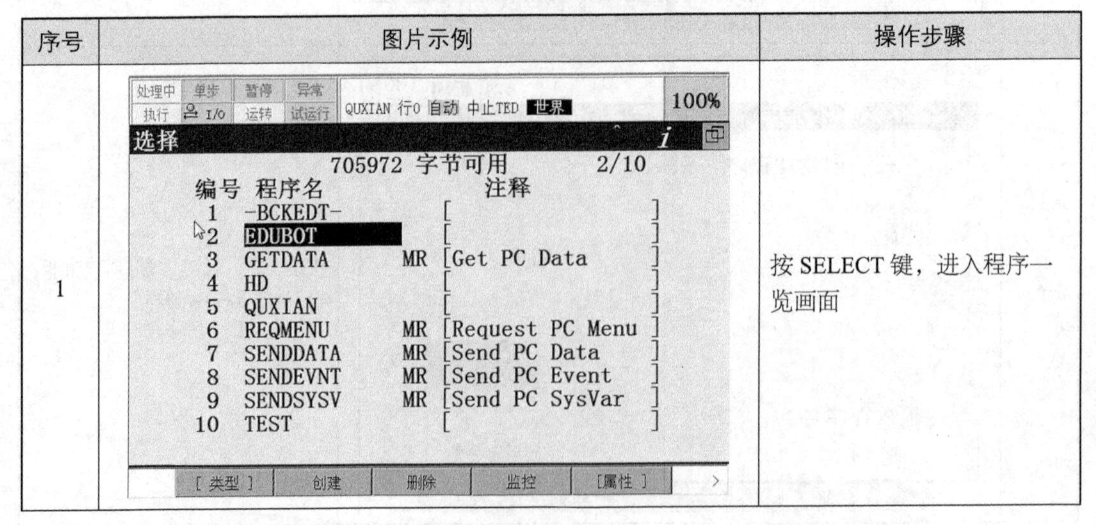

序号	图片示例	操作步骤
1		按 SELECT 键，进入程序一览画面

续表

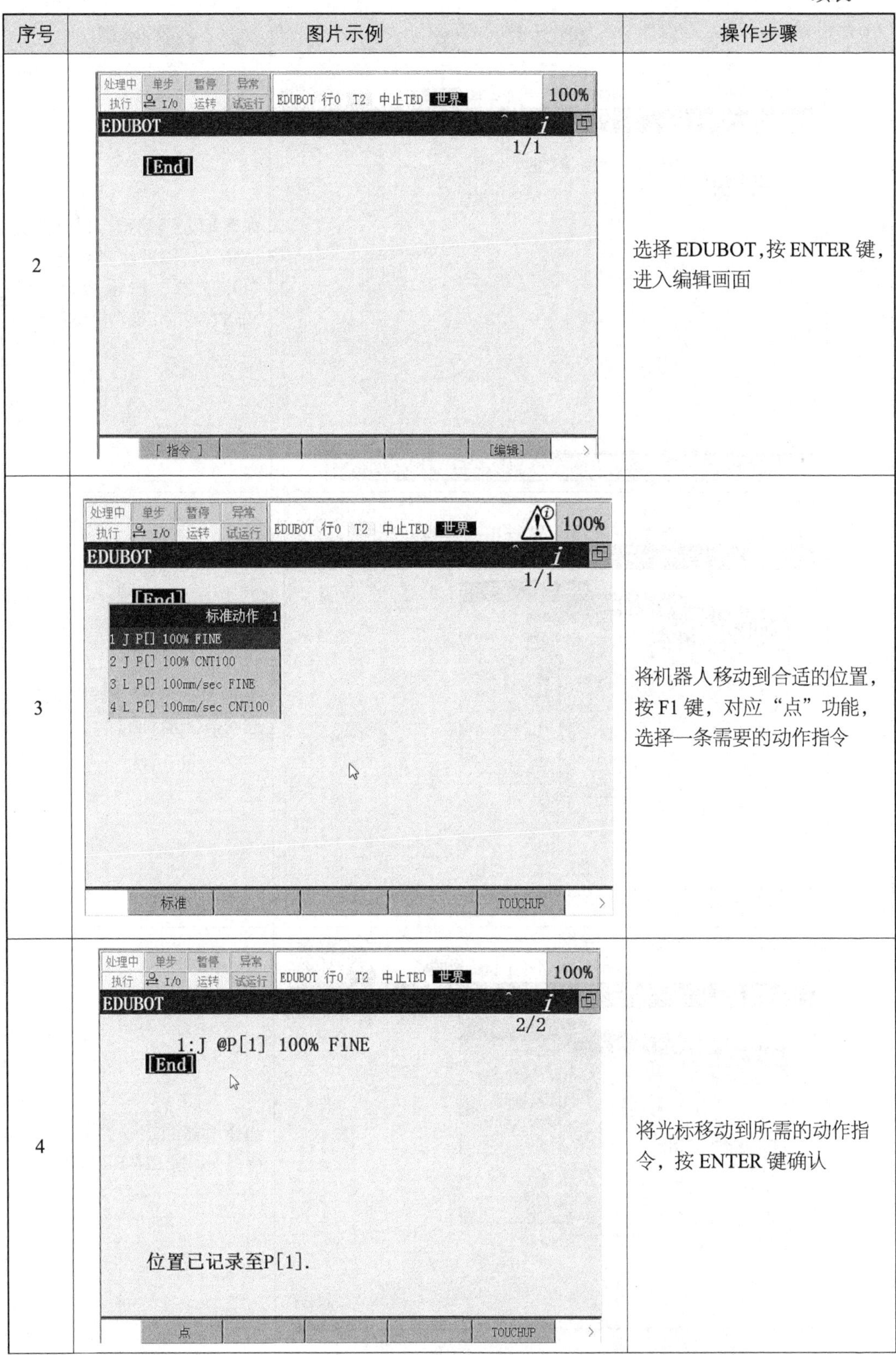

序号	图片示例	操作步骤
2		选择EDUBOT,按ENTER键,进入编辑画面
3		将机器人移动到合适的位置,按F1键，对应“点”功能，选择一条需要的动作指令
4		将光标移动到所需的动作指令，按ENTER键确认

续表

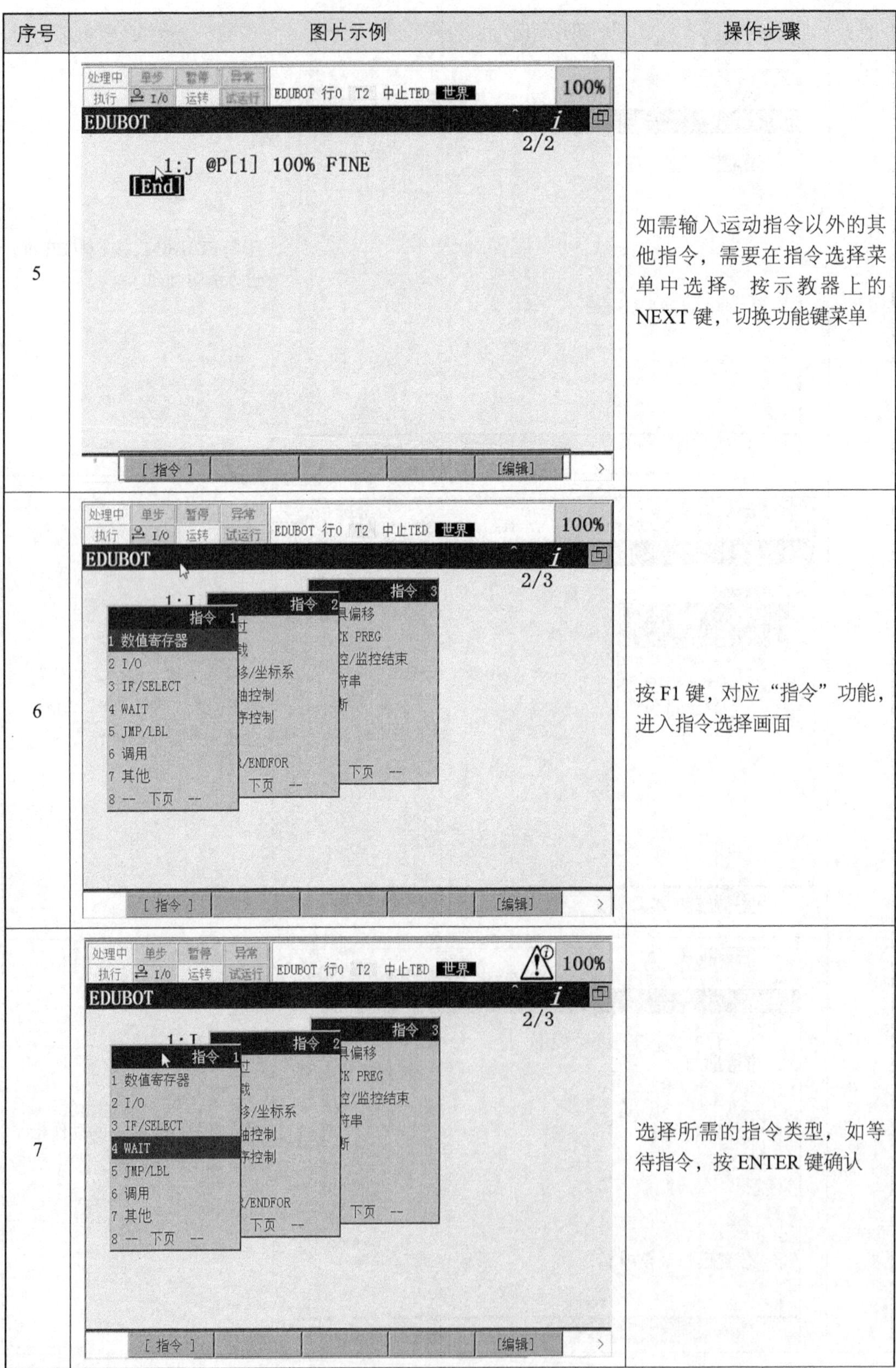

序号	图片示例	操作步骤
5		如需输入运动指令以外的其他指令，需要在指令选择菜单中选择。按示教器上的NEXT键，切换功能键菜单
6		按F1键，对应“指令”功能，进入指令选择画面
7		选择所需的指令类型，如等待指令，按ENTER键确认

续表

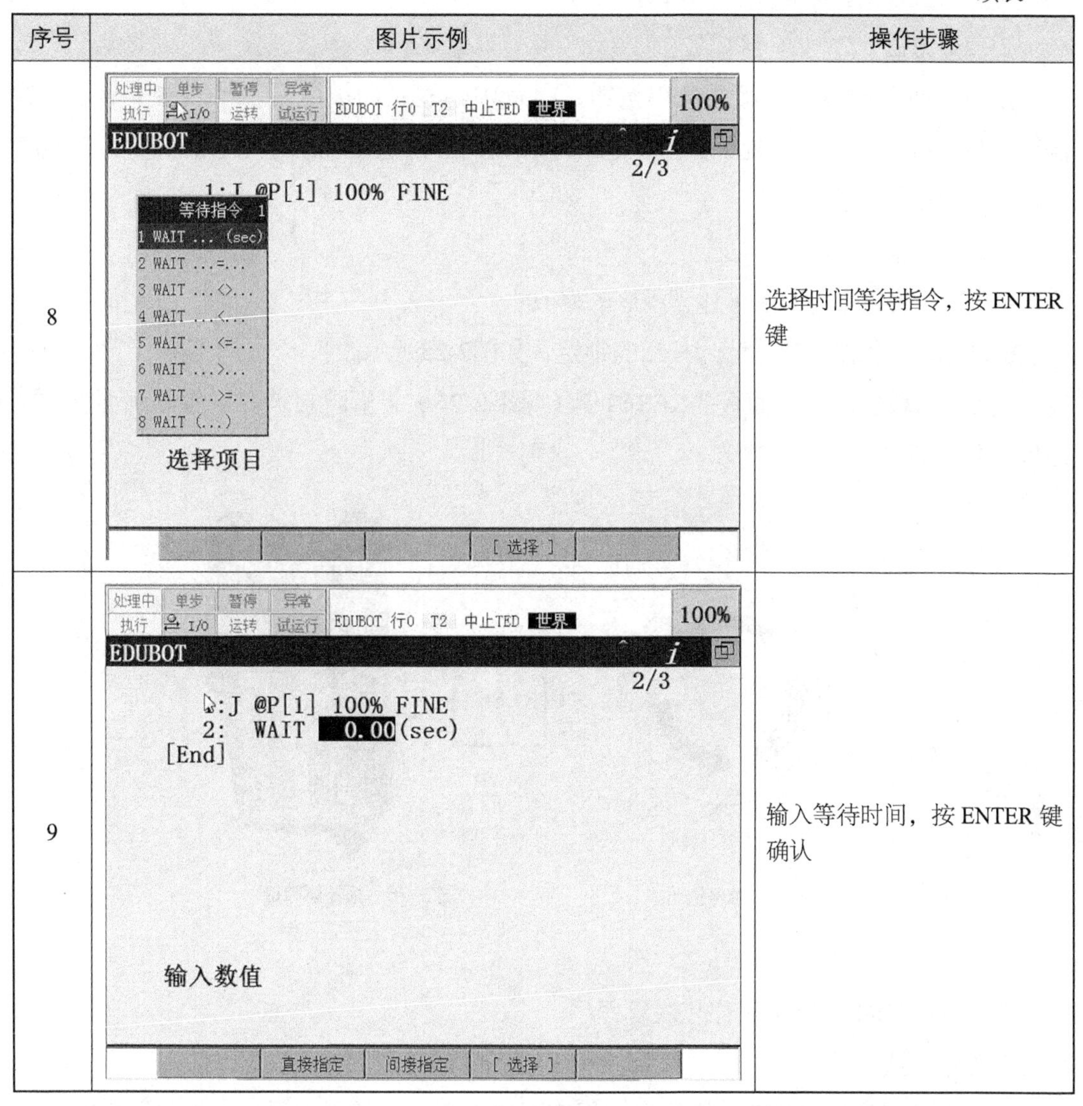

序号	图片示例	操作步骤
8	处理中 单步 暂停 异常 执行 I/O 运转 试运行 EDUBOT 行0 T2 中止TED 世界 100% EDUBOT 2/3 1:J @P[1] 100% FINE 等待指令 1 1 WAIT ... (sec) 2 WAIT ...=... 3 WAIT ...<>... 4 WAIT ...<... 5 WAIT ...<=... 6 WAIT ...>... 7 WAIT ...>=... 8 WAIT (...) 选择项目 [选择]	选择时间等待指令，按ENTER键
9	处理中 单步 暂停 异常 执行 I/O 运转 试运行 EDUBOT 行0 T2 中止TED 世界 100% EDUBOT 2/3 1:J @P[1] 100% FINE 2: WAIT 0.00(sec) [End] 输入数值 直接指定 间接指定 [选择]	输入等待时间，按ENTER键确认

从上述程序创建步骤可以看出，程序创建包括程序建立和指令记述两部分内容。在指令记述的过程中，FANUC机器人为经常使用的运动指令创建了快捷键，方便用户快速选择和记录位置。如果需要输入其他更加丰富的指令，则需要在指令选择画面进行选择，以输入各种功能丰富的指令。

2.4.3 程序执行

1.程序的停止与恢复

程序的停止是指停止执行中的程序。程序停止的原因包括程序执行过程中发生报警而偶然停止和人为操作停止。程序的停止和恢复方法有：通过急停操作来停止和恢复程序、通过HOLD键来暂停和恢复程序。

（1）通过急停操作来停止和恢复程序

①急停方法。

按下示教器或操作面板的急停按钮，执行中的程序即被中断，示教器上显示“暂停”。急停按钮被锁定，处于保持状态。示教器的画面上出现急停报警的显示。FAULT（报警）指示灯点亮。

②恢复方法。

a.排除导致急停的原因（包含程序的修改）。

b.向右旋转急停按钮，解除按钮的锁定，如图2-25所示。

c.按下示教器或操作面板的RESET键（见图2-26），解除报警。示教器画面上的急停报警显示消失。

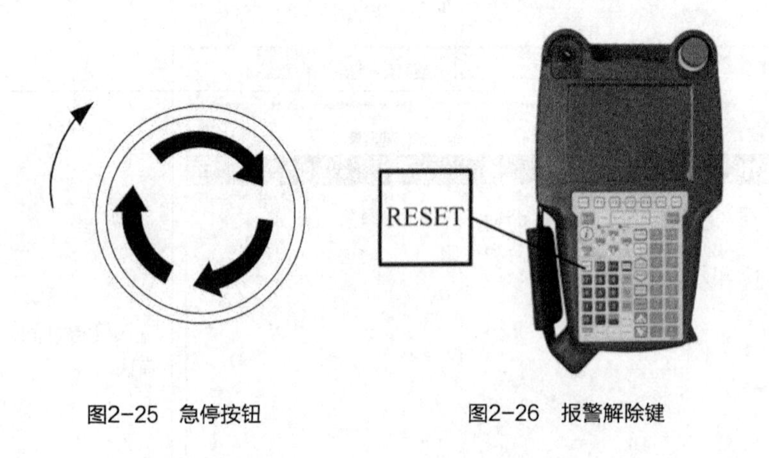

图2-25　急停按钮　　图2-26　报警解除键

（2）通过HOLD键来暂停和恢复程序

①暂停方法。

按下示教器的HOLD键，执行中的程序即被中断，示教器上显示“暂停”消息。在暂停报警有效的情况下，进行报警显示。

②恢复方法。

再次启动程序，暂停即被解除。

2.执行程序

执行程序即控制机器人按照所示教的程序执行指令，也称作程序再现、程序再生。

（1）程序执行前的检查

在执行机器人程序前需要根据实际工况条件，确保安全的运行速度和程序正确执行。检查机器人动作的要素有2个：速度倍率和坐标系核实。

①速度倍率。

检查速度倍率用于控制机器人运动的速度（执行速度）。按下速度倍率键，即可变更倍率值。如图2-27所示。

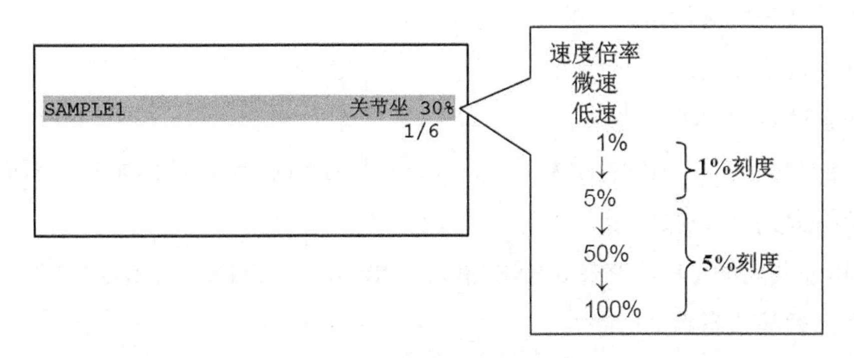

图2-27　速度倍率的画面显示

机器人的实际运动速度与速度倍率和指令中的速度值有关，实际运动速度是两者的乘积。当速度倍率为100%时，表示机器人以程序指令记述的运动速度动作。表2-35为倍率键的速度倍率值的变化方式。

表 2-35　速度倍率

内容	说明
倍率键	微速—低速—1%—5%—50%—100% 1% 刻度　　5% 刻度
SHIFT 键 + 倍率键	微速—低速—5%—50%—100%

按住SHIFT键的同时按下倍率键，速度按照微速—低速—5%—50%—100%这5个挡循环变化。需要注意的是，该情况只有在系统变量$SHIFTOV_ENB=1时才有效。而微速、低速只有在点动进给时才有效。将倍率设定为微速、低速、机器人在速度倍率1%下移动。

②坐标系核实。

在程序指令中未选择坐标系时，在运行该程序前需要确认核实当前坐标系编号。

坐标系的核实，是系统对程序再现运行时基于直角坐标系下建立的程序进行检测的过程。当前指定的坐标系编号（工具坐标系编号和用户坐标系编号）与程序各个点位示教时的坐标系编号不同时，程序将无法执行，发出报警信号。

工具坐标系号码（UT）如下。

0：使用默认工具坐标系。

1～9：使用指定的工具坐标系号码的工具坐标系。

F：使用当前所选的工具坐标系号码的坐标系。

用户坐标系号码（UF）如下。

0：使用世界坐标系。

1～9：使用指定的用户坐标系号码的用户坐标系。

F：使用当前所选的用户坐标系号码的坐标系。

（2）启动程序的方法

启动程序有如下3种方法。

①示教器启动按“SHIFT +FWD”或“SHIFT +BWD”组合键，如图2-28所示。

②操作面板和启动按钮组合启动。

③外围设备启动（RSR/PNS1~PNS8输入、PROD_START输入、START输入）。

（3）从暂停状态启动程序

当程序处在暂停状态时，在示教器的状态栏显示“暂停”，如图2-29所示。

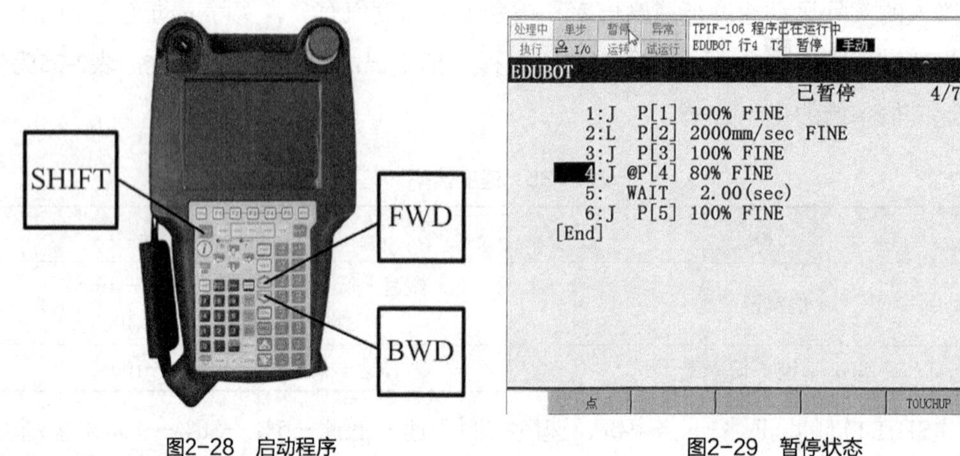

图2-28　启动程序　　　　图2-29　暂停状态

启动程序具体步骤见表2-36。

表 2-36　启动程序

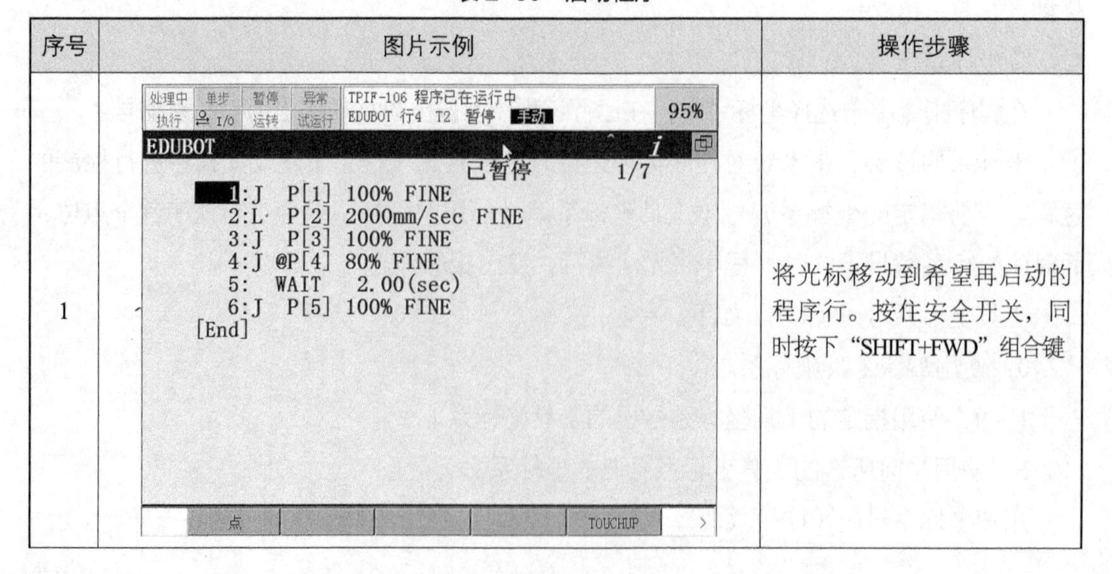

序号	图片示例	操作步骤
1	处理中 单步 暂停 异常 / 执行 I/O 运转 试运行 / TPIF-106 程序已在运行中 / EDUBOT 行4 T2 暂停 手动 / 95% / EDUBOT / 已暂停 1/7 / 1:J P[1] 100% FINE / 2:L P[2] 2000mm/sec FINE / 3:J P[3] 100% FINE / 4:J @P[4] 80% FINE / 5: WAIT 2.00(sec) / 6:J P[5] 100% FINE / [End] / 点 / TOUCHUP	将光标移动到希望再启动的程序行。按住安全开关，同时按下“SHIFT+FWD”组合键

续表

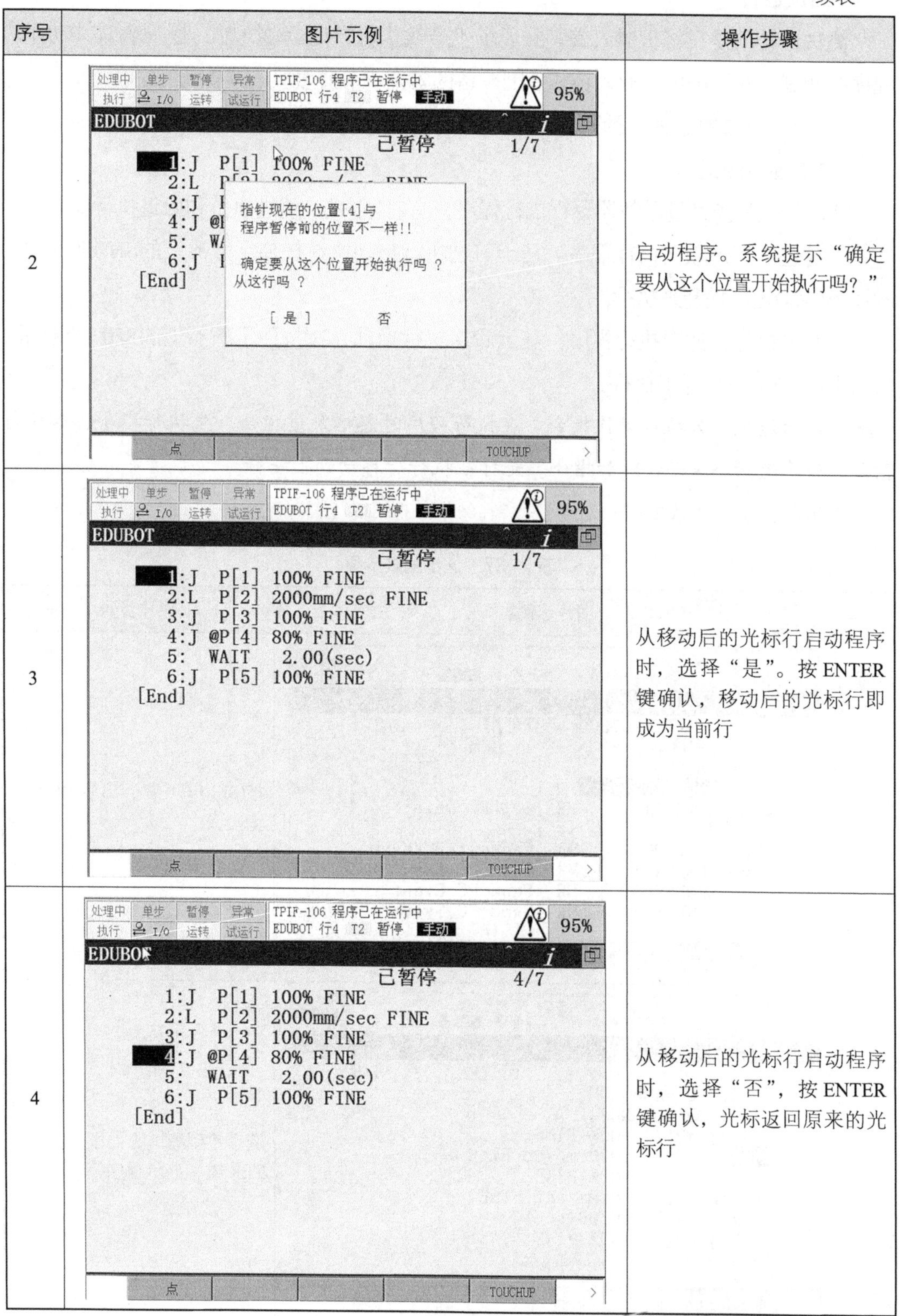

序号	图片示例	操作步骤
2		启动程序。系统提示“确定要从这个位置开始执行吗？”
3		从移动后的光标行启动程序时，选择“是”。按 ENTER 键确认，移动后的光标行即成为当前行
4		从移动后的光标行启动程序时，选择“否”，按 ENTER 键确认，光标返回原来的光标行

3.测试运转

测试运转就是在将机器人安装到现场生产线执行自动运转之前，逐一确认其动作。程序的测试，对于确保作业人员和外围设备的安全十分重要。

测试运转有2种方法：逐步测试和连续测试。

（1）逐步测试

逐步测试是指通过示教器逐行执行程序，有2种方式：前进执行和后退执行。

①前进执行：顺向执行程序。基于前进执行启动，在按住示教器上的SHIFT键的同时按下FWD键后松开来执行。

②后退执行：逆向执行程序。基于后退执行启动，在按住示教器上的SHIFT键的同时按下BWD键后松开来执行。

注：后退执行只执行动作指令。在执行程序时忽略跳过指令、先执行指令、后执行指令、软浮动指令等动作附加指令。光标在执行后移动到上一行。

逐步测试步骤见表2-37。

表2-37 逐步测试步骤

序号	图片示例	操作步骤
1	 处理中 单步 暂停 异常 执行 I/O 运转 试运行 EDUBOT 行3 自动 暂停 手动 100% 选择 707500 字节可用 2/8 编号 程序名 注释 1 -BCKEDT- [ ] 2 EDUBOT [ ] 3 GETDATA MR [Get PC Data] 4 HD [ ] 5 REQMENU MR [Request PC Menu] 6 SENDDATA MR [Send PC Data] 7 SENDEVNT MR [Send PC Event] 8 SENDSYSV MR [Send PC SysVar] [类型] 创建 删除 监控 [属性] >	按SELECT键，出现程序一览画面
2	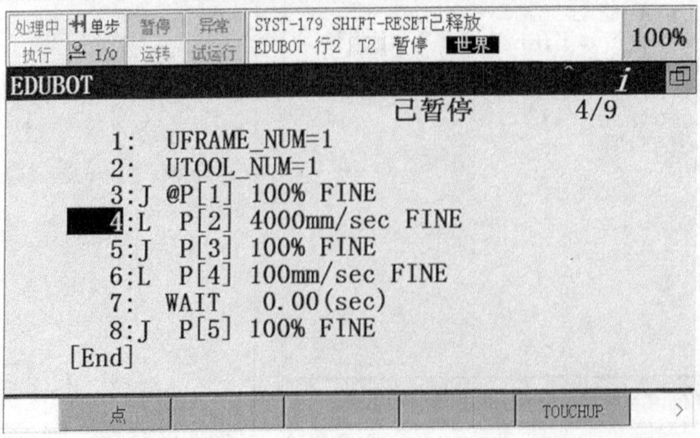 处理中 单步 暂停 异常 执行 I/O 运转 试运行 SYST-179 SHIFT-RESET已释放 EDUBOT 行2 T2 暂停 世界 100% EDUBOT 已暂停 4/9 1: UFRAME_NUM=1 2: UTOOL_NUM=1 3:J @P[1] 100% FINE 4:L P[2] 4000mm/sec FINE 5:J P[3] 100% FINE 6:L P[4] 100mm/sec FINE 7: WAIT 0.00(sec) 8:J P[5] 100% FINE [End] 点 TOUCHUP >	选择希望测试的程序，按ENTER键，显示程序编辑画面

续表

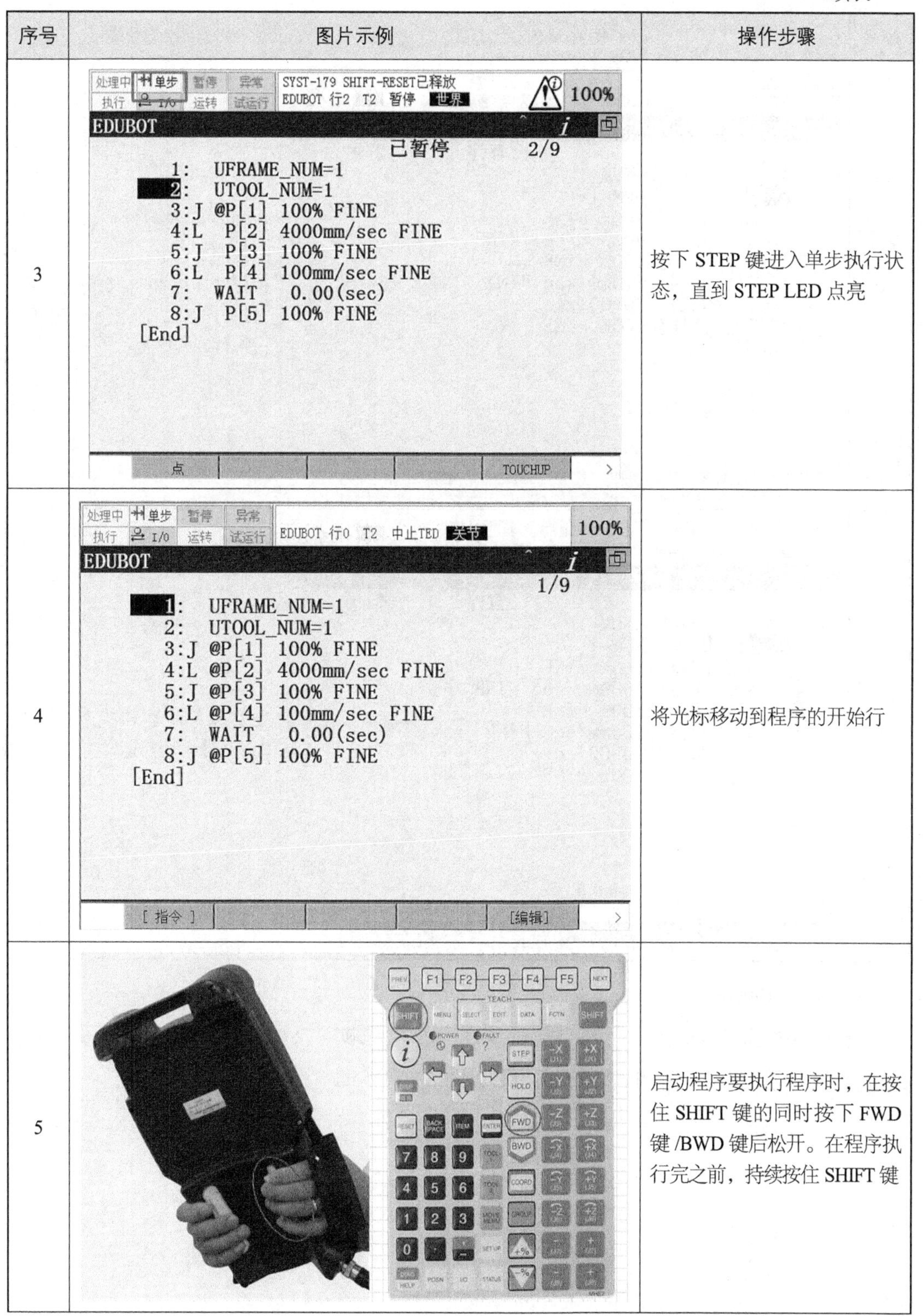

序号	图片示例	操作步骤
3	处理中 单步 暂停 异常 执行 I/O 运转 试运行 SYST-179 SHIFT-RESET已释放 EDUBOT 行2 T2 暂停 世界 100% EDUBOT 已暂停 2/9 1: UFRAME_NUM=1 2: UTOOL_NUM=1 3:J @P[1] 100% FINE 4:L P[2] 4000mm/sec FINE 5:J P[3] 100% FINE 6:L P[4] 100mm/sec FINE 7: WAIT 0.00(sec) 8:J P[5] 100% FINE [End] 点 TOUCHUP	按下 STEP 键进入单步执行状态，直到 STEP LED 点亮
4	处理中 单步 暂停 异常 执行 I/O 运转 试运行 EDUBOT 行0 T2 中止TED 关节 100% EDUBOT 1/9 1: UFRAME_NUM=1 2: UTOOL_NUM=1 3:J @P[1] 100% FINE 4:L @P[2] 4000mm/sec FINE 5:J @P[3] 100% FINE 6:L @P[4] 100mm/sec FINE 7: WAIT 0.00(sec) 8:J @P[5] 100% FINE [End] [指令] [编辑]	将光标移动到程序的开始行
5		启动程序要执行程序时，在按住 SHIFT 键的同时按下 FWD 键 /BWD 键后松开。在程序执行完之前，持续按住 SHIFT 键

续表

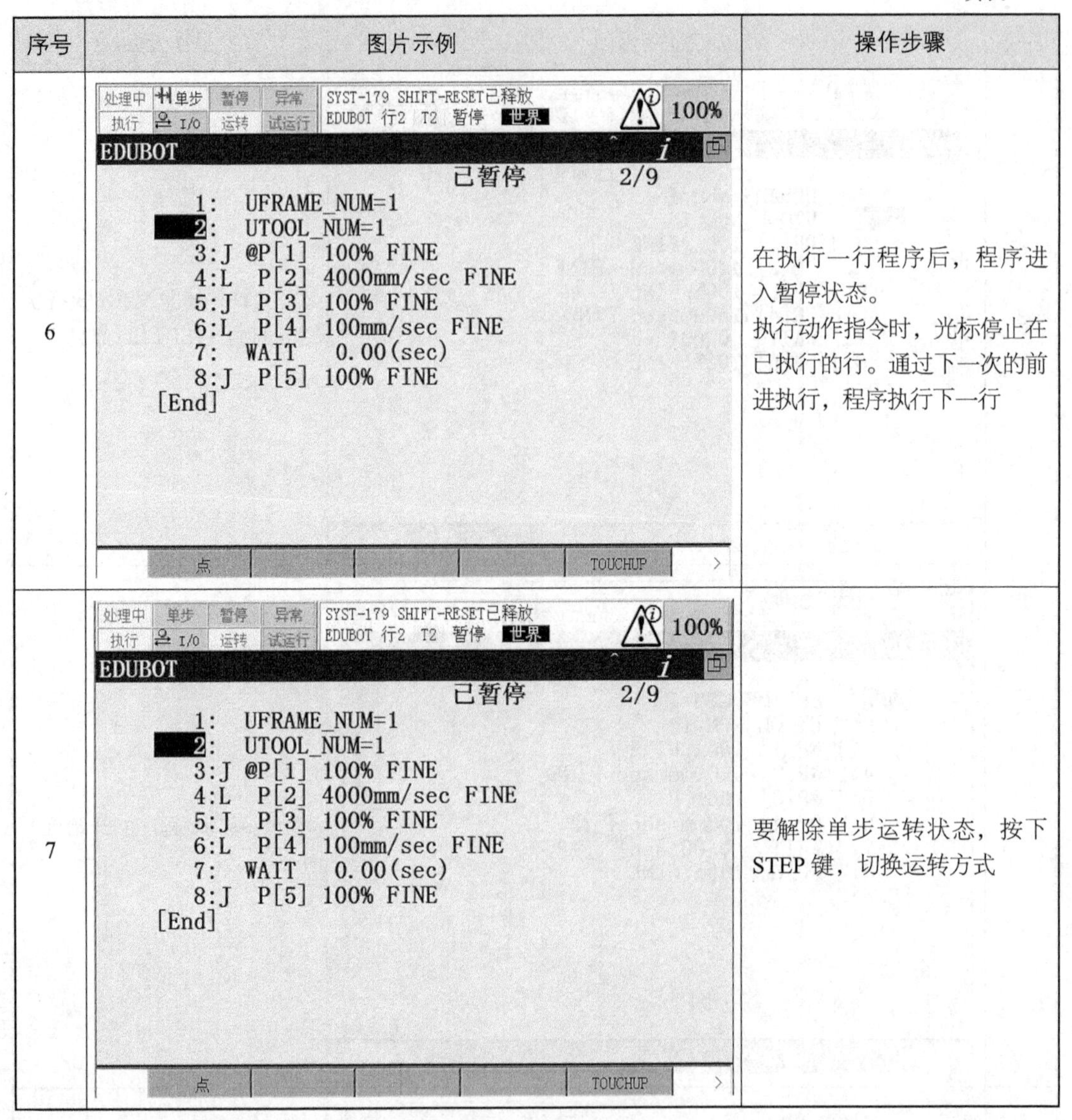

序号	图片示例	操作步骤
6	处理中 单步 暂停 异常 执行 I/O 运转 试运行 SYST-179 SHIFT-RESET已释放 EDUBOT 行2 T2 暂停 世界 100% EDUBOT 已暂停 2/9 1: UFRAME_NUM=1 2: UTOOL_NUM=1 3:J @P[1] 100% FINE 4:L P[2] 4000mm/sec FINE 5:J P[3] 100% FINE 6:L P[4] 100mm/sec FINE 7: WAIT 0.00(sec) 8:J P[5] 100% FINE [End] 点 TOUCHUP	在执行一行程序后，程序进入暂停状态。 执行动作指令时，光标停止在已执行的行。通过下一次的前进执行，程序执行下一行
7	处理中 单步 暂停 异常 执行 I/O 运转 试运行 SYST-179 SHIFT-RESET已释放 EDUBOT 行2 T2 暂停 世界 100% EDUBOT 已暂停 2/9 1: UFRAME_NUM=1 2: UTOOL_NUM=1 3:J @P[1] 100% FINE 4:L P[2] 4000mm/sec FINE 5:J P[3] 100% FINE 6:L P[4] 100mm/sec FINE 7: WAIT 0.00(sec) 8:J P[5] 100% FINE [End] 点 TOUCHUP	要解除单步运转状态，按下STEP键，切换运转方式

（2）连续测试

连续测试运转是指从程序的当前行到程序的末尾顺向执行程序。不能通过后退执行来进行连续测试运转。连续测试步骤见表2-38。

表 2-38 连续测试步骤

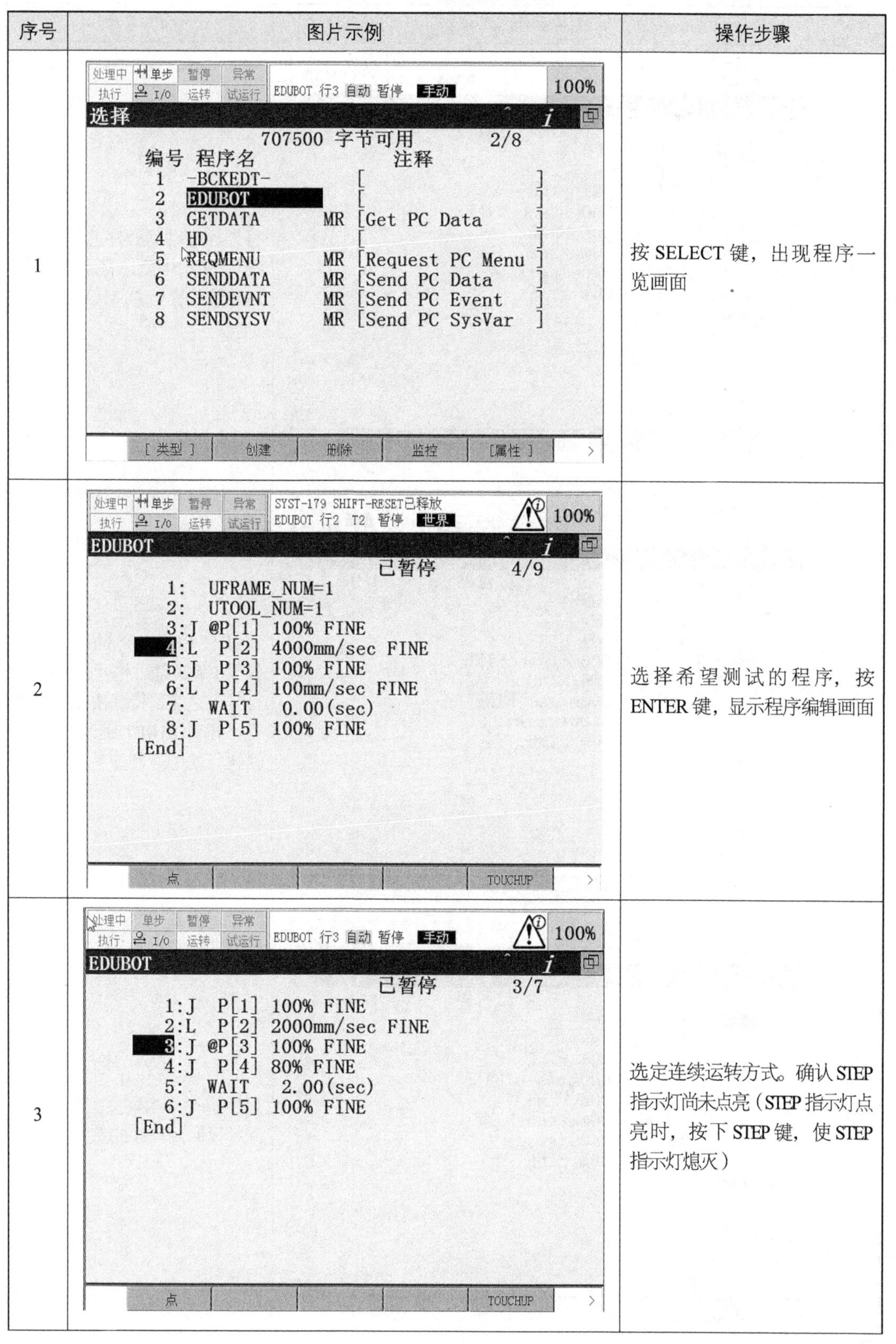

序号	图片示例	操作步骤
1		按 SELECT 键，出现程序一览画面
2		选择希望测试的程序，按 ENTER 键，显示程序编辑画面
3		选定连续运转方式。确认 STEP 指示灯尚未点亮（STEP 指示灯点亮时，按下 STEP 键，使 STEP 指示灯熄灭）

续表

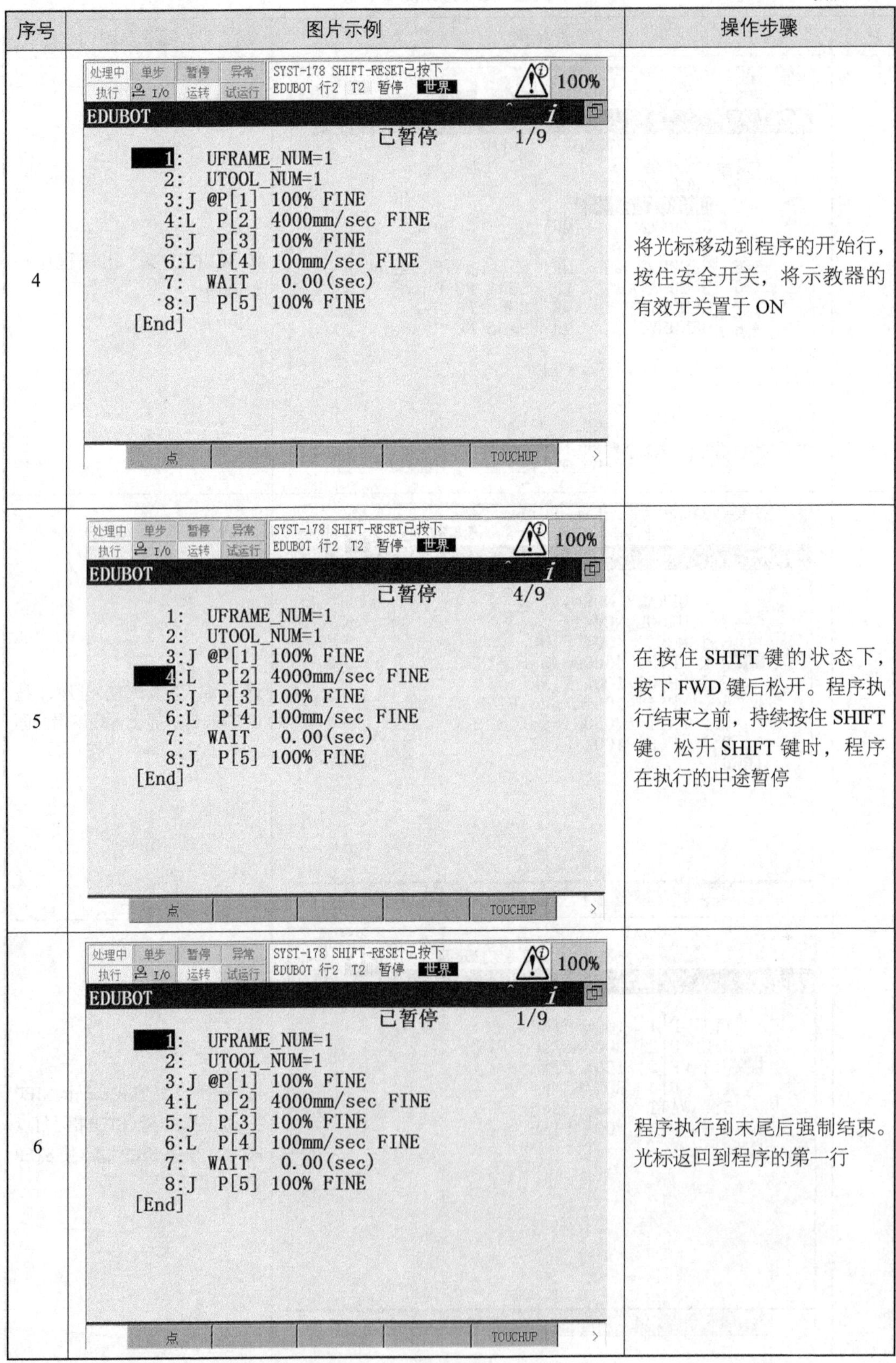

序号	图片示例	操作步骤
4	处理中 单步 暂停 异常 执行 I/O 运转 试运行 SYST-178 SHIFT-RESET已按下 EDUBOT 行2 T2 暂停 世界 100% EDUBOT 已暂停 1/9 1: UFRAME_NUM=1 2: UTOOL_NUM=1 3:J @P[1] 100% FINE 4:L P[2] 4000mm/sec FINE 5:J P[3] 100% FINE 6:L P[4] 100mm/sec FINE 7: WAIT 0.00(sec) 8:J P[5] 100% FINE [End] 点 TOUCHUP	将光标移动到程序的开始行，按住安全开关，将示教器的有效开关置于ON
5	处理中 单步 暂停 异常 执行 I/O 运转 试运行 SYST-178 SHIFT-RESET已按下 EDUBOT 行2 T2 暂停 世界 100% EDUBOT 已暂停 4/9 1: UFRAME_NUM=1 2: UTOOL_NUM=1 3:J @P[1] 100% FINE 4:L P[2] 4000mm/sec FINE 5:J P[3] 100% FINE 6:L P[4] 100mm/sec FINE 7: WAIT 0.00(sec) 8:J P[5] 100% FINE [End] 点 TOUCHUP	在按住SHIFT键的状态下，按下FWD键后松开。程序执行结束之前，持续按住SHIFT键。松开SHIFT键时，程序在执行的中途暂停
6	处理中 单步 暂停 异常 执行 I/O 运转 试运行 SYST-178 SHIFT-RESET已按下 EDUBOT 行2 T2 暂停 世界 100% EDUBOT 已暂停 1/9 1: UFRAME_NUM=1 2: UTOOL_NUM=1 3:J @P[1] 100% FINE 4:L P[2] 4000mm/sec FINE 5:J P[3] 100% FINE 6:L P[4] 100mm/sec FINE 7: WAIT 0.00(sec) 8:J P[5] 100% FINE [End] 点 TOUCHUP	程序执行到末尾后强制结束。光标返回到程序的第一行

CHAPTER 3

第3章 工业机器人系统外围设备的应用

工业机器人系统的外围设备是指可以附加到工业机器人系统中，用来加强工业机器人功能的设备。工业机器人系统外围设备包括行走导轨、抓手系统、物流系统、智能系统、变位机、夹具等。这些外围设备通常采用伺服系统作为精确的跟随或反馈控制系统。本章以伺服系统和可编程控制器为例，介绍工业机器人系统外围设备的应用。

【学习目标】

（1）了解工业机器人伺服系统的结构。

（2）了解伺服电机的工作原理。

（3）了解可编程控制器的基本概念。

（4）掌握可编程控制器软件的使用方法。

（5）掌握可编程控制器的标准编程语言。

微课视频

伺服系统

3.1 伺服系统

工业机器人伺服系统的核心部件包括伺服电机和伺服驱动器。其中，伺服电机的工作原理与普通的交直流电机基本相同，电机尾部装有高精度编码器，根据需要，有的伺服电机还装有抱闸回路；伺服驱动器为伺服电机的专用驱动单元，具有电机控制功能，可实现对伺服电机在电流环、速度环和位置环的闭环控制。

3.1.1 伺服系统的组成

伺服系统主要由控制器、驱动器、永磁同步电机及反馈装置（各类检测元件）组成，如图3-1所示。其中，θ_1是运动控制的输入，θ_f是位置检测元件反馈信号，控制器输出是i_d给驱动器，驱动器输出可控电压u_1给永磁同步电机（PMSM），然后位置检测元件（BQ）把执行情况反馈给控制器。

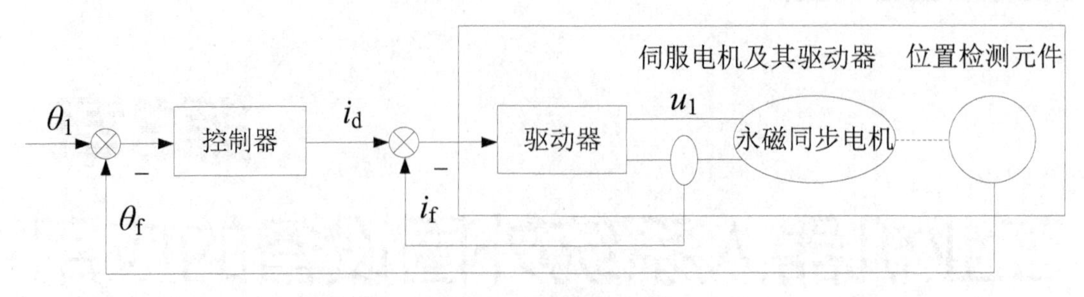

图3-1　伺服系统的组成

最常用的检测元件是旋转式光电编码器，它一般安装在电机轴的后端部，通过检测脉冲来计算电机的转速和位置。

3.1.2　伺服控制应用

伺服驱动器作为一种标准商品，已经得到了广泛应用。目前，生产各种伺服电机和配套伺服驱动器的公司有很多，如德国的力士乐、西门子，日本的三菱、安川、松下、欧姆龙、富士，韩国的LG等。伺服驱动器是与伺服电机配套使用的，因此在选型时要注意：伺服驱动器自身的规格、型号与工作电压是否与所选的电机型号、工作压力、额定功率、额定转速和编码器规格相匹配。

本节以GYB201D5-RC2-B型和富士RYH201F5-VV2型伺服驱动器伺服电机为例，介绍其控制及应用，如图3-2所示。

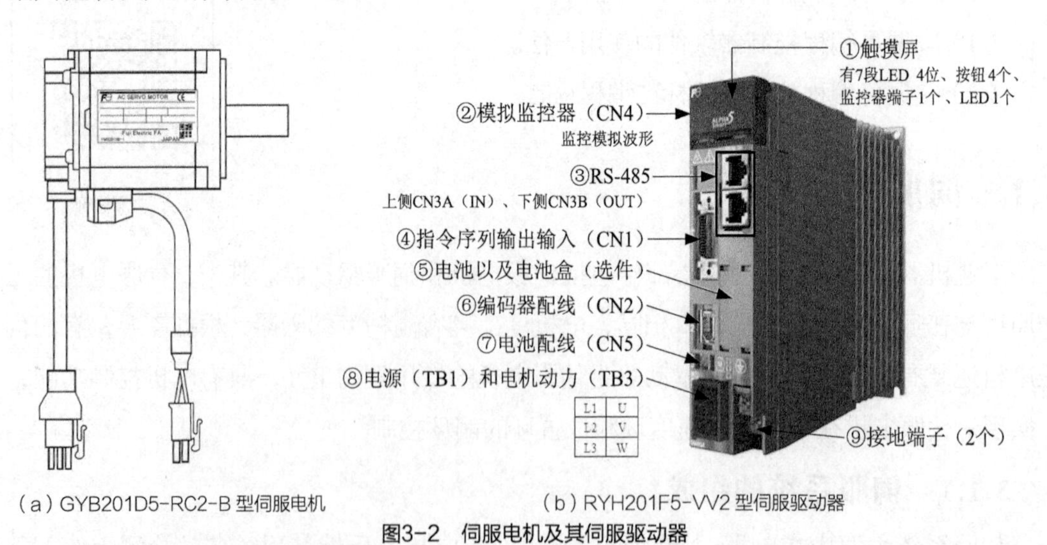

（a）GYB201D5-RC2-B 型伺服电机　　（b）RYH201F5-VV2 型伺服驱动器

图3-2　伺服电机及其伺服驱动器

1.伺服电机控制系统的连接

伺服电机控制系统的连接包括电源连接、伺服电机连接、输入输出信号连接。其系统连接如图3-3所示，基本连接如图3-4所示。

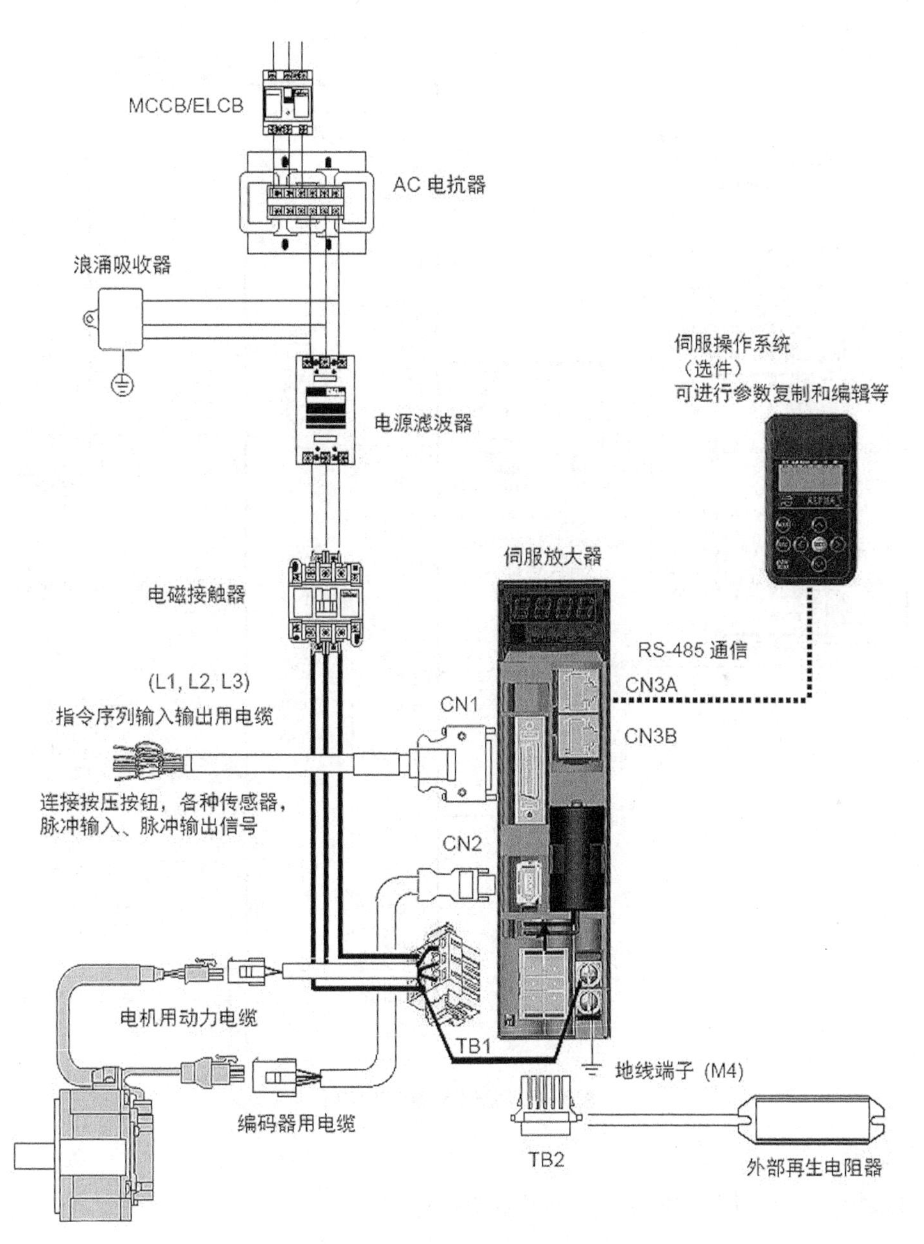

图3-3　伺服电机控制系统的连接

2.伺服驱动器的控制方式

伺服驱动器的控制方式分为位置控制、速度控制和转矩控制3种。在实际运用中，需要根据实际需求选择。

（1）位置控制

位置控制是根据伺服驱动器的脉冲列，输入控制轴的旋转位置。其输入形态有3种：指令脉冲/指令符号、正转脉冲/翻转脉冲、90° 相位差2信号。在实际运用中，需要根据实际需求选择合适的方式。

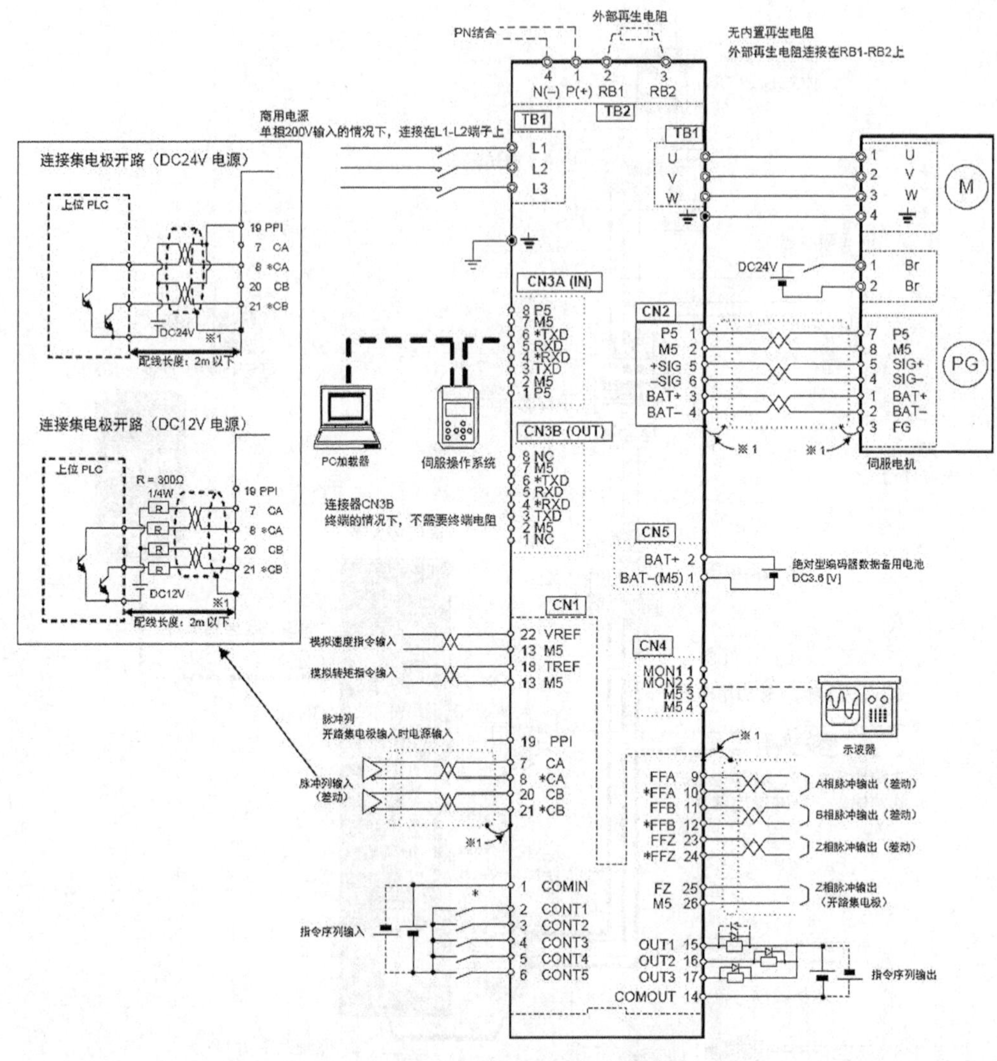

图3-4　伺服驱动器基本连接图

①配线。

a.差动输入。不使用PPI端子，如图3-5所示。

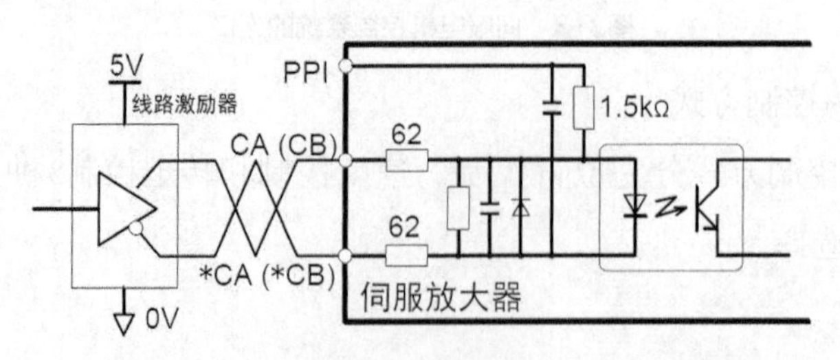

图3-5　差动输入

b.集电极开路输入（DC24V）。使用PPI端子，此时不可进行CA和CB的配线，与上位的配线长度需控制在2m以下，如图3-6所示。

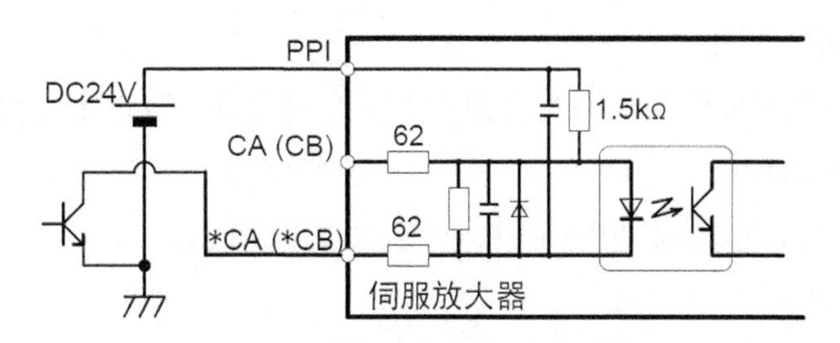

图3-6　集电极开路输入（DC24V）

c.集电极开路输入（DC12V）。不使用PPI端子，使用电阻器进行配线，与上位的配线长度需控制在2m以下，如图3-7所示。

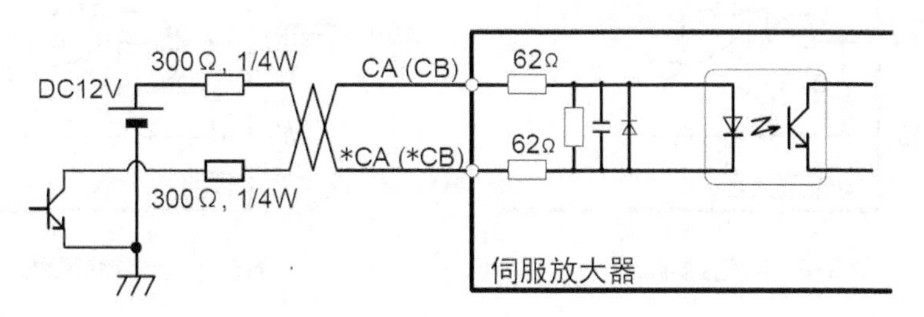

图3-7　集电极开路输入（DC12V）

②脉冲控制参数设定。

具体脉冲参数设定见表3-1。

表 3-1　脉冲参数设定

编号	名称	设定范围	初始值
PA1_01	控制模式选择	0：位置　1：速度　2：转矩 3：位置 <> 速度 4：位置 <> 转矩 5：速度 <> 转矩 6：扩展模式　7：定位运行	0
PA1_02	INC/ABS 系统选择	0：INC　1：ABS　2：无限长 ABS	0
PA1_03	指令脉冲输入方式、形态设定	0：差动、指令脉冲 / 符号 1：差动、正转脉冲 / 反转脉冲 2：差动、90° 相位差 2 信号 10：集电极开路、指令脉冲 / 符号 11：集电极开路、正转脉冲 / 反转脉冲 12：集电极开路、90° 相位差 2 信号	1
PA1_04	运转方向切换	0：正转指令 CCW 方向 1：正转指令 CW 方向	0
PA1_05	每旋转一周的指令输入脉冲数	0：电子齿轮比有效（PA1_06/07） 64~1048576pluse：本参数设定有效	0
PA1_06	电子齿轮分子 0	1~4194304	16
PA1_07	电子齿轮分母	1~4194304	1

（2）速度控制

速度控制就是根据伺服放大器速度指令电压的输入或参数设定，控制轴的转速。参数PA1_01=1时，在RDY信号为ON的状态下变为速度控制。

通过模拟指令控制速度时使用VREF端子，如图3-8所示。

（3）转矩控制

转矩控制就是根据伺服放大器转矩指令电压的输入或参数设定，控制轴的转矩。通过模拟指令控制转矩时使用TREF端子，如图3-9所示。

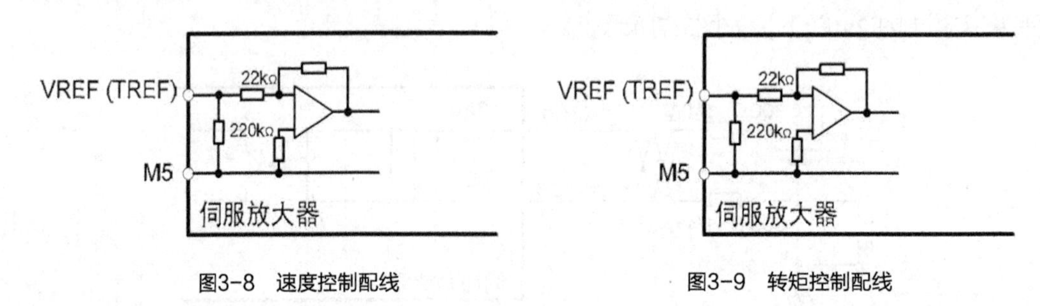

图3-8 速度控制配线 图3-9 转矩控制配线

3.参数配置

在不同控制方式下需要配置不同的参数。而在ALPHA5 Smart伺服驱动器中，按照功能类别将参数分为表3-2所示的设定项目。

表3-2 伺服参数分类

序号	设定项目	功能
1	基本设定参数（No.PA1_01~50）	在运行时必须进行确认、设定的参数
2	控制增益、滤波器设定参数（No.PA1_51~99）	在手动调整增益时使用
3	自动运行设定参数（No.PA2_01~50）	在对定位运行速度以及原点复归功能进行设定、变更时使用
4	扩展功能设定参数（No.PA2_51~99）	在对转矩限制等扩展功能进行设定、变更时使用
5	输入端子功能设定参数（No.PA3_01~50）	在对伺服驱动器的输入信号进行设定、变更时使用
6	输出端子功能设定参数（No.PA3_51~99）	在对伺服驱动器的输出信号进行设定、变更时使用

（1）输入信号配置

① 配线。

指令序列控制用输入端子，对应漏输入/源输入，需要在DC12V～DC24V范围内使用，每点约消耗8 mA（DC24V时），如图3-10所示。

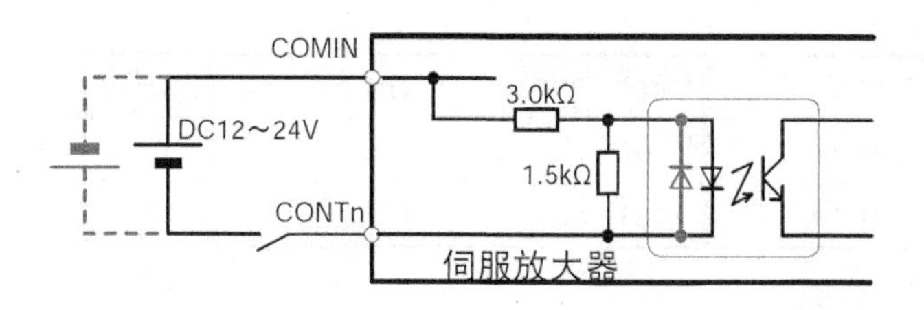

图3-10　输入端子配线

②参数设定。

分配在指令序列输入端子上的信号，用参数设定，见表3-3。

表3-3　输入信号一览

编号	名称	设定范围	默认值	变更
PA3_01	CONT1 信号分配	1 ～ 78	1	电源
PA3_02	CONT2 信号分配		11	
PA3_03	CONT3 信号分配		0	
PA3_04	CONT4 信号分配		0	
PA3_05	CONT5 信号分配		0	

指令序列输入信号的设定值见表3-4。

表3-4　指令序列输入信号的设定值

编号	功能	编号	功能	编号	功能
1	伺服 ON[S-ON]	22	立即值继续指令	43	调程有效
2	正转指令 [FWD]	23	立即值变更指令	44	调程 1
3	反转指令 [REV]	24	电子齿轮分子选择 0	45	调程 2
4	自动启动 [START]	25	电子齿轮分子选择 1	46	调程 4
5	原点复归 [ORG]	26	禁止指令脉冲	47	调程 8
6	原点 LS[LS]	27	指令脉冲比率 1	48	中断输入有效
7	+OT	28	指令脉冲比率 2	49	中断输入
8	-OT	29	P 动作	50	偏差清除
10	强制停止 [EMG]	31	临时停止	51	多级速选择 1[X1]
11	报警复位 [RST]	32	定位取消	52	多级速选择 2[X2]
14	ACC0	34	外部再生电阻过热	53	多级速选择 3[X3]
16	位置预置	35	示教	54	自由运转
17	切换伺服响应	36	控制模式切换	55	编辑许可指令
19	转矩限制 0	37	位置控制	57	反谐振频率选择 0
20	转矩限制 1	38	转矩控制	58	反谐振频率选择 1

续表

编号	功能	编号	功能	编号	功能
60	AD0	62	AD2	77	定位数据选择
61	AD1	63	AD3	78	广播取消

（2）输出信号分配

①配线。

指令序列控制用输出端子，对应漏输入/源输入，需要在DC12V～DC24V范围内使用，每点约消耗8 mA（DC24V时），如图3-11所示。

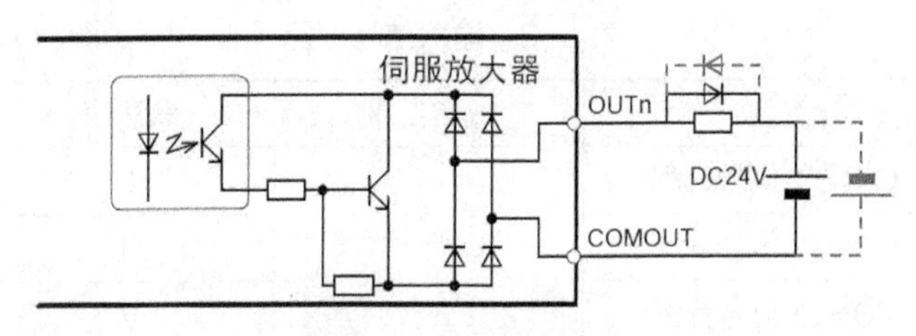

图3-11　输出端子配线

②参数设定。

分配在指令序列输出端子上的信号，用参数设定，见表3-5。

表 3-5　输出信号一览

编号	名称	设定范围	默认值	变更
PA3_51	OUT1 信号分配	1 ～ 95	1	电源
PA3_52	OUT2 信号分配		2	
PA3_53	OUT3 信号分配		76	

指令序列输出信号的设定值见表3-6。

表 3-6　指令序列输出信号的设定值

编号	功能	编号	功能	编号	功能
1	运行准备结束 [RDY]	20	OT 检测	29	编辑许可响应
2	定位结束 [INP]	21	检测循环结束	30	数据错误
11	速度限制检测	22	原点复归结束	31	地址错误
13	改写结束	23	偏差零	32	报警代码 0
14	制动器时机	24	速度零	33	报警代码 1
16	报警检测（a 接）	25	速度到达	34	报警代码 2
17	定点、通过点 1	26	转矩限制检测	35	报警代码 3
18	定点、通过点 2	27	过载预报	36	报警代码 4
19	限制器检测	28	伺服准备就绪	38	+ OT 检测

续表

编号	功能	编号	功能	编号	功能
39	– OT 检测	64	MD4	82	指定定位结束
40	原点 LS 检测	65	MD5	85	中断定位检测
41	强制停止检测	66	MD6	91	CONTa 通过
45	电池警告	67	MD7	92	CONTb 通过
46	使用寿命预报	75	位置预置结束	93	CONTc 通过
60	MD0	76	报警检测（b 接）	94	CONTd 通过
61	MD1	79	立即值继续许可	95	CONTe 通过
62	MD2	80	继续设定结束		
63	MD3	81	变更设定结束		

根据控制方式，配置完相关参数之后，就可以根据需要控制和使用伺服电机。

3.2　可编程控制器

可编程控制器（Programmable Logic Controller，PLC）是一种嵌入了继电器、定时器（即时间继电器）及计数器等功能，专为工业应用而设计，且用于控制生产设备和工作过程的特殊计算机。

3.2.1　PLC技术基础

传统的生产机械自动控制装置—继电器控制系统的优点是：结构简单、价格低廉、容易操作；缺点是：体积庞大、工作寿命短、生产周期长、接线复杂、故障率高、可靠性及灵活性差；比较适用于工作模式固定，控制逻辑简单等工业应用场合。

传统的继电器控制系统已无法满足客户的需求，所以迫切需要寻找一种新的控制方式，因此PLC产生。随着PLC的普及和完善，以及PLC本身所具有的高可靠性、易编程修改的特点，在自动控制系统中的应用取得了良好的效果，可实现逻辑控制、定时控制、计数控制与顺序控制。

本节以西门子公司新一代的模块化小型PLC S7-1200为主要研究对象， S7-1200是西门子公司推出的一款PLC，主要面向简单而高精度的自动化任务。S7-1200充分满足中小型自动化的系统需求。在研发过程中充分考虑了系统、控制器、人机界面和软件的无缝整合和高效协调的需求。

PLC工作原理中主要是运用了扫描技术。PLC是采用“顺序扫描，不断循环”的方式工作的。即在PLC运行时，CPU根据用户的控制要求，编制好程序并存于用户存储器中，按指令步序号（或地量号）做周期性循环扫描，如无跳转指令，从第一条指令开始逐条顺序执行用户程序，直至程序结束，然后重新返回第一条指令，开始下一轮新的扫描。在每次扫描过程中，还要完成对输入信号的采样和对输出状态的刷新等工作。PLC的一个扫描周期必须经过输入采样、程序执行和输出刷新三个阶段。

（1）输入采样。首先以扫描方式按顺序读入所有暂存在输入锁存器中的输入端子的通断状态或输入数据，并将其写入对应的输入状态寄存器中，即刷新输入。随即关闭输入端口，进入程序执行阶段。

（2）程序执行。按用户程序指令存放的先后顺序扫描执行每条指令，经相应的运算和处理后，其结果再写入输出状态寄存器中，输出状态寄存器中的所有内容随着程序的执行而改变。

（3）输出刷新。当所有指令执行完毕，输出状态寄存器的通断状态在输出刷新阶段送至输出锁存器中，并通过一定的方式（继电器、晶体管或晶闸管）输出，驱动相应输出设备工作。

3.2.2 PLC硬件结构

S7-1200主要由CPU模块、信号板、信号模块、通信模块和编程软件组成，各种模块安装在标准DIN导轨上。S7-1200的硬件组成具有高度的灵活性，用户可以根据自身需求确定PLC结构，系统扩展性强。下面主要介绍CPU模块、信号模块、通信模块。

1.CPU模块

S7-1200的CPU模块（见图3-12）将微处理器、电源、数字量输入输出电路、模拟量输入输出电路、PROFINET以太网接口、高速运动控制功能组合到一个设计紧凑的外壳中。每块CPU内可以安装块信号板（见图3-13），安装以后不会改变CPU的外形和体积。

S7-1200集成的PROFINET接口用于与编程计算机、人机界面HMI、其他PLC或设备通信。此外它还通过开放的以太网协议支持与第三方设备的通信。

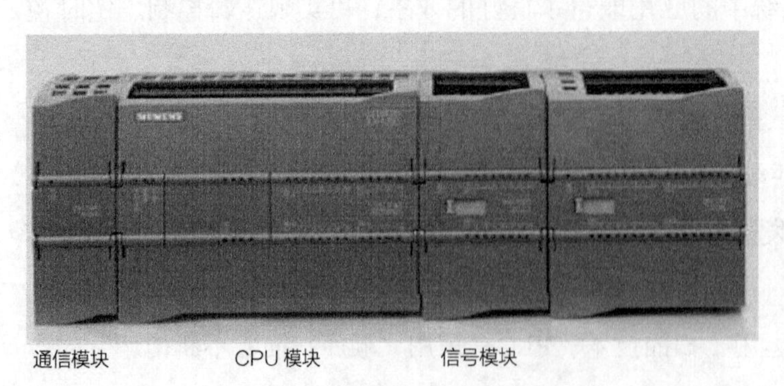

通信模块　　CPU 模块　　信号模块

图3-12　PLC S7－1200的CPU模块

图3-13　安装信号板

S7-1200现在有5种型号的CPU模块，本节主要选用CPU 1214C。每种CPU模块有3种具有电源电压和输入、输出电压的版本（见表3-7）。

表 3-7　S7-1200 CPU 的 3 种版本

版本	电源电压	DI 输入电压	DQ 输出电压	DQ 输出电流
DC/DC/DC	DC 24V	DC 24V	DC 24V	0.5 A，MOSFET
DC/DC/Relay	DC 24V	DC 24V	DC 5~ 30V, AC 5~ 250V	DC 5~ 30V, AC 5~ 250V
AC/DC/Relay	AC 85~264V	DC 24V	DC 5~ 30V, AC 5~ 250V	DC 5~ 30V, AC 5~ 250V

CPU 1214C DC/DC/DC的接线如图3-14所示，其电源电压、输入回路电压和输出回路电压均为DC 24V电源。

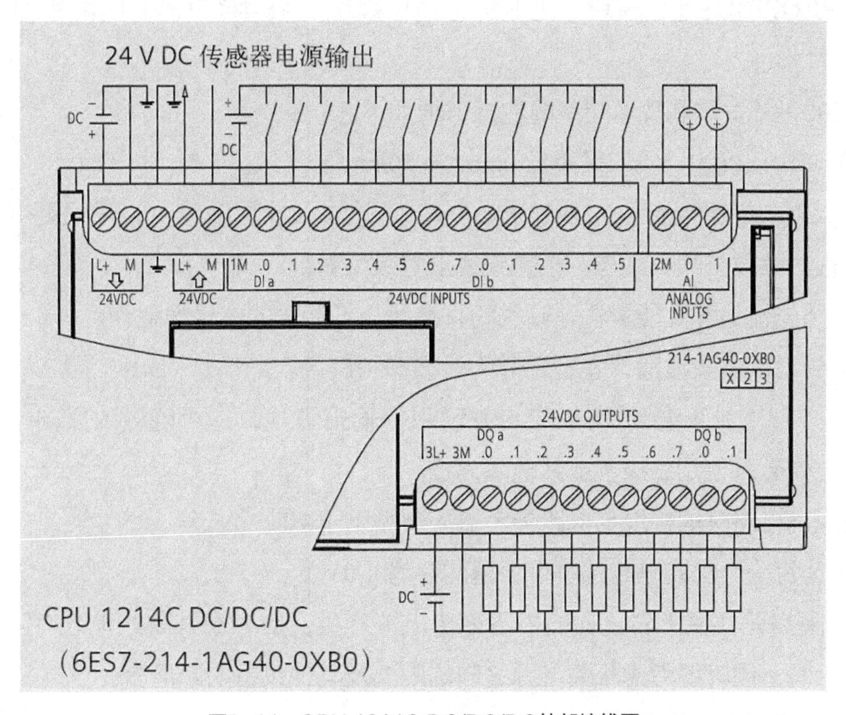

图3-14　CPU 1214C DC/DC/DC外部接线图

2.信号模块

输入（Input）模块和输出（Output）模块简称为I/O模块，数字量（又称为开关量）输入（DZ）模块和数字量输出（DQ）模块、模拟量输入（AI）模块和模拟量输出（AQ）模块统称为信号模块（Signal Module，SM）。

输入模块用来接收和采集输入信号，数字量输入模块用来接收从按钮、选择开关、数字拨码开关、限位开关、接近开关、光电开关、压力继电器等数字量输入信号。模拟量输入模块用来接收电位器、测速发电机和各种变送器提供的连续变化的模拟量电流、电压信号，或直接接收热电阻、热电偶提供的温度信号。

数字量输出模块用来控制接触器、电磁阀、电磁铁、指示灯、数字显示装置和报警装置等输出设备，模拟量输出模块用来控制电动调节阀、变频器等执行器。

CPU模块内部的工作电压一般是DC 5V，而PLC的外部输入/输出信号电压一般较高，如DC 24V或AC 220V。从外部引入的尖峰电压和干扰噪声可能损坏CPU中的元器件，或使PLC不能正常工作。在信号模块中，用光耦合器、光敏晶闸管、小型继电器等器件来隔离PLC的内部电路和外部的输入、输出电路。信号模块除了传递信号外，还有电平转换与隔离作用。

3.通信模块

通信模块安装在CPU模块的左边，最多可以添加3个通信模块，可以使用点对点通信模块、PROFIBUS通信模块、工业远程通信模块、AS-i接口通信模块和IO-Link通信模块。

S7-1200设计安装和现场接线的注意事项如下。

（1）使用正确的导线，采用1.50mm^2~0.50mm^{2}的导线。

（2）尽量使用短导线（最长500m屏蔽线或300m非屏蔽线），导线要尽量成对使用，用一根中性或公共导线与一根热线或信号线配对。

（3）将交流线和高能量快速开关的直流线与低能量的信号线隔开。

（4）针对闪电式浪涌，安装合适的浪涌抑制设备。

（5）外部电源不要与DC输出点并联用作输出负载，这可能导致反向电流冲击输出，除非在安装时使用二极管或其他隔离栅。

使用隔离电路时的接地与电路参考点应遵循以下4点。

（1）为每一个安装电路选一个合适的参考（0V）。

（2）隔离元件用于防止安装中不期望电流产生。应考虑到哪些地方有隔离元件，哪些地方没有，同时要考虑相关电源之间的隔离及其他设备的隔离等。

（3）选择一个接地参考点。

（4）在现场接地时，一定要注意接地的安全性，并且要正确操作隔离保护设备。

3.2.3 PLC编程基础

1. S7-1200编程软件

TIA博途是西门子的全新自动化工程设计软件平台，它将所有自动化软件工具集成在统一的开发环境中。

（1）计算机配置

安装TIA博途对计算机的要求：处理器主频3.3 GHz或更高（最小2.2GHz），内存8GB或更大（最小4GB），硬盘300GB，15.6 in宽屏显示器，分辨率1 920 px × 1 080 px。TIA博途V13 SP1要求的计算机操作系统为非家用版的32位或64位的Windows 7 SP1，或非家用版的64位的Windows 8.1和某些Windows服务器，不支持Windows XP。

（2）安装顺序

TIA博途中的软件应按下列顺序安装: STEP 7 Professional、S7-PLCSIM、WinCC、Professional、Startdrive、STEP 7 Safety Advanced。具体安装步骤可自行参阅相关安装手册。

（3）程序创建

以创建PLC程序为例，介绍博途软件的基本使用方法，PLC程序创建步骤见表3-8。

表 3-8　PLC 程序创建步骤

序号	图示	步骤
1	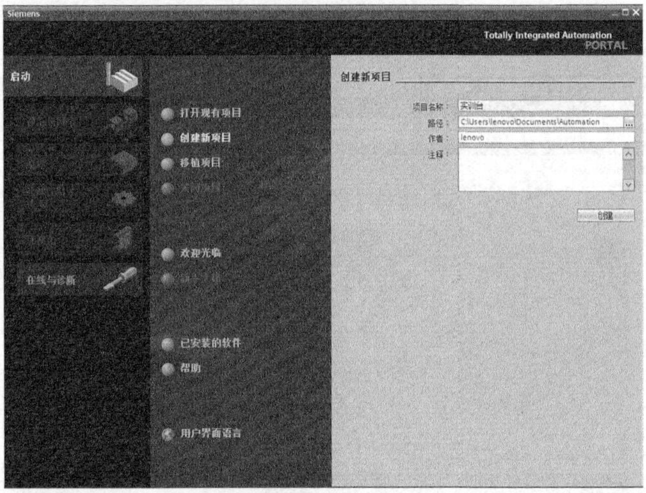	创建项目。打开博途软件，单击“创建新项目”，相关设置完成后，单击“创建”按钮，创建完毕
2	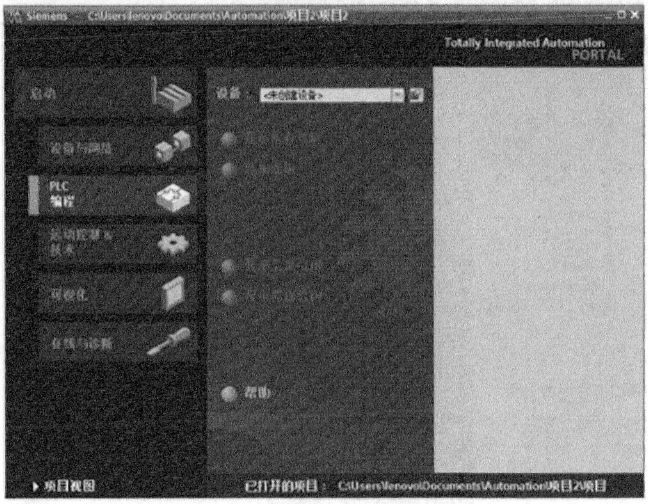	创建 PLC 程序。项目创建完成后，单击“项目视图”，进入项目视图页，双击“添加新设备”，选择 CPU 型号，单击“确定”按钮

续表

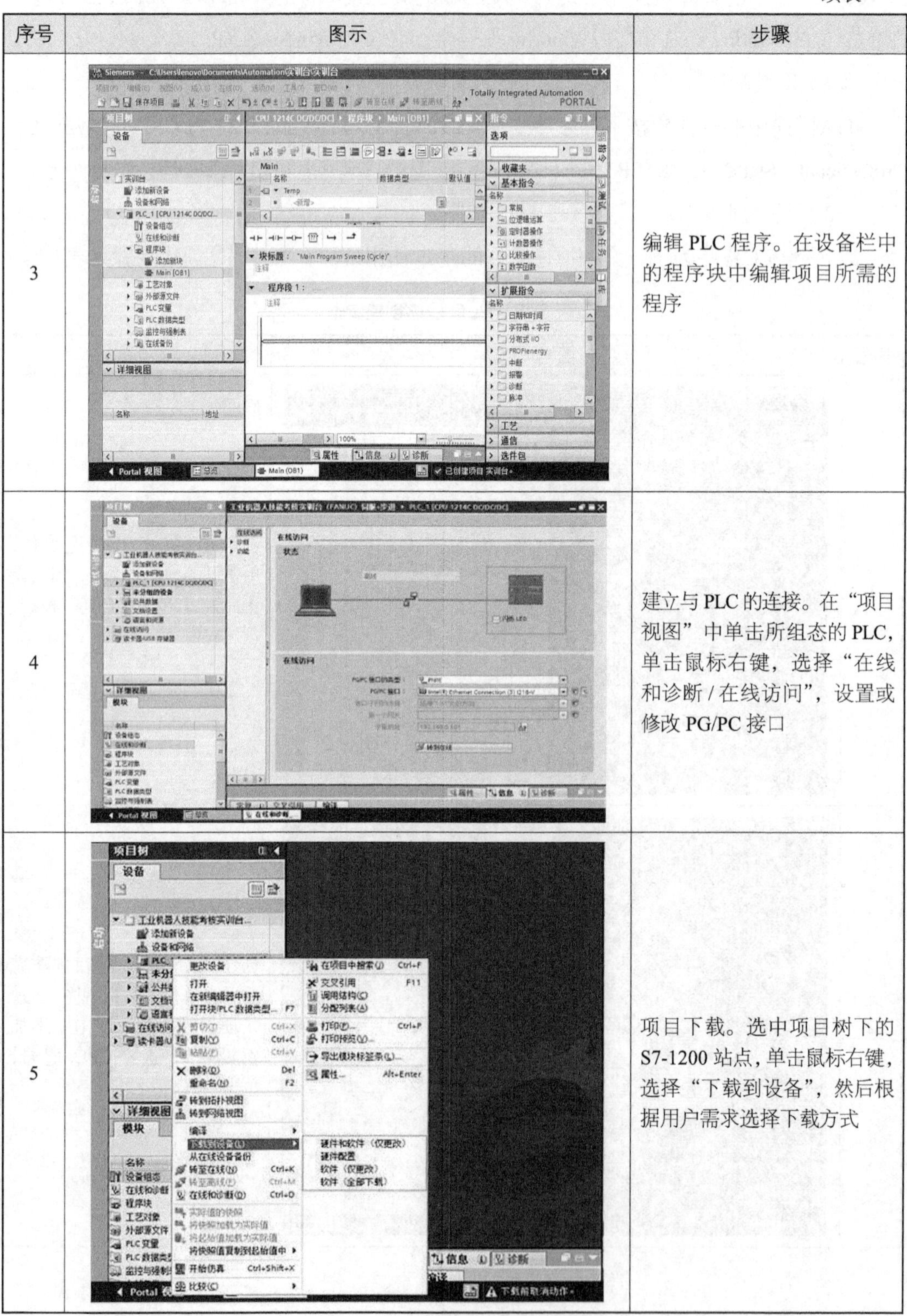

序号	图示	步骤
3		编辑 PLC 程序。在设备栏中的程序块中编辑项目所需的程序
4		建立与PLC的连接。在“项目视图”中单击所组态的PLC，单击鼠标右键，选择“在线和诊断/在线访问”，设置或修改 PG/PC 接口
5		项目下载。选中项目树下的 S7-1200 站点，单击鼠标右键，选择“下载到设备”，然后根据用户需求选择下载方式

2.S7-1200编程语言

（1）PLC编程语言的国际标准

IEC61131是国际电工委员会（International Electrotechnical，IEC）制定的PLC标准，其中的第三部分IEC 61131-3是PLC的编程语言标准。1EC61131-3是世界上第一个，也是至今为止唯一的工业控制系统的编程语言标准，有5种编程语言。

①指令表（Instruction List， IL）。

②结构文本（Structured Text）， S7-1200为S7-SCL。

③梯形图（Ladder Degen， LD）， 西门子PLC简称为LAD。

④函数块图（Function Block Diagram， FBD）。

⑤顺序功能图（Sequential Function Chat， SFC）。

（2）梯形图

S7-1200使用梯形图、函数块图和结构化控制语言这3种编程语言。梯形图是使用得最多的PLC图形编程语言，由触点、线圈和用方框表示的指令框组成。

（3）函数块图

函数块图使用类似于数字电路的图形逻辑来表示控制逻辑，国内很少有人使用。

（4）SCL

结构化控制语言（Structured Control Language，SCL）是一种基于Pascal的高级编程语言。这种语言基于IEC 1131-3标准。SCL除了包含PLC的典型元素（如输入、输出、定时器或存储器位）外，还包含高级编程语言中的表达式、赋值运算和运算符。SCL提供了简便的指令进行程序控制，如创建程序分支、循环或跳转。SCL尤其适用于下列应用领域：数据管理、过程优化、配方管理和数学计算、统计任务。

3.S7-1200程序调试

软件编程的工作完成后，下一步的工作就是调试。S7-1200的CPU本体上集成了PROFIT通信口，通过这个通信口可以实现CPU与编程设备的通信。有两种调试用户程序的方法：程序状态监视与监控表。

程序状态可以监视程序的运行，显示程序中操作数的值和网络的逻辑运算结果，查找到用户程序的逻辑错误，还可以修改某些变量的值。使用监视表可以监视、修改和强制用户程序或CPU内的各个变量，可以在不同的情况下向某些变量写入需要的数值来测试程序或硬件。例如，为了检查接线，可以在CPU处于STOP模式时给物理输出点指定固定的值。

（1）程序状态监视

PLC建立好在线连接后，打开需要监视的代码块，单击工件栏上的“启用/禁用监视”按钮，启动程序状态监视。启动程序状态监控后，梯形图用绿色实线来表示状态满足，用蓝色虚线表示状态不满足，用灰色实线表示状态未知（图3-15）。

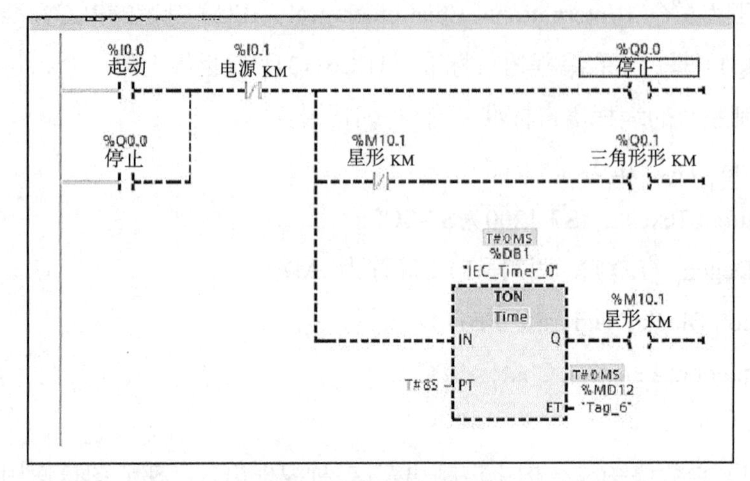

图3-15　程序状态监视图

（2）监控表

程序状态监控功能只能在屏幕上显示一小块程序，调试较大的程序时，往往不能同时看到与某一程序功能有关的全部变量的状态。监视表（Watch Table）可以在工作区同时监视和修改用户感兴趣的全部变量。一个项目可以生产多个监视表，以满足不同的调试要求。监视表可以赋值或显示的变量包括过程映像（I和Q）、外设输入（I_：P）、外设输出（Q_：P）1_:P、L：P、M和DB数据库内的存储单元。

监控表与CPU建立在线连接后，双击PLC变量下的默认变量表，单击工具栏上的按钮，启动“监视全部”功能，将在“监视值”列连续显示变量的动态实际值。再次单击该按钮，将关闭监视功能。单击工具栏中的按钮，可以立即更新所选变量的数值，该功能主要用于STOP模式下的监视和修改。

CHAPTER 4

第4章 激光雕刻应用

随着光电子技术的飞速发展，激光雕刻技术的应用范围越来越广泛。激光加工与材料表面没有接触，不受机械运动影响，表面不会变形，一般无须固定。激光雕刻加工精度高，速度快，应用领域广泛。由工业机器人和光纤激光组成的工业机器人激光切割系统一方面具有工业机器人的特点，能够自由、灵活地实现各种复杂的三维曲线加工轨迹；另一方面采用柔韧性好、能够远距离传输的激光光纤作为传输介质，不会对工业机器人的运动路径产生限制作用，如图4-1所示。

（a）机器人激光雕刻

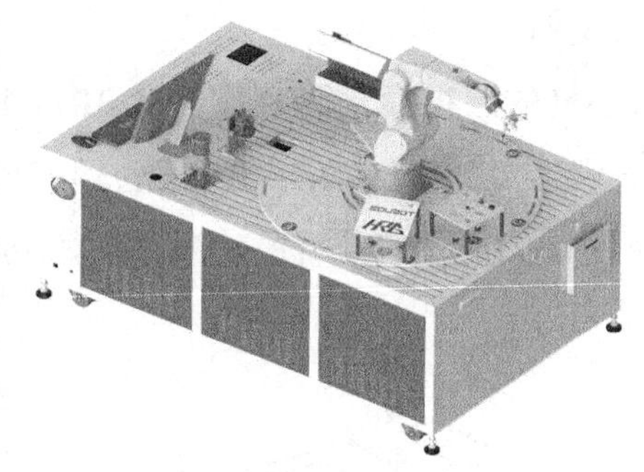

（b）机器人激光雕刻实训设备

图4-1　激光雕刻应用

读者通过激光雕刻模块的训练，利用激光器模拟激光雕刻，可以充分熟悉工业机器人的运动控制，更加熟练地操作工业机器人。

【学习目标】

（1）了解激光雕刻项目的行业背景及实训目的。

（2）熟悉激光雕刻动作的流程及路径规划。

（3）掌握FANUC机器人I/O的相关应用。

（4）掌握工具坐标系、用户坐标系的创建。

（5）掌握等待超时指令的使用方法。

4.1　任务分析

本实训项目是工业机器人持红光点状激光器来模拟激光雕刻应用，通过对工业机器人空间运行路径的规划、数字I/O信号的控制，完成工业机器人模拟激光雕刻任务。

4.1.1　任务描述

工作过程如下：工业机器人在安全位置等待3s，然后将激光器对准激光雕刻模块上的 LOGO起始点，打开激光器，开始沿着LOGO的边缘进行激光循迹动作，每雕刻完一个完整的字母或路径，关闭激光器，运动到下一个字母的起始点，接着继续打开激光器进行雕刻，依次重复上述动作，直到所有的LOGO字符雕刻完毕，关闭激光器，最后让机器人回到安全点，从而演示激光雕刻的完整动作过程。其中雕刻的LOGO字样包括HRG和EDUBOT。

4.1.2　路径规划

本实训项目采用激光雕刻模块，以激光雕刻模块上的HRG字样为例，演示FANUC六轴机器人进行激光雕刻应用的轨迹路径运动。

1.路径规划

HRG字样的路径规划为：安全点PR[1:HOME]→过渡点P1→雕刻点P2→雕刻点P3→……→雕刻点P33→结束点P34→过渡点P2→过渡点P1→安全点PR[1:HOME]，如图4-2（a）所示。EDUBOT字样的轨迹路径如图4-2（b）所示。

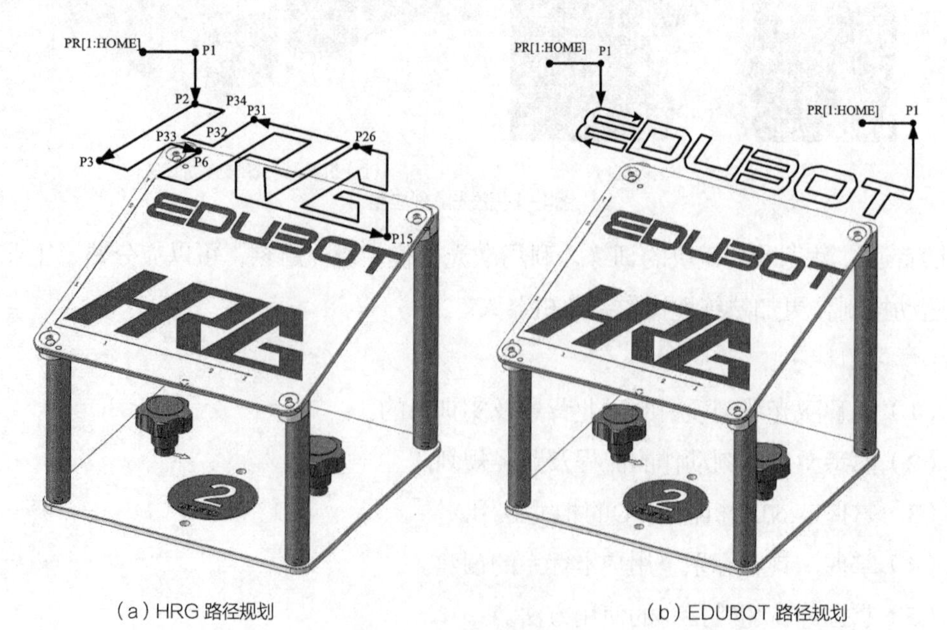

（a）HRG 路径规划　　（b）EDUBOT 路径规划

图4-2　激光雕刻路径规划

工业机器人在进行激光雕刻前，用户还需判断异步输送带模块上是否存在圆饼物料，如有圆饼物料则优先搬运圆饼物料，因此需要采用等待超时指令来控制工业机器人的动作顺序。搬运路径如图4-3所示。

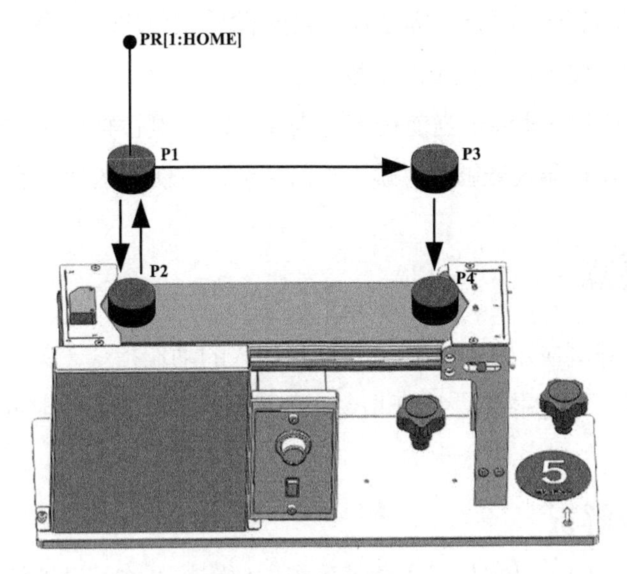

图4-3 搬运路径规划

2.要点解析

（1）该运动轨迹中的HRG轨迹都为直线，可使用直线动作L完成，EDUBOT轨迹为直线和弧线的组合，需使用直线动作（L）和圆弧动作（C）完成。图4-4中列举了一处需要使用圆弧指令的轨迹，因此需要考虑机器人的转弯半径等相关运动参数。

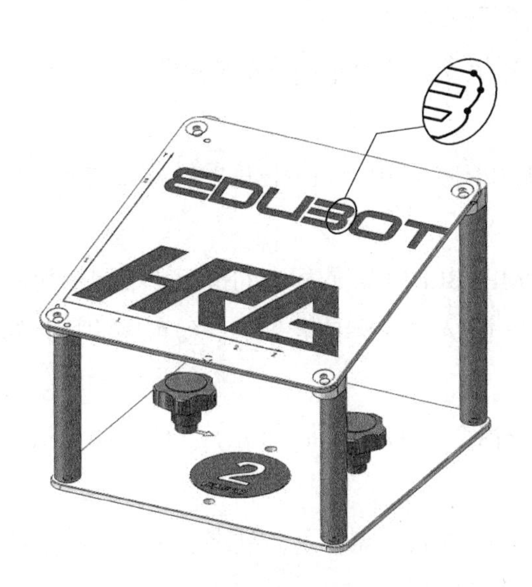

图4-4 圆弧路径分析

（2）由于EDUBOT字样示教点数较多，因此需建立6个例行程序，以方便后期查找相应点位数据以及更改相应点位。

（3）轨迹由激光来完成，需进行相应的I/O配置（由于FANUC机器人有专用的机器人I/O，因此激光信号无须配置，只需将硬件接口连接至EE接口即可）。

（4）运动轨迹位于斜面上，需添加工具坐标系、用户坐标系。利用用户坐标系手动控制机器人运动，便于路径点位的示教。

（5）为了能够更快地终止当前程序，需要在每个例行程序中添加判断指令，判断是否有停止信号，使机器人能够及时跳出当前循环，方便其运行其他程序。

4.2 知识要点

为了完成激光雕刻应用，我们需要掌握机器人的动作指令（关节、直线和圆弧）、机器人I/O信号指令、标签指令、跳跃指令、程序呼叫指令、指定时间等待指令和条件等待指令等。

4.2.1 指令解析

（1）关节动作（J)。是将机器人移动到指定位置的基本移动方法。机器人沿着所有轴同时加速，在示教速度下移动后，同时减速后停止，移动轨迹通常为非线性。

（2）直线动作（L)。是从动作开始点到结束点控制工具中心点进行线性运动的一种移动方法。

（3）圆弧动作（C)。是从动作开始点→经过点→结束点以圆弧方式对工具中心点移动轨迹进行控制的一种移动方法。

（4）机器人I/O信号指令。"RO[i]=ON/OFF"，接通或断开指定的机器人数字输出信号。

（5）标签指令（LBL[i]）。用于表示程序的转移目的地。标签可通过标签定义指令来定义。

（6）跳跃指令（JMPLBL[i]）。使程序的执行转移到相同程序内指定的标签。

（7）程序呼叫指令（CALL（程序名））。使程序的执行转移到其他程序的第一行后执行该程序。

（8）指定时间等待指令（WAIT（时间））。使程序的执行在指定时间内等待（等待时间单位为sec）

（9）条件等待指令（WAIT（条件）（处理））。在指定的条件得到满足，或经过指定时间之前，使程序执行等待。

①没有任何指定时间，在条件得到满足之前，程序等待。

② TIMEOUT，LBL[i]，在指定的时间内条件没有得到满足，程序就向指定标签转移。

4.2.2　等待超时

本实例需要使用条件等待指令WAIT DI[101]=ON TIMEOUT,LBL[2]，即在指定时间内，检测到DI[101]=ON，程序顺序执行，如果在规定的时间内没有检测到DI[101]=ON，程序就跳转至标签LBL[2]处。添加条件等待指令的步骤见表4-1。

表 4-1　添加条件等待指令的步骤

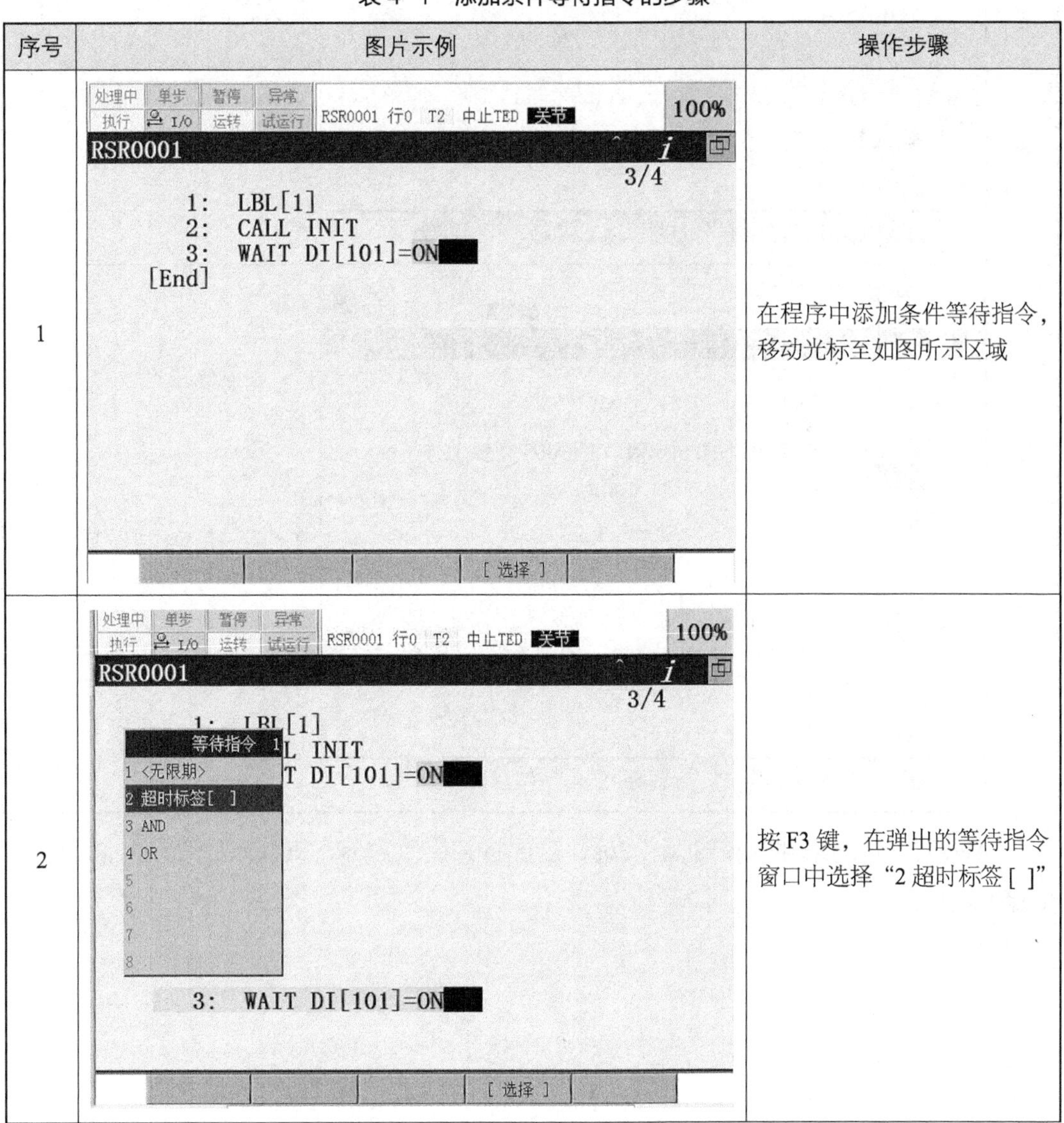

序号	图片示例	操作步骤
1		在程序中添加条件等待指令，移动光标至如图所示区域
2		按 F3 键，在弹出的等待指令窗口中选择“2 超时标签 [ ]”

续表

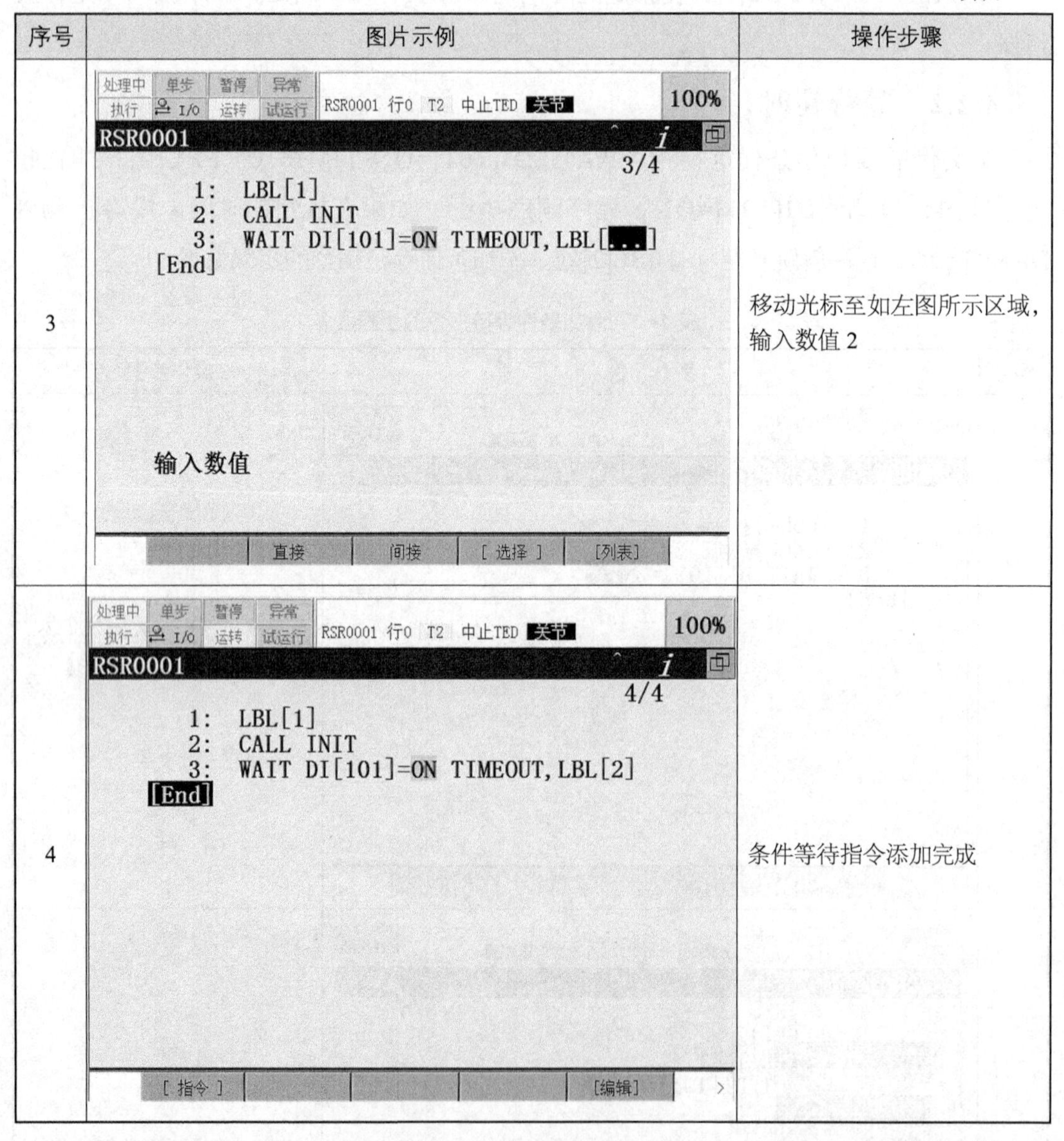

序号	图片示例	操作步骤
3	处理中 单步 暂停 异常 执行 I/O 运转 试运行 RSR0001 行0 T2 中止TED 关节 100% RSR0001 3/4 1: LBL[1] 2: CALL INIT 3: WAIT DI[101]=ON TIMEOUT,LBL[...] [End] 输入数值 直接 间接 [选择] [列表]	移动光标至如左图所示区域，输入数值 2
4	处理中 单步 暂停 异常 执行 I/O 运转 试运行 RSR0001 行0 T2 中止TED 关节 100% RSR0001 4/4 1: LBL[1] 2: CALL INIT 3: WAIT DI[101]=ON TIMEOUT,LBL[2] [End] [指令] [编辑] >	条件等待指令添加完成

FANUC默认的条件等待时间为30s，需要将其更改为5s，更改条件等待时间的设定步骤见表4-2。

表 4-2 更改条件等待时间的步骤

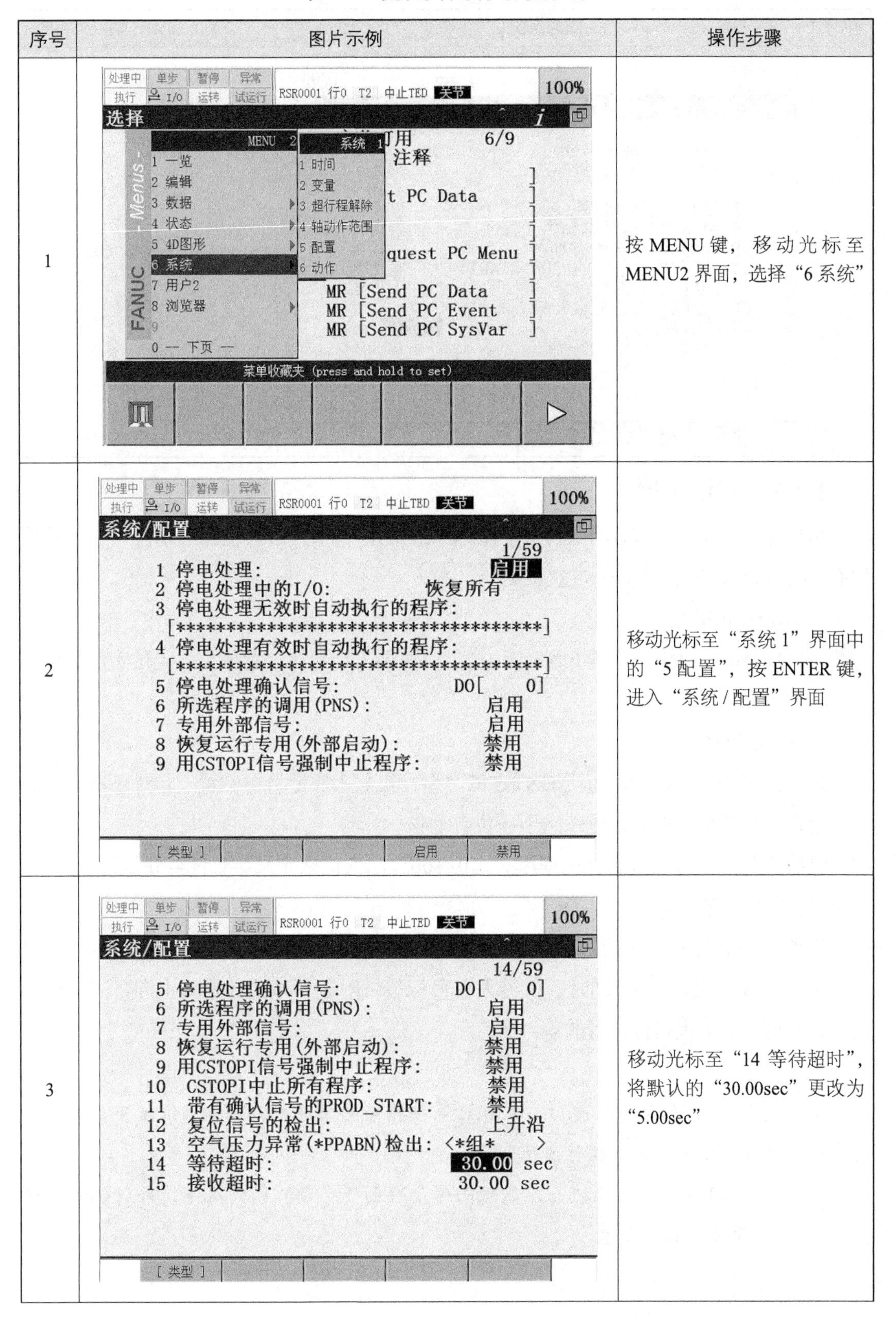

序号	图片示例	操作步骤
1		按 MENU 键，移动光标至 MENU2 界面，选择"6 系统"
2		移动光标至"系统 1"界面中的"5 配置"，按 ENTER 键，进入"系统 / 配置"界面
3		移动光标至"14 等待超时"，将默认的"30.00sec"更改为"5.00sec"

续表

序号	图片示例	操作步骤
4	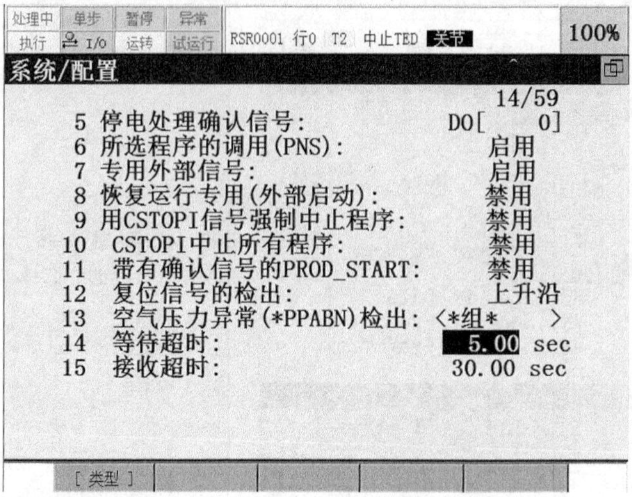 处理中 单步 暂停 异常 执行 I/O 运转 试运行 RSR0001 行0 T2 中止TED 关节 100% 系统/配置 14/59 5 停电处理确认信号: DO[0] 6 所选程序的调用(PNS): 启用 7 专用外部信号: 启用 8 恢复运行专用(外部启动): 禁用 9 用CSTOPI信号强制中止程序: 禁用 10 CSTOPI中止所有程序: 禁用 11 带有确认信号的PROD_START: 禁用 12 复位信号的检出: 上升沿 13 空气压力异常(*PPABN)检出: <*组* > 14 等待超时: 5.00 sec 15 接收超时: 30.00 sec [类型]	条件等待时间设定完成

4.2.3 定位类型

根据定位类型，定义动作指令中的机器人的动作结束方法。在标准情况下，定位类型有2种：FINE定位类型和CNT定位类型。

1.FINE 定位类型

J P[1] 50% FINE：根据FINE定位类型，机器人在目标位置停止（定位）后，向下一目标位置移动。

2.CNT定位类型

J P[1] 50% CNT 50：根据CNT定位类型，机器人靠近目标位置，但是不在该位置停止而是趋近目标位置后，继续向下一位置动作。

机器人趋近目标位置到什么程度，由0~100之间的值来定义，如图4-5所示。值的指定可以使用寄存器。

当指定的值为0时，机器人在最靠近目标位置处动作，但是不在目标位置定位而是开始下一动作。指定值为100时，机器人在目标位置附近不减速而是马上向下一点开始动作，并通过最远离目标位置的点。

注：

（1）指定CNT的动作语句后，在执行等待指令的情况下，在标准设定下，机器人会在拐角部分轨迹上停止，执行该指令。

（2）在CNT方式下连续执行距离短而速度快的多个动作的情况下，即使CNT的值为100，也会导致机器人减速。

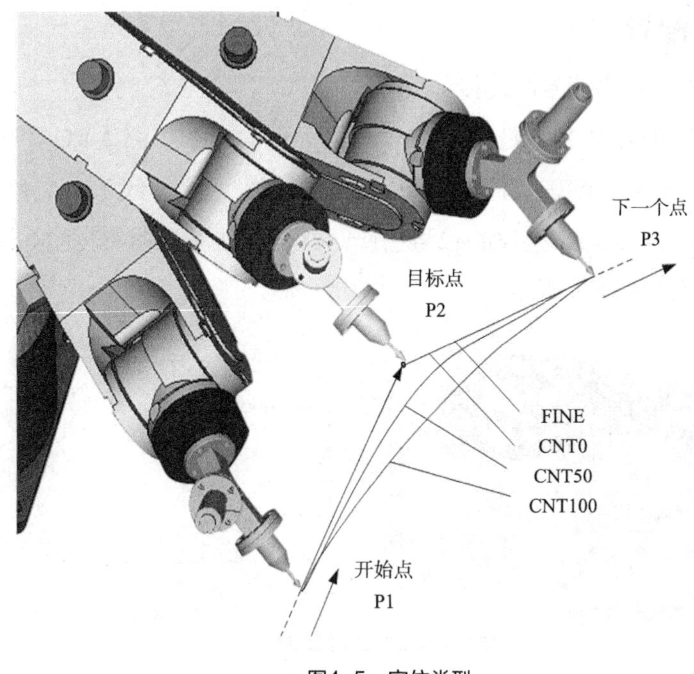

图4-5　定位类型

4.3　系统组成及配置

本节以HRG-HD1XKA型工业机器人技能考核实训台（专业版）为例，介绍FANUC机器人激光雕刻的应用。

4.3.1　系统组成

实训台包含基础模块、激光雕刻模块、仓储模块、安装固定模块、伺服分工位模块、异步输送带模块。在激光雕刻应用中使用激光雕刻模块和红光点状激光发生器，如图4-6所示。

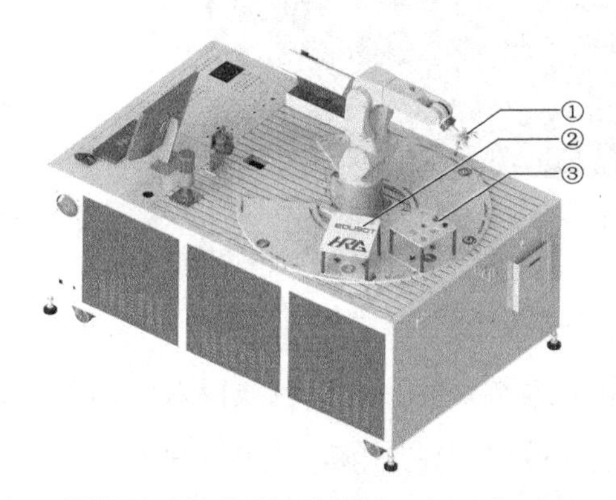

①–红光点状激光发生器，模拟激光雕刻；②–激光雕刻模块，突显六轴工业机器人用户坐标系的特点；③–基础模块，设定工具坐标系

图4-6　激光雕刻应用

4.3.2 硬件配置

1.红光点状激光器输出信号的连接

本节以KYD650N5-T1030型红光点状激光器为例，介绍机器人I/O信号硬件连接方式。将激光器的红色线接至EE接口的7号引脚（红色线为信号线），白色线为0V电源线，将激光器的白线连接至EE接口的12号引脚。红光点状激光器实物图如图4-7（a）所示，电气原理图如图4-7（b）所示。

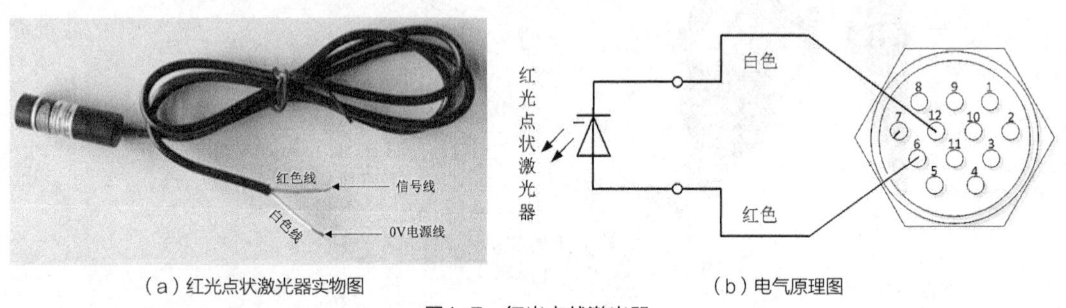

（a）红光点状激光器实物图　　（b）电气原理图

图4-7　红光点状激光器

2.电磁阀输出信号的连接

本节以亚德客5V110-06型电磁阀为例，其为二位五通单电控。我们将电磁阀线圈的两根线分别连接至外部电源+24V和外围设备接口DO101，如图4-8所示。外围设备接口地址分配见表2-6。

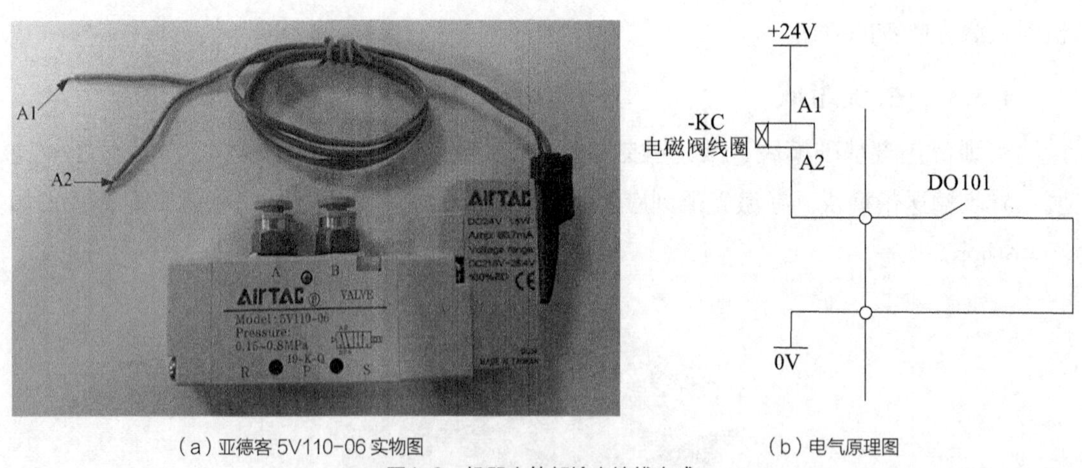

（a）亚德客 5V110-06 实物图　　（b）电气原理图

图4-8　机器人外部输出接线方式

3.光电传感器输入信号连接

本节以CX441型光电传感器为例，其棕色线接入外部电源24V，蓝色线接入外部电源0V，黑色线接入外围设备接口的1号引脚，如图4-9所示。

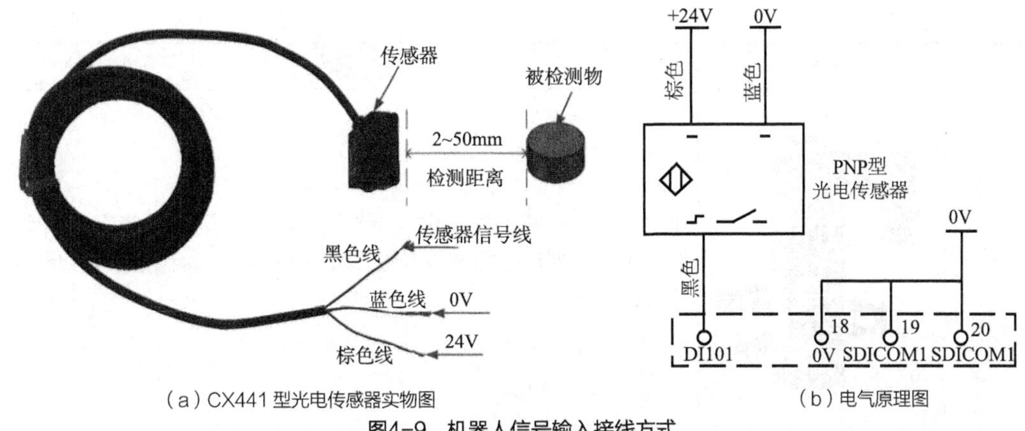

(a) CX441 型光电传感器实物图 (b) 电气原理图

图4-9 机器人信号输入接线方式

4.气路组成

实训台气路组成如图4-10所示，各部分作用见表4-3。手滑阀打开，压缩空气进入二联件，由二联件对空气进行过滤和稳压，当电磁阀导通时，空气通过真空发生器由正压变为负压，从而产生吸力，通过真空吸盘吸取工件。

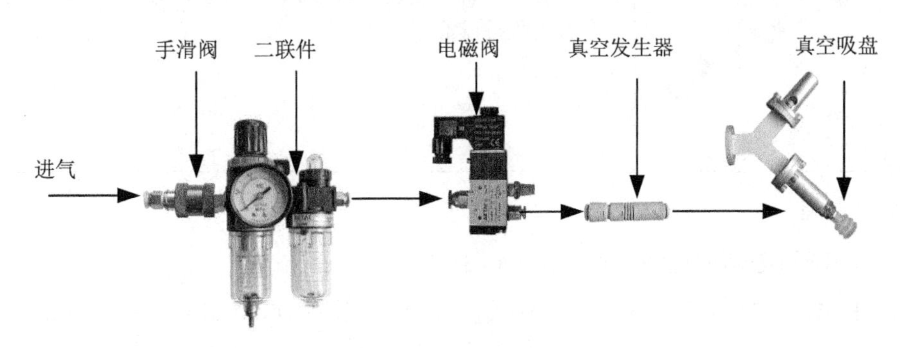

图4-10 气路组成

表 4-3 气路各部分组成

序号	图例	说明
1		手滑阀：两位三通的手动滑阀，接在管道中作为气源开关，当气源关闭时，系统中的气压将同时排空
2		二联件：由空气过滤器、减压阀、油雾器组成，对空气进行过滤，同时调节系统气压

续表

序号	图例	说明
3		电磁阀：由设备的数字量输出信号控制空气的通断，当有信号输入时，电磁线圈产生的电磁力将关闭件从阀座上提起，阀门打开，反之阀门关闭
4		真空发生器：一种利用正压气源产生负压的新型、高效的小型真空元器件
5		真空吸盘：一种真空设备执行器，可由多种材质制作，广泛应用于多种真空吸持设备上

5.模块安装

（1）HRG轨迹都为直线，使用MoveL指令完成。

（2）EDUBOT轨迹为直线和弧线的组合，需使用MoveL和MoveC指令完成。

（3）单个模块运动点很多，需要添加速度变量和转弯半径变量进行统一控制处理。

（4）轨迹由激光完成，配置激光I/O信号。

（5）运动轨迹位于斜面上，需添加工具坐标系和工件坐标系。利用工件坐标系手动控制机器人运动。

（6）机器人运动轨迹较多，为便于查看修改程序，每个程序需建立例行程序。模块具体的安装步骤见表4-4。

表 4-4　模块安装步骤

序号	图片示例	说明
1		确认激光雕刻模块
2	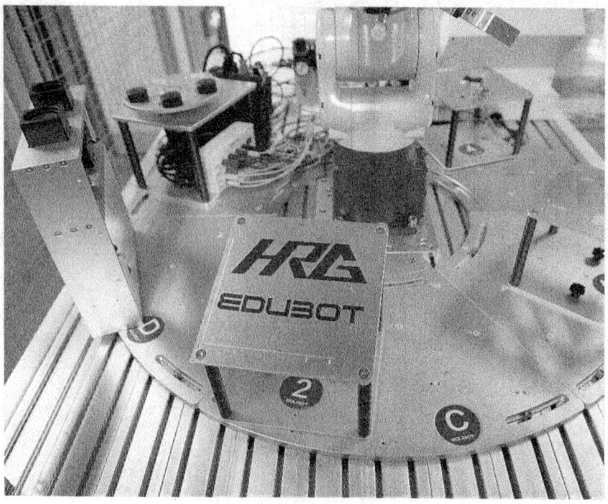	通过梅花螺丝，将激光雕刻模块固定在实训台 D 区的 7 号和 8 号安装孔位置上
3	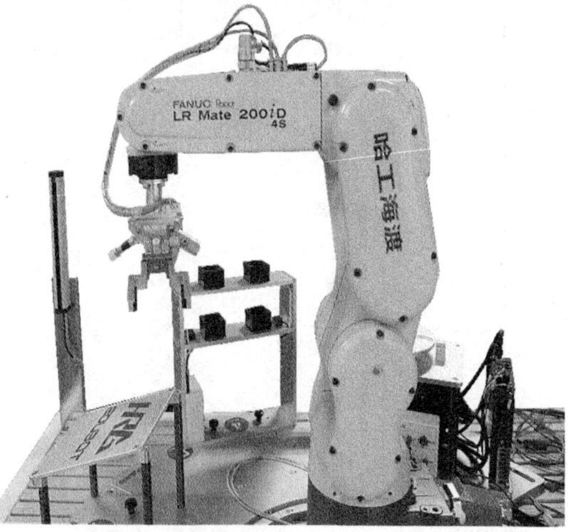	将激光雕刻模块工具安装到机械手末端

4.3.3　I/O信号配置

激光雕刻应用实训项目需利用激光发生器在激光雕刻模块中完成HRG和EDUBOT轨迹的雕刻，且在雕刻前需判断异步输送带模块是否存在物料，并及时将其搬运至指定位置，为了完成激光雕刻应用，需要使用表4-5中的I/O信号。

表 4-5　激光雕刻应用 I/O 信号配置

序号	名称	信号类型	开始点	功能
1	DI101	数字输入信号	1	圆饼检测
2	DI102	数字输入信号	2	停止信号
3	DO101	数字输出信号	1	控制吸盘打开 / 关闭
4	RO7	机器人输出信号	/	激光发生器打开 / 关闭

4.4　程序设计

程序设计包含激光雕刻应用实施流程、程序框架、初始化程序、激光雕刻动作程序、搬运动作程序等环节。

4.4.1　实施流程

机器人应用项目工序繁多，程序复杂，通常在项目开始之前，应先绘制流程图，并根据流程图进行机器人的相应操作及编写程序。工业机器人模拟激光雕刻项目的实施流程图如图4-11所示。

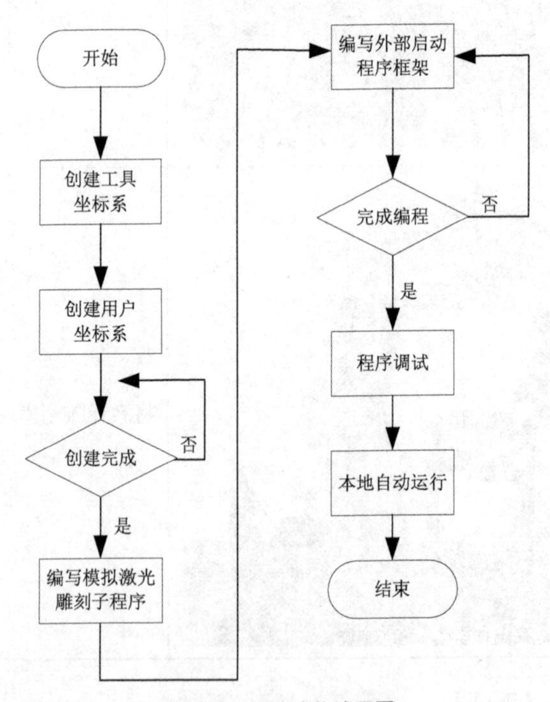

图4-11　项目实施流程图

（1）系统安装配置完成后，创建所需的例行程序。

（2）为了方便操作及调整机器人的末端姿态，应利用激光器发出的红色激光创建工具坐标系。

（3）为了增加程序的通用性，便于程序移植，应在激光雕刻模块的工作面（斜面）上建立用户坐标系。

（4）工具坐标系和用户坐标系创建完成之后，手动示教程序中需要用到的目标点（安全点、激光雕刻LOGO的每个字符的起始点），记录该程序数据。

（5）进入程序编辑页面，建立相应的主程序，编写程序框架，在该框架中调用初始化程序、激光雕刻子程序。

（6）编写激光雕刻子程序，根据激光雕刻LOGO的每个字符分别建立对应的动作程序。

（7）程序编写完成之后，分别调试每个例行程序，确保程序能够按照预期的动作正确运行。

（8）最后自动运行整个程序。主程序可以设置成“反复循环类型”，即启动之后反复循环，直到接收到“停止指令”，也可以设置为仅运行一次。

4.4.2　程序框架

激光雕刻应用程序框架如图4-12所示。将检测圆饼信号作为该程序的判断条件，如果没有检测到圆饼，则执行激光雕刻程序，如果检测到圆饼，则执行搬运程序。

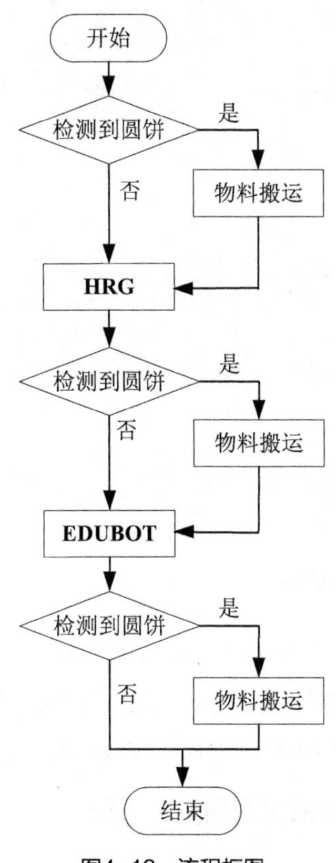

图4-12　流程框图

激光雕刻主程序如下。

```
DK
1: LBL[1]                                    // 标签 1
2: CALL INIT1                                // 调用初始化程序
3: WAIT DI[101]=ON TIMEOUT,LBL[2]            // 延时标签
4: CALL BANYUN                               // 调用抓取圆饼物料程序
5: LBL[2]                                    //2 号标签
6: CALL HRG                                  // 调用 HRG 程序
7: WAIT DI[101]=ON TIMEOUT,LBL[3]            // 延时标签
8:  CALL BANYUN                              // 调用抓取圆饼物料程序
9: LBL[3]                                    //3 号标签
10: CALL EDUBOT                              // 调用 EDUBOT 程序
11: WAIT DI[101]=ON TIMEOUT,LBL[4]           // 延时标签
12: CALL BANYUN                              // 调用抓取圆饼物料程序
13: LBL[4]                                   //4 号标签
14: IF DI [102]=ON，JMP LBL[2]               // 判断是否有停止信号
15: JMP  LBL[1]                              // 跳转至标签 1
16: LBL[2]                                   // 标签 2
17: DO[104]                                  // 机器人发出停止信号
[End]
```

4.4.3 初始化程序

初始化程序包括将机器人移动至安全位置、关闭激光发生器、关闭吸盘等操作。

```
INIT1
1: RO[7]=OFF                           // 关闭激光
2: DO[101]=OFF                         // 关闭吸盘
3: J  PR[1:HOME]  20%  FINE            // 机器人移动至安全位置
[End]
```

4.4.4 激光雕刻动作程序

激光雕刻动作程序主要分为两部分：雕刻HRG轨迹的程序和雕刻EDUBOT轨迹的程序。由于雕刻EDUBOT的轨迹路径点数较多，为了后期方便查找及更改相应点位的参数，将EDUBOT程序分成6个子程序，程序名称分别定义为E、D、U、B、O、T，最终通过程序EDUBOT利用调用指令依次调用这6个子程序。

```
HRG
1: UFRAME_NUM=1                          // 切换至用户坐标系 1
2: UTOOL_NUM=1                           // 切换至工具坐标系 1
3: J  PR[1:HOME]  20%  FINE              // 机器人移动至安全位置 1
4: J  P[1]  20%  FINE                    // 机器人移动至过渡点 P[1]
5: L  P[2]  100mm/sec  FINE              // 机器人移动至雕刻点 P[2]
6: RO[7]=ON                              // 打开激光
7: WAIT 1.00（sec）                      // 延时 1s
……
39: L  P[34]  100mm/sec  FINE            // 机器人移动至结束点 P[34]
40: L  P[2]  100mm/sec  FINE             // 机器人移动至雕刻点 P[2]
41: RO[7]=OFF                            // 关闭激光
42: WAIT 1.00（sec）                     // 延时 1s
43: J  PR[1:HOME]  20%  FINE             // 机器人移动至安全位置 1
[End]
```

```
EDUBOT
1: CALL  E                               // 调用程序 E
2: CALL  D                               // 调用程序 D
3: CALL  U                               // 调用程序 U
4: CALL  B                               // 调用程序 B
5: CALL  O                               // 调用程序 O
6: CALL  T                               // 调用程序 T
[End]
```

以字母E为例，演示激光雕刻轨迹路径的规划。字母E路径如图4-13所示。

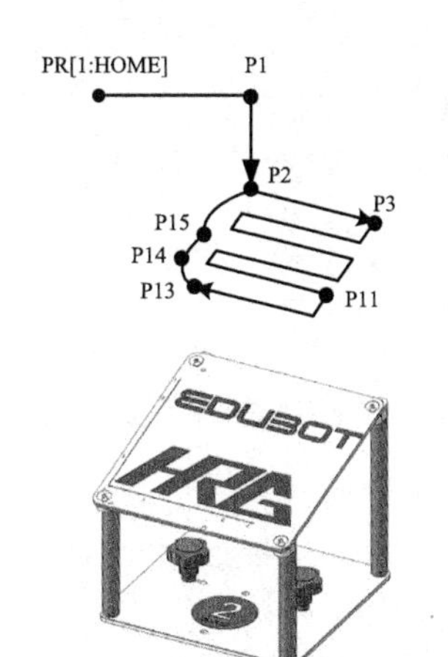

图4-13　字母E轨迹路径规划

```
E
1: UFRAME_NUM=1                          // 切换至用户坐标系 1
2: UTOOL_NUM=1                           // 切换至工具坐标系 1
3: J  PR[1:HOME]  20%  FINE              // 机器人移动至安全位置 1
4: J  P[1]  20%  FINE                    // 机器人移动至过渡点 P[1]
5: L  P[2]  100mm/sec  FINE              // 机器人移动至雕刻点 P[2]
6: RO[7]=ON                              // 打开激光
7: WAIT 1.00（sec）                       // 延时 1s
8: L  P[3]  100mm/sec  FINE              // 机器人移动至雕刻点 P[3]
9: L  P[4]  100mm/sec  FINE              // 机器人移动至雕刻点 P[4]
10: L  P[5]  100mm/sec  FINE             // 机器人移动至雕刻点 P[5]
11: L  P[6]  100mm/sec  FINE             // 机器人移动至雕刻点 P[6]
12: L  P[7]  100mm/sec  FINE             // 机器人移动至雕刻点 P[7]
13: L  P[8]  100mm/sec  FINE             // 机器人移动至雕刻点 P[8]
14: L  P[9]  100mm/sec  FINE             // 机器人移动至雕刻点 P[9]
15: L  P[10]  100mm/sec  FINE            // 机器人移动至雕刻点 P[10]
16: L  P[11]  100mm/sec  FINE            // 机器人移动至雕刻点 P[11]
17: L  P[12]  100mm/sec  FINE            // 机器人移动至雕刻点 P[12]
18: L  P[13]  100mm/sec  FINE            // 机器人移动至雕刻点 P[13]
19: C  P[14]                             // 机器人移动至雕刻点 P[14]
: P[15]  100mm/sec  FINE                 // 机器人移动至雕刻点 P[15]
20: C  P[16]                             // 机器人移动至雕刻点 P[16]
: P[2]  100mm/sec  FINE                  // 机器人移动至雕刻点 P[2]
21: RO[7]=OFF                            // 关闭激光
22: WAIT 1.00（sec）                      // 延时 1s
23: L  P[1]  100mm/sec  FINE             // 机器人移动至结束点 P[1]
24: J  PR[1:HOME]  20%  FINE             // 机器人移动至安全位置 1
[End]
```

4.4.5 搬运动作程序

搬运动作程序主要包含检测与搬运两部分。首先通过传感器检测是否存在圆饼物料，然后执行物料搬运动作。执行搬运程序前，需要切换相应的坐标系。

```
BANYUN
1: UFRAME_NUM=2                          // 切换至用户坐标系 2
```

```
2: UTOOL_NUM=2                          // 切换至工具坐标系 2
3: J PR[1:HOME] 20% FINE                // 机器人移动至安全位置 1
4: J P[1] 20% FINE                      // 机器人移动至过渡点 P[1]
5: L P[2] 100mm/sec FINE                // 机器人移动至抓取点 P[2]
6: DO[101]=ON                           // 打开吸盘
7: WAIT 1.00（sec）                     // 延时 1s
8: L P[1] 100mm/sec FINE                // 机器人移动至过渡点 P[1]
9: L P[3] 100mm/sec FINE                // 机器人移动至过渡点 P[3]
10: L P[4] 100mm/sec FINE               // 机器人移动至放置点 P[4]
11: DO[101]=OFF                         // 关闭吸盘
12: WAIT 1.00（sec）                    // 延时 1s
13: J PR[1:HOME] 20% FINE               // 机器人移动至安全位置 1
[End]
```

4.5　编程与调试

编程与调试包括工具坐标系的标定、用户坐标系标定、路径编写、综合调试等。

4.5.1　工具坐标系的标定

本节需要使用激光发生器和吸盘，因此需要创建两个工具坐标系，分别为“工具坐标系1”和“工具坐标系2”。我们以创建激光发生器的工具坐标系为例，演示工具坐标系的标定方法。根据项目实施流程图要求，需要在编写机器人程序前创建激光发生器的工具坐标系。由于激光发生器不方便标定，因此采用标定尖锥代替激光发生器进行工具坐标系的标定。标定完成后的工具坐标系如图4-14所示。工具坐标系建立步骤见表4-6。

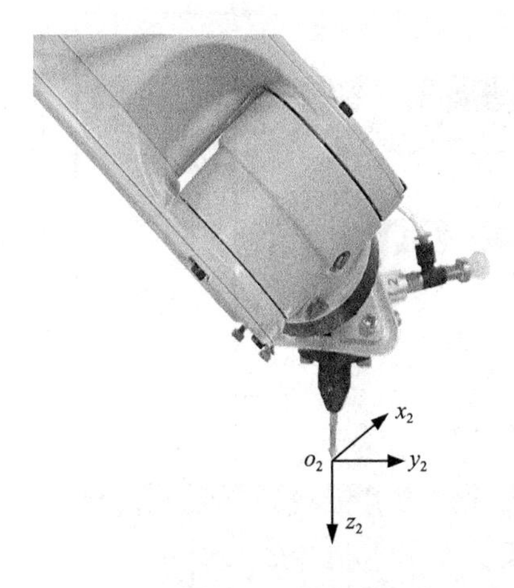

图4-14　工具坐标系

表 4-6　工具坐标系建立步骤

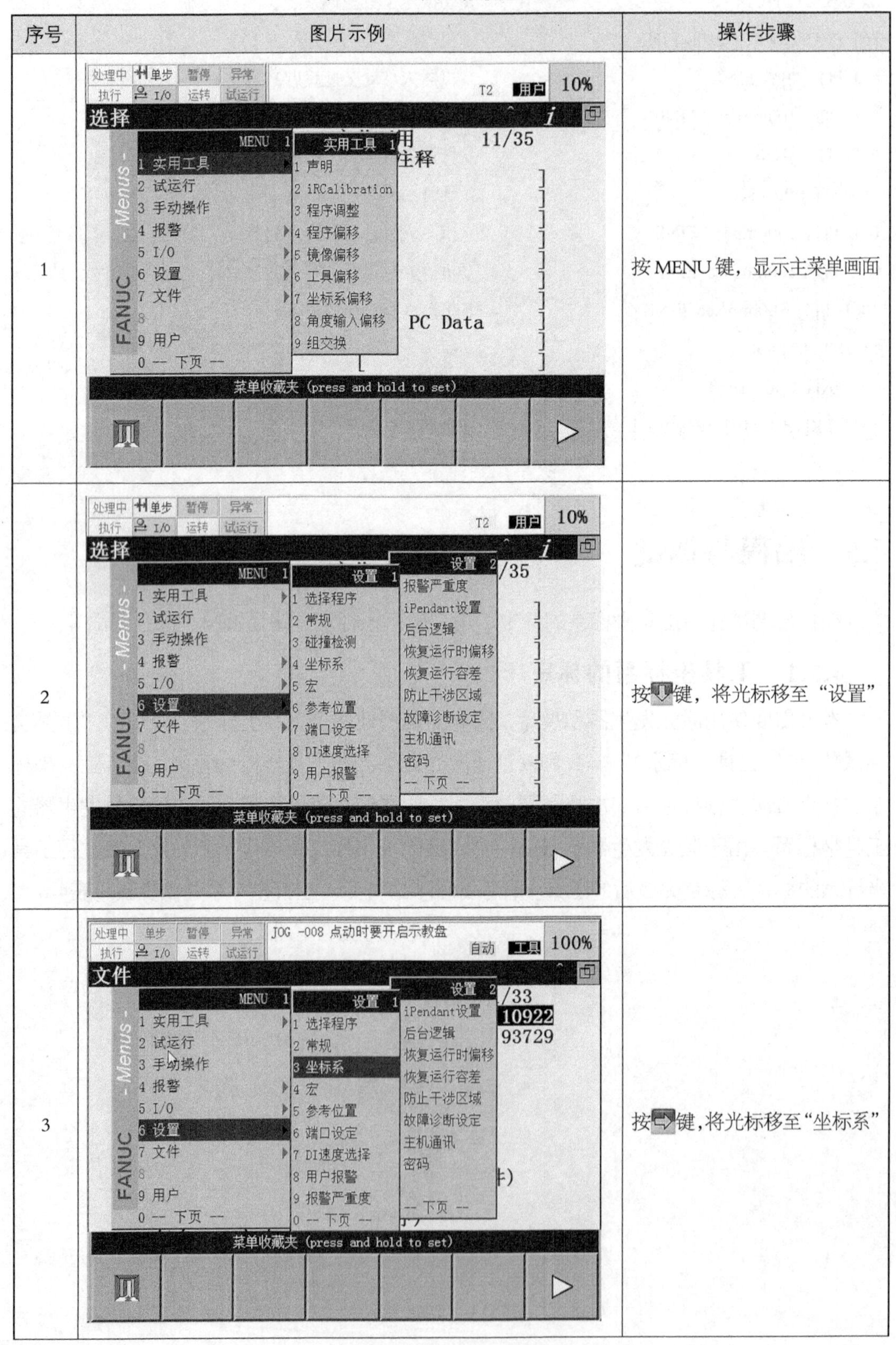

序号	图片示例	操作步骤
1		按 MENU 键，显示主菜单画面
2		按⇩键，将光标移至“设置”
3		按⇨键，将光标移至“坐标系”

续表

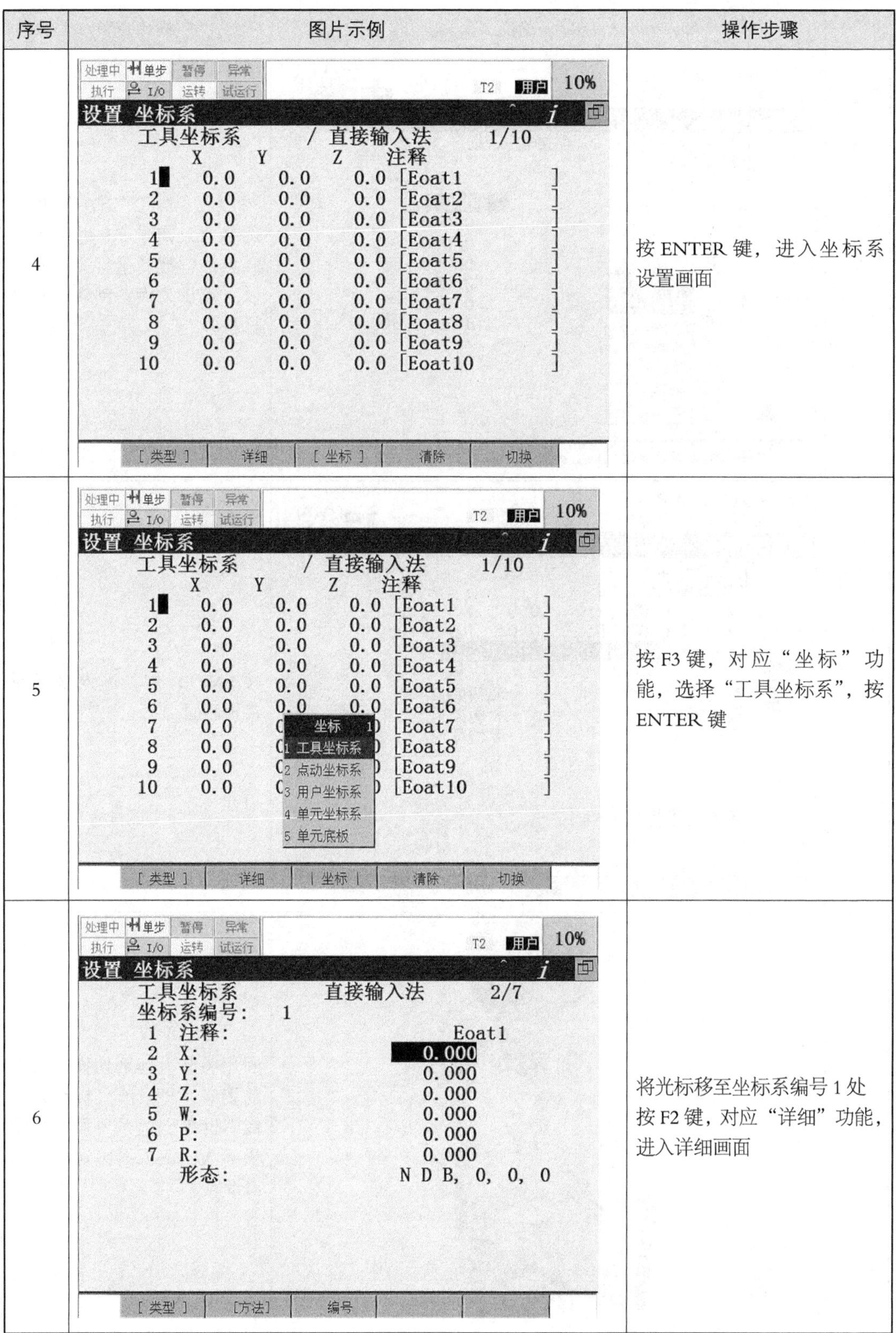

序号	图片示例	操作步骤
4		按ENTER键，进入坐标系设置画面
5		按F3键，对应“坐标”功能，选择“工具坐标系”，按ENTER键
6		将光标移至坐标系编号1处按F2键，对应“详细”功能，进入详细画面

续表

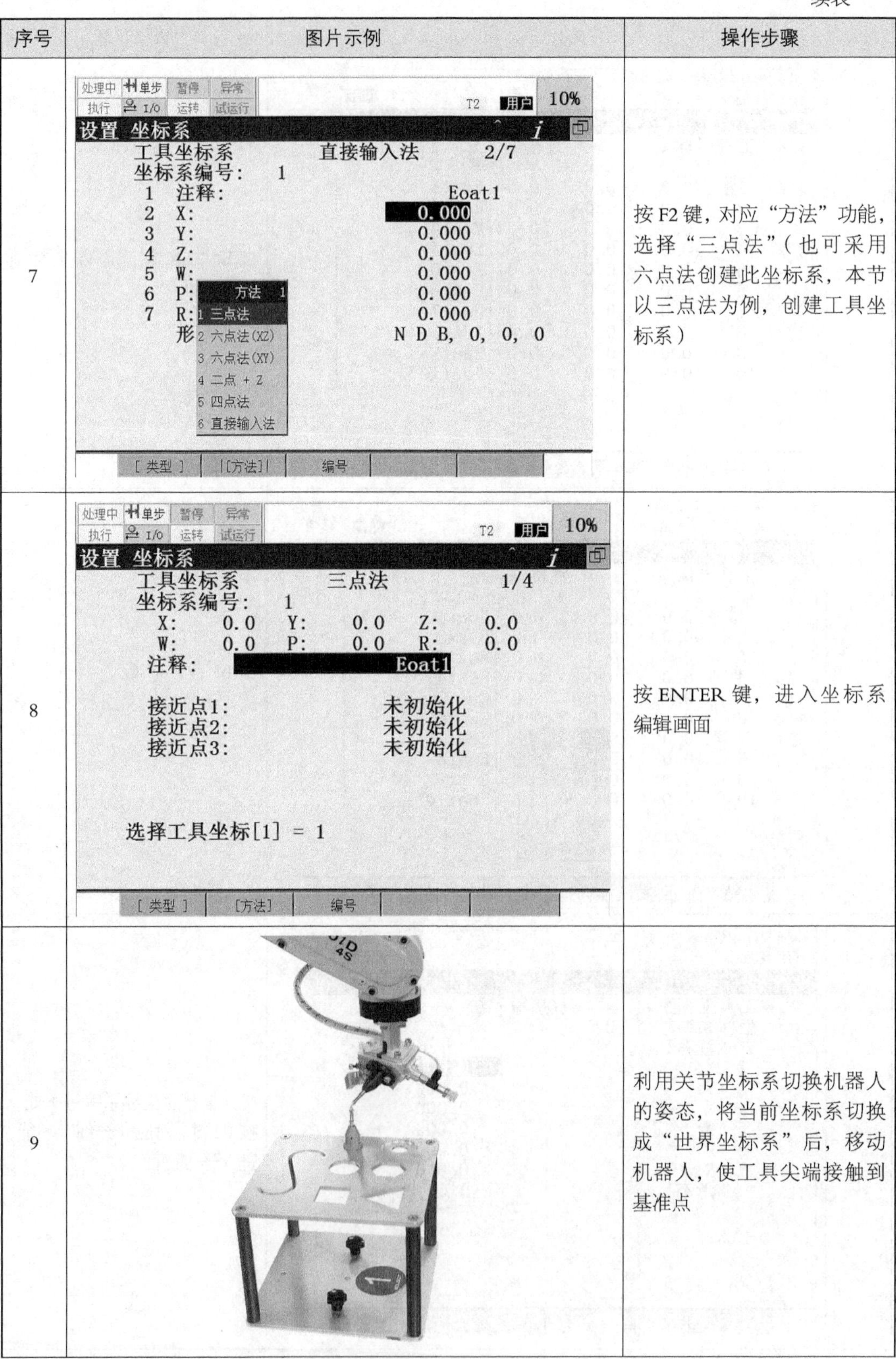

序号	图片示例	操作步骤
7		按 F2 键，对应“方法”功能，选择“三点法”（也可采用六点法创建此坐标系，本节以三点法为例，创建工具坐标系）
8		按 ENTER 键，进入坐标系编辑画面
9		利用关节坐标系切换机器人的姿态，将当前坐标系切换成“世界坐标系”后，移动机器人，使工具尖端接触到基准点

续表

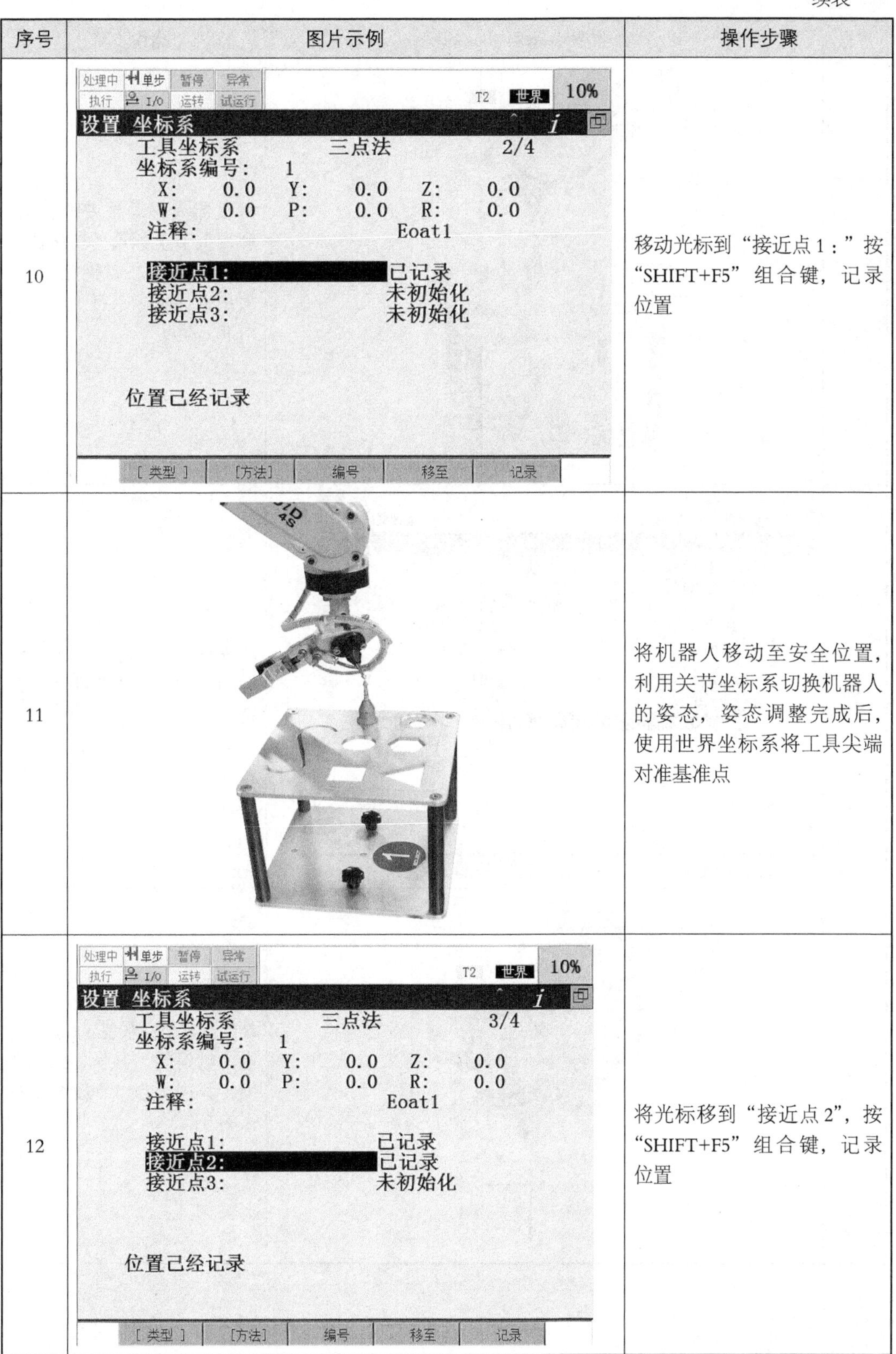

序号	图片示例	操作步骤
10		移动光标到“接近点 1：”按“SHIFT+F5”组合键，记录位置
11		将机器人移动至安全位置，利用关节坐标系切换机器人的姿态，姿态调整完成后，使用世界坐标系将工具尖端对准基准点
12		将光标移到“接近点 2”，按“SHIFT+F5”组合键，记录位置

续表

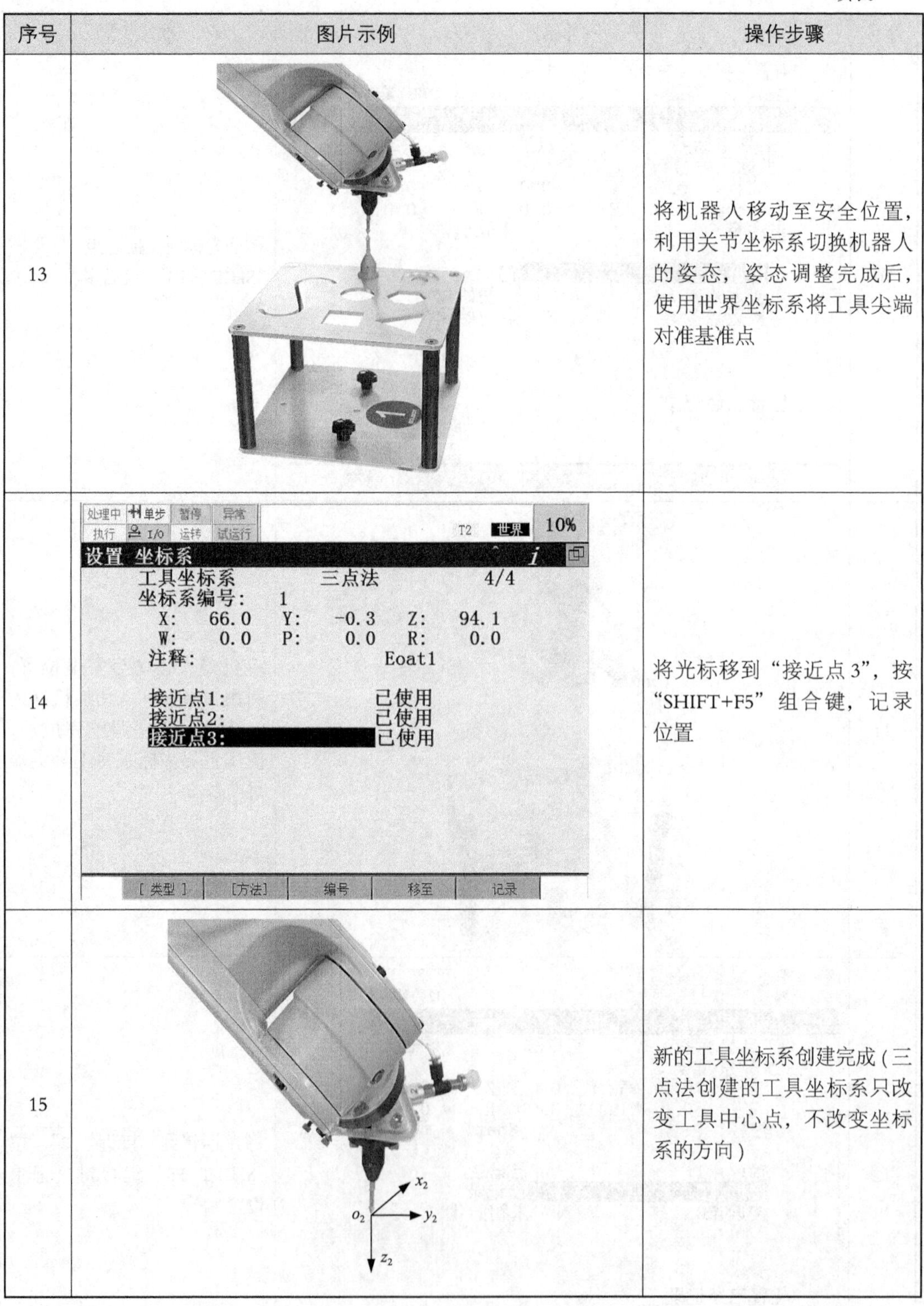

序号	图片示例	操作步骤
13		将机器人移动至安全位置，利用关节坐标系切换机器人的姿态，姿态调整完成后，使用世界坐标系将工具尖端对准基准点
14		将光标移到“接近点3”，按“SHIFT+F5”组合键，记录位置
15		新的工具坐标系创建完成（三点法创建的工具坐标系只改变工具中心点，不改变坐标系的方向）

4.5.2　用户坐标系的标定

用户坐标系是通过相对世界坐标系的坐标原点位置（*x*、*y*、*z*的值）和*x*轴、*y*轴、*z*轴的旋转角（*W*、*P*、*R*的值）来定义的。图4-15所示为用户坐标系建立后的效果图。

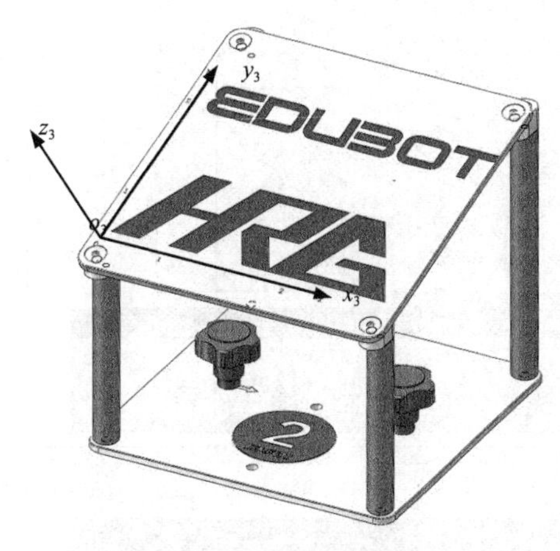

图4-15　用户坐标系

用户坐标系建立步骤见表4-7。

表4-7　用户坐标系建立步骤

序号	图片示例	操作步骤
1		按MENU键，显示主菜单画面

续表

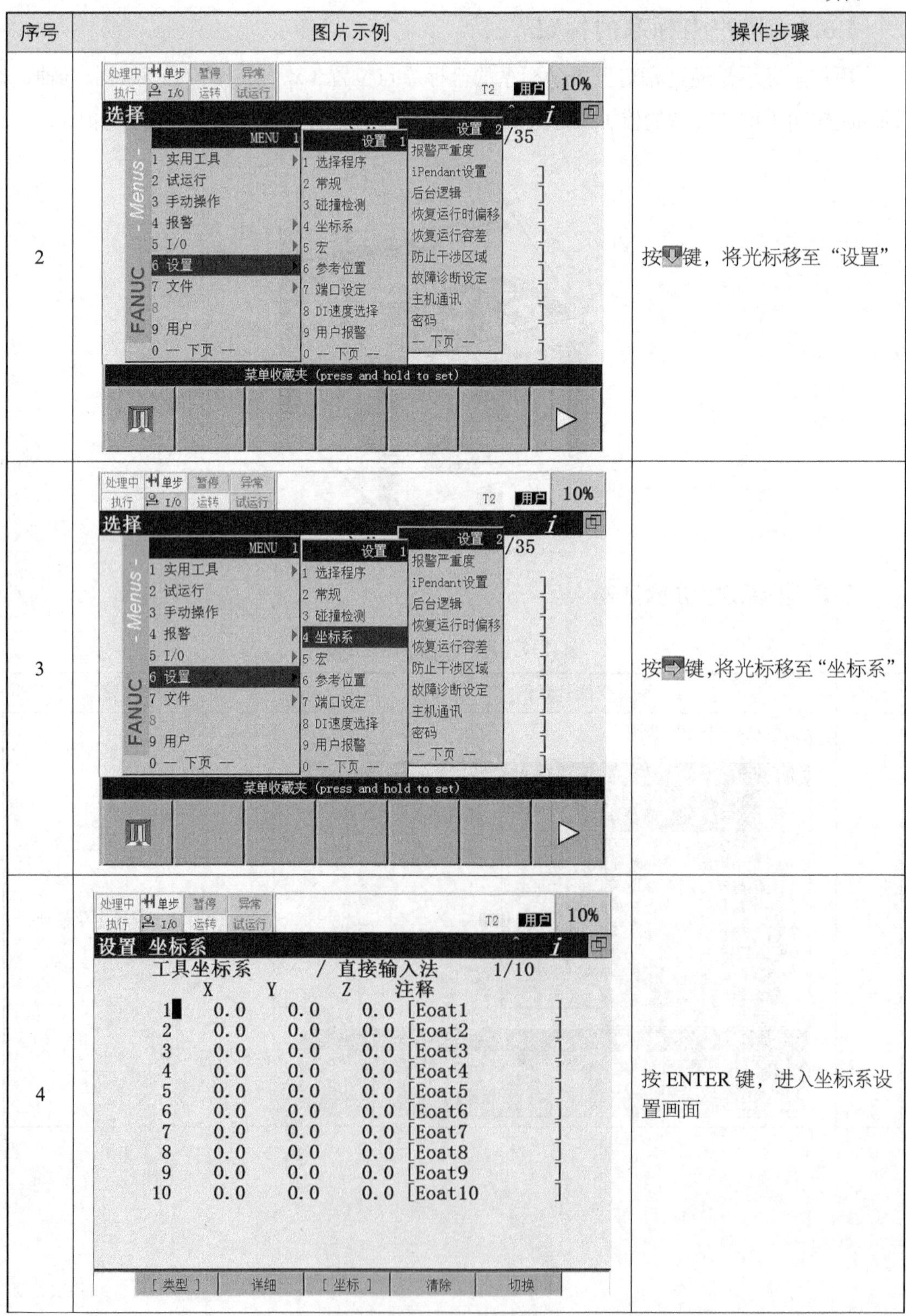

序号	图片示例	操作步骤
2		按↓键，将光标移至“设置”
3		按→键，将光标移至“坐标系”
4		按ENTER键，进入坐标系设置画面

续表

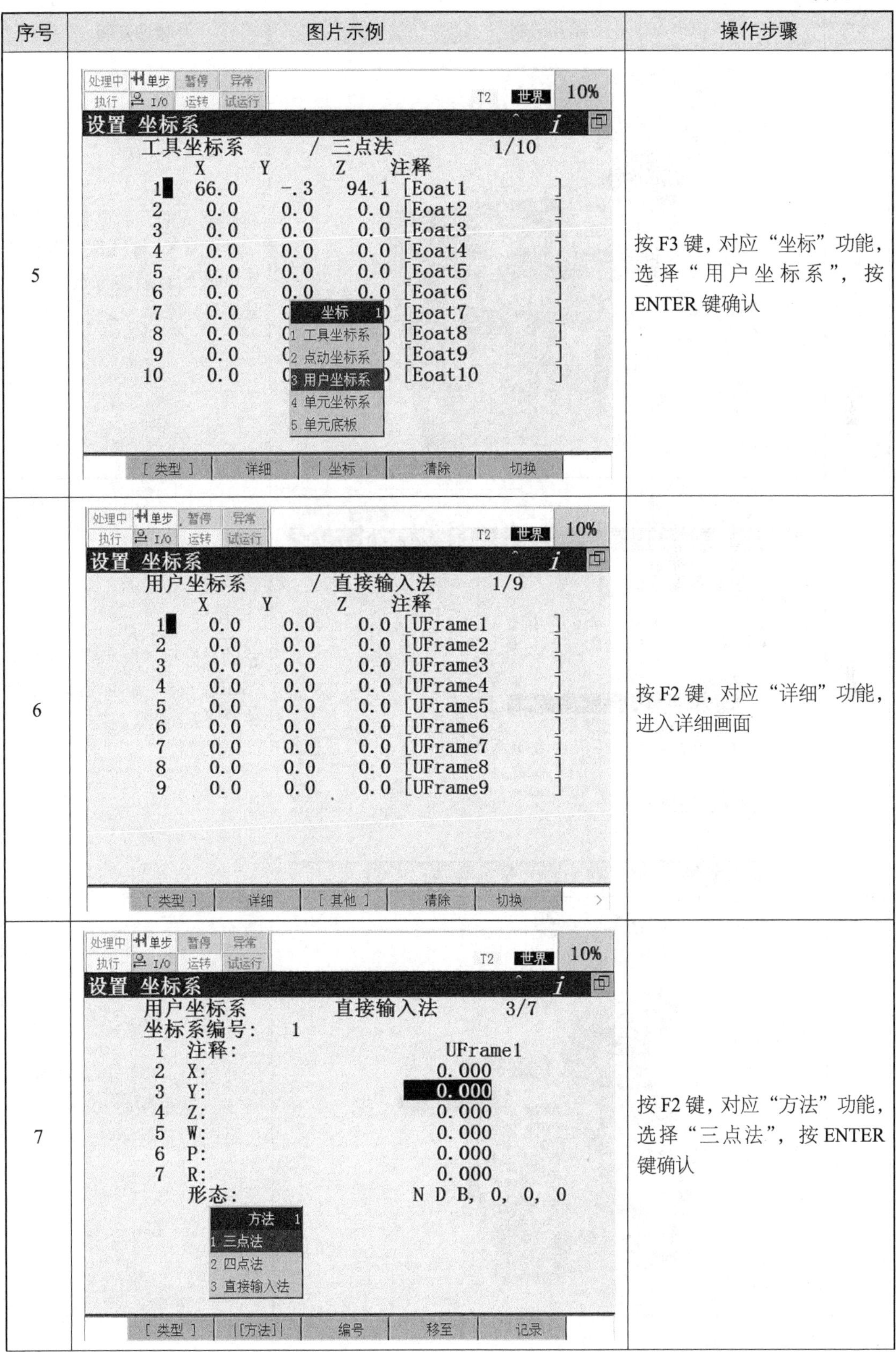

序号	图片示例	操作步骤
5		按F3键，对应“坐标”功能，选择“用户坐标系”，按ENTER键确认
6		按F2键，对应“详细”功能，进入详细画面
7		按F2键，对应“方法”功能，选择“三点法”，按ENTER键确认

续表

<table>
<tr><th>序号</th><th>图片示例</th><th>操作步骤</th></tr>
<tr><td>8</td><td>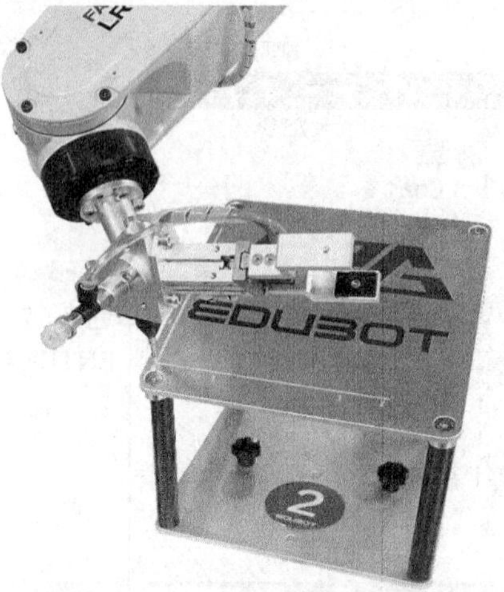
EDUBOT</td><td>将机器人的示教坐标系切换成“世界”。将机器人移动到工件表面合适的位置，用以建立坐标原点</td></tr>
<tr><td>9</td><td>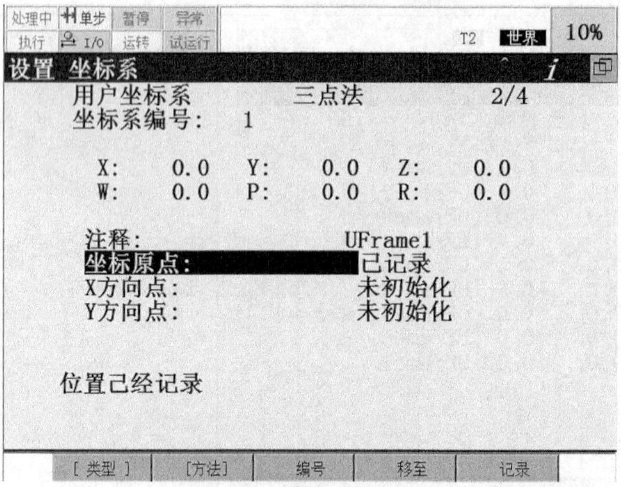
处理中 单步 暂停 异常
执行 I/O 运转 试运行
T2 世界 10%
设置 坐标系
用户坐标系 三点法 2/4
坐标系编号： 1
X: 0.0 Y: 0.0 Z: 0.0
W: 0.0 P: 0.0 R: 0.0
注释： UFrame1
坐标原点： 已记录
X方向点： 未初始化
Y方向点： 未初始化
位置已经记录
[类型] [方法] 编号 移至 记录</td><td>移动光标至“坐标原点”，按“SHIFT+F5”组合键，记录位置</td></tr>
<tr><td>10</td><td>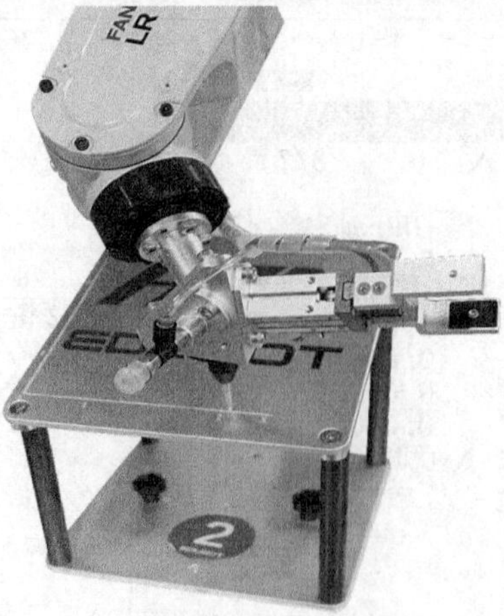
EDUBOT</td><td>示教机器人沿用户坐标系的 +x 方向至少移动 100mm（防止用户坐标系误差过大）</td></tr>
</table>

续表

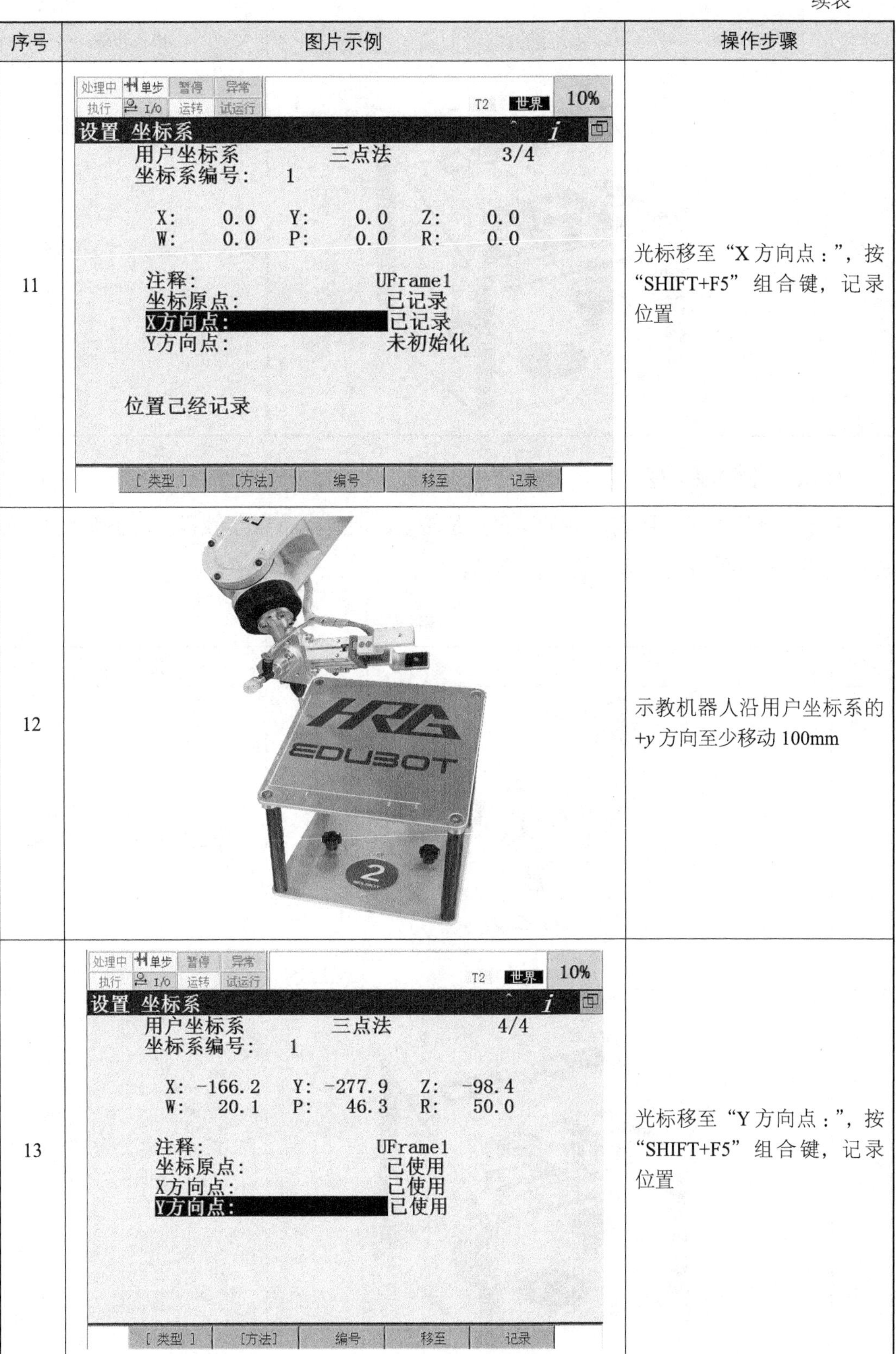

序号	图片示例	操作步骤
11		光标移至“X 方向点：”，按“SHIFT+F5”组合键，记录位置
12		示教机器人沿用户坐标系的 $+y$ 方向至少移动 100mm
13		光标移至“Y 方向点：”，按“SHIFT+F5”组合键，记录位置

续表

序号	图片示例	操作步骤
14	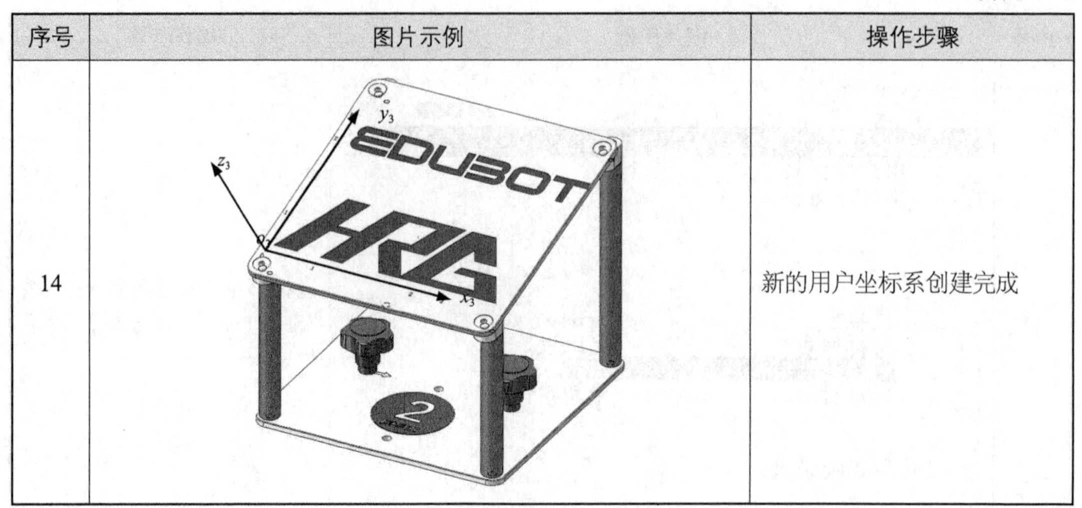	新的用户坐标系创建完成

4.5.3 路径编写

由于激光雕刻模块所需示教的路径点位较多，所以本节以示教程序E为例，演示激光雕刻模块程序的编写步骤，详细步骤见表4-8。

表 4-8 编程实例

序号	图片示例	操作步骤
1		利用六点法建立工具坐标系 1（1 为坐标系编号，操作步骤详见 4.5.1）
2		利用三点法建立用户坐标系 1（1 为坐标系编号，操作步骤详见 4.5.2）

续表

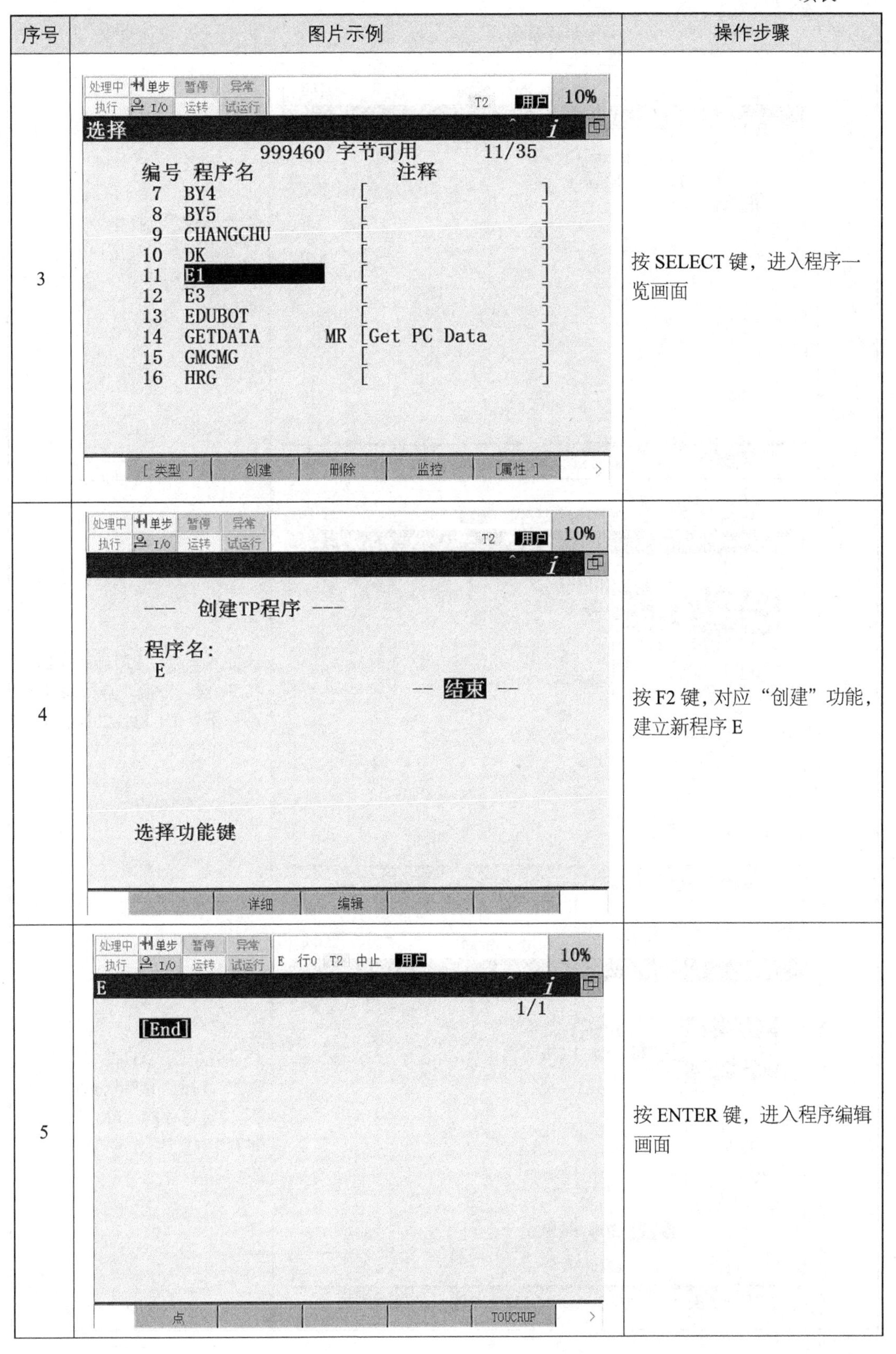

序号	图片示例	操作步骤
3		按 SELECT 键，进入程序一览画面
4		按 F2 键，对应“创建”功能，建立新程序 E
5		按 ENTER 键，进入程序编辑画面

续表

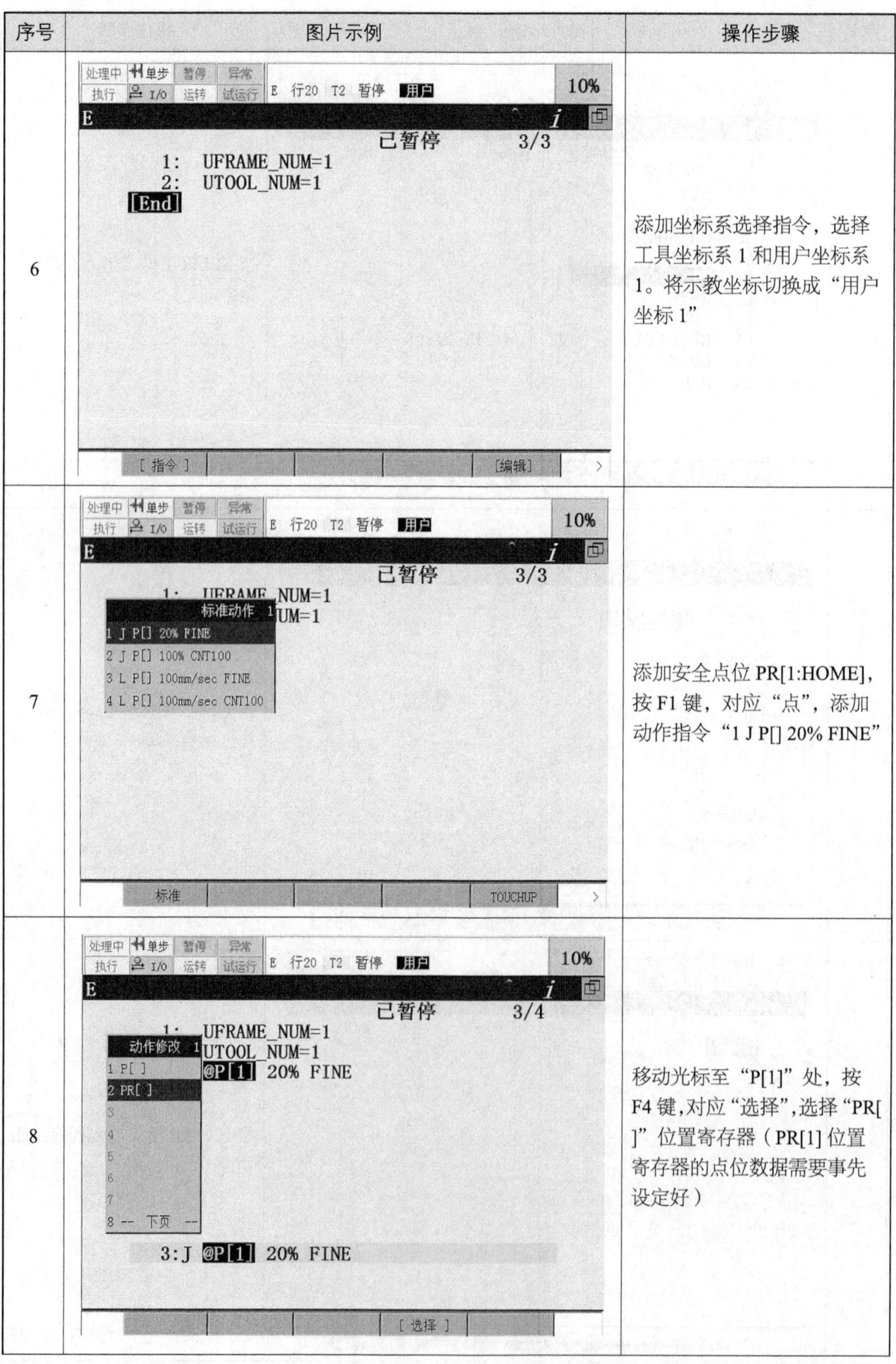

序号	图片示例	操作步骤
6		添加坐标系选择指令，选择工具坐标系 1 和用户坐标系 1。将示教坐标切换成“用户坐标 1”
7		添加安全点位 PR[1:HOME]，按 F1 键，对应“点”，添加动作指令“1 J P[] 20% FINE”
8		移动光标至“P[1]”处，按 F4 键，对应“选择”，选择“PR[ ]”位置寄存器（PR[1] 位置寄存器的点位数据需要事先设定好）

续表

序号	图片示例	操作步骤
9	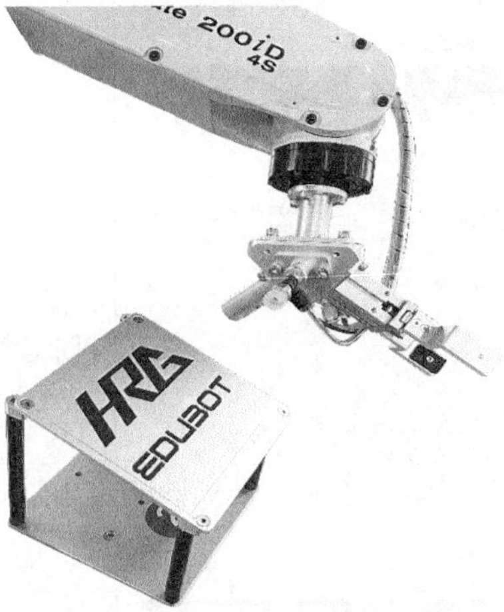200iD 4S HRG EDUBOT	将机器人移动至 P1 点（P1 点为过渡点）
10	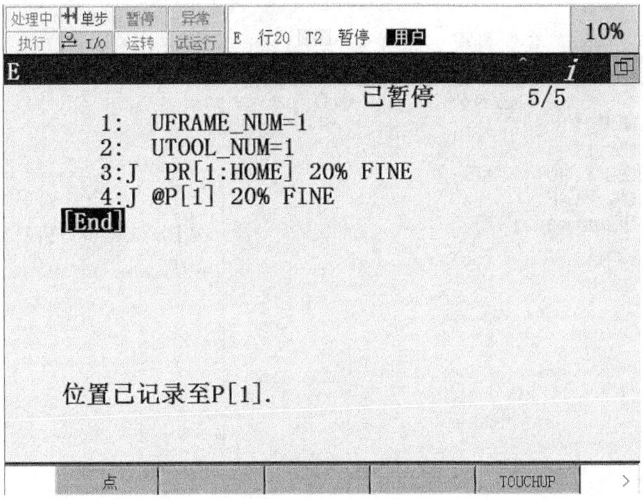处理中 单步 暂停 异常 执行 I/O 运转 试运行 E 行20 T2 暂停 用户 10% E 已暂停 5/5 1: UFRAME_NUM=1 2: UTOOL_NUM=1 3:J PR[1:HOME] 20% FINE 4:J @P[1] 20% FINE [End] 位置已记录至P[1]. 点 TOUCHUP	添加动作指令“J P[1] 20% FINE”，并记录机器人当前位置
11	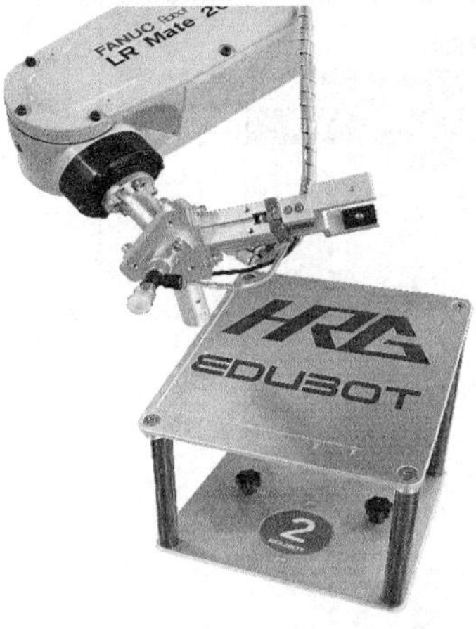FANUC LR Mate HRG EDUBOT 2	将机器人移动到 P2 点

续表

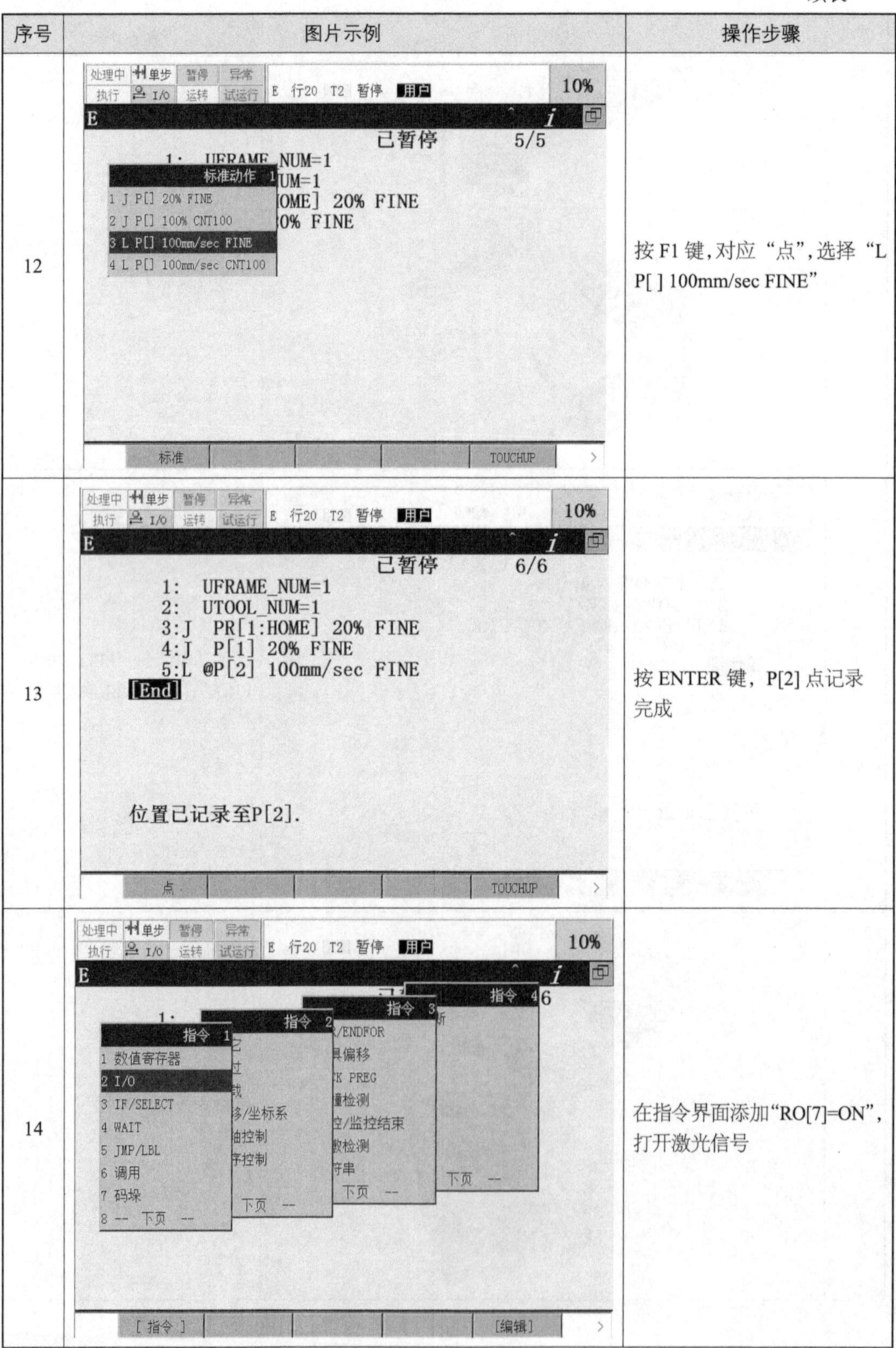

序号	图片示例	操作步骤
12		按 F1 键，对应“点”，选择“L P[ ] 100mm/sec FINE”
13		按 ENTER 键，P[2] 点记录完成
14		在指令界面添加“RO[7]=ON”，打开激光信号

续表

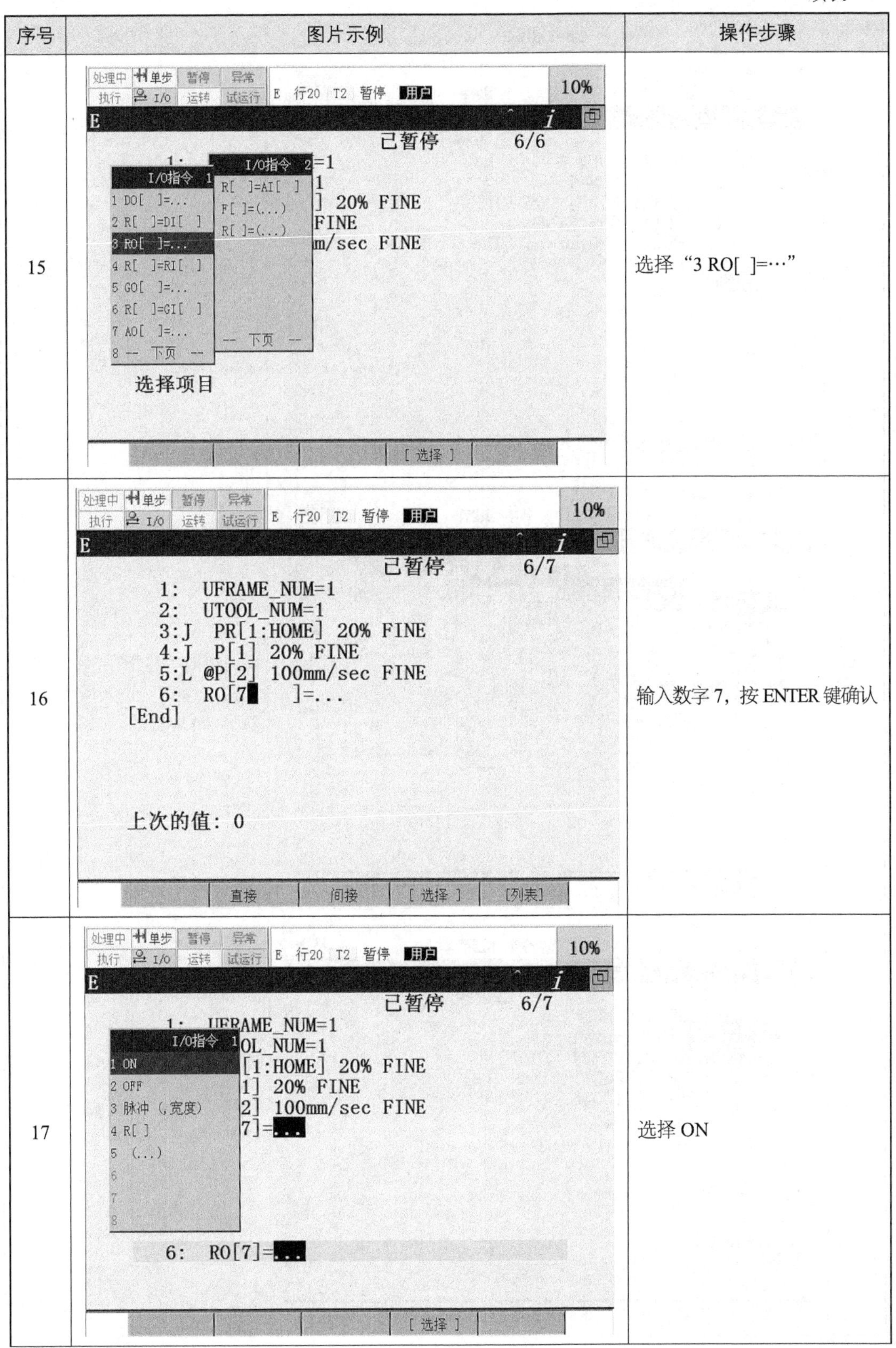

序号	图片示例	操作步骤
15		选择“3 RO[ ]=…”
16		输入数字7，按ENTER键确认
17		选择ON

续表

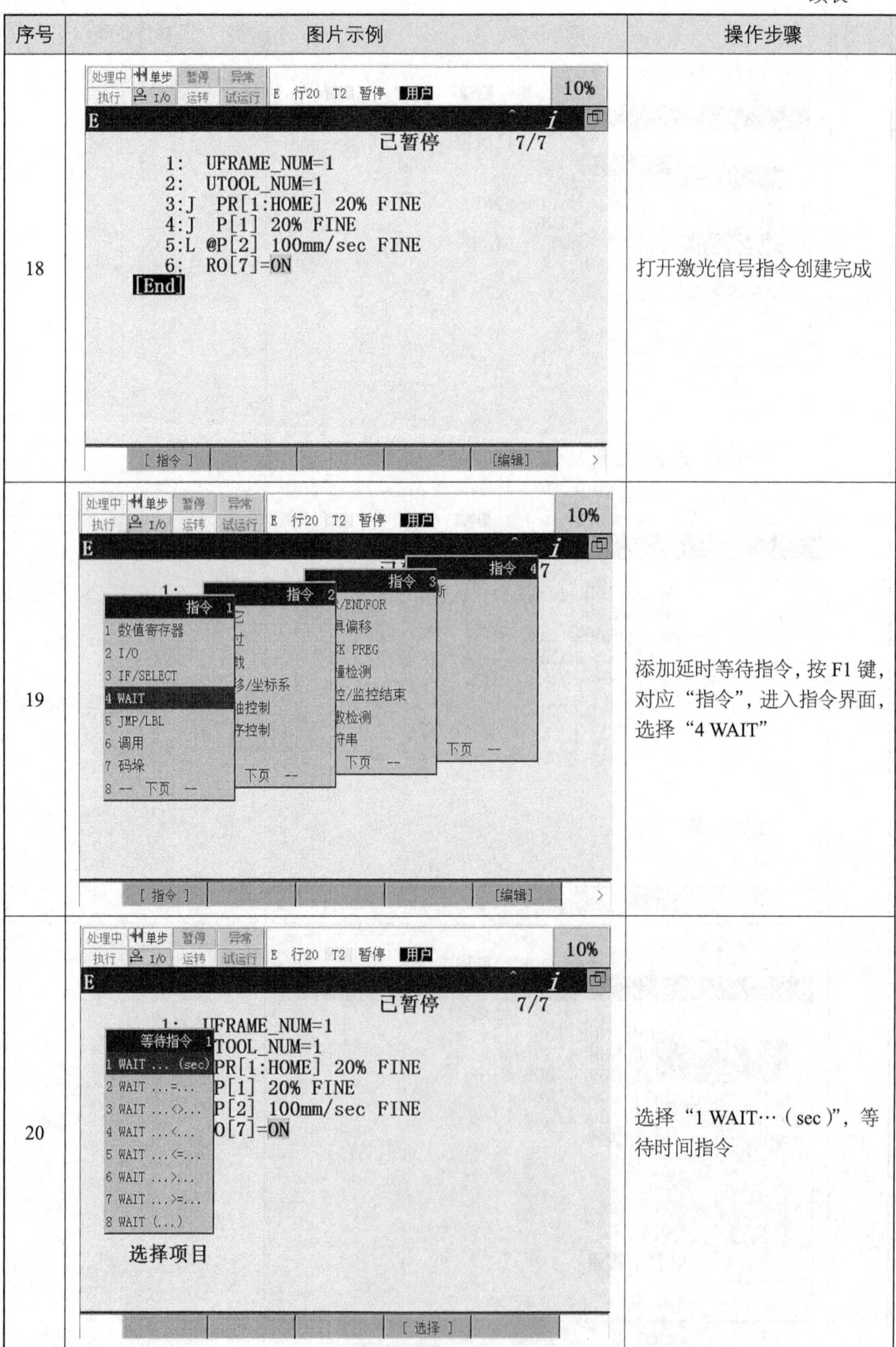

序号	图片示例	操作步骤
18		打开激光信号指令创建完成
19		添加延时等待指令，按F1键，对应“指令”，进入指令界面，选择“4 WAIT”
20		选择“1 WAIT…（sec）”，等待时间指令

续表

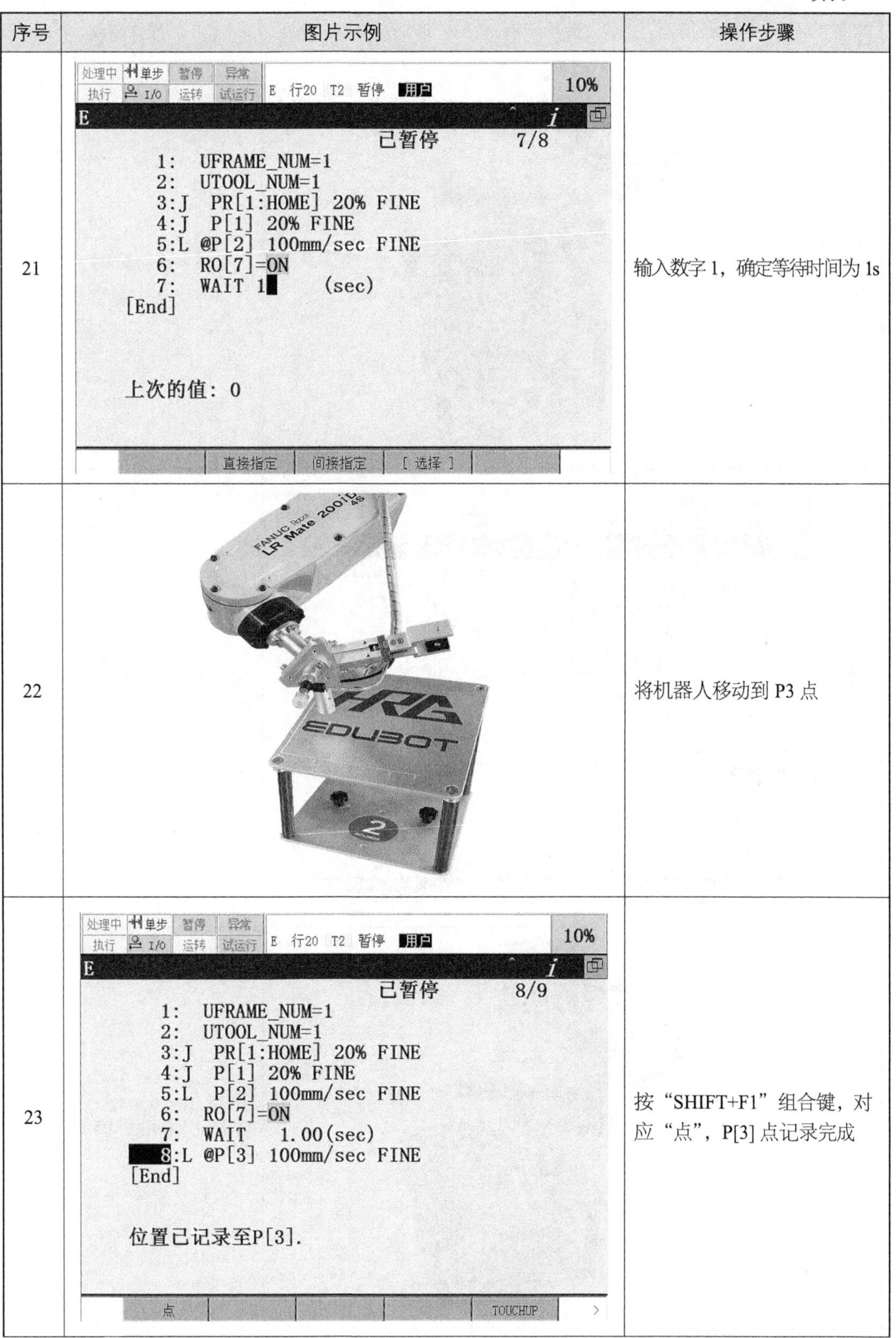

序号	图片示例	操作步骤
21		输入数字 1，确定等待时间为 1s
22		将机器人移动到 P3 点
23		按“SHIFT+F1”组合键，对应“点”，P[3] 点记录完成

续表

序号	图片示例	操作步骤
24	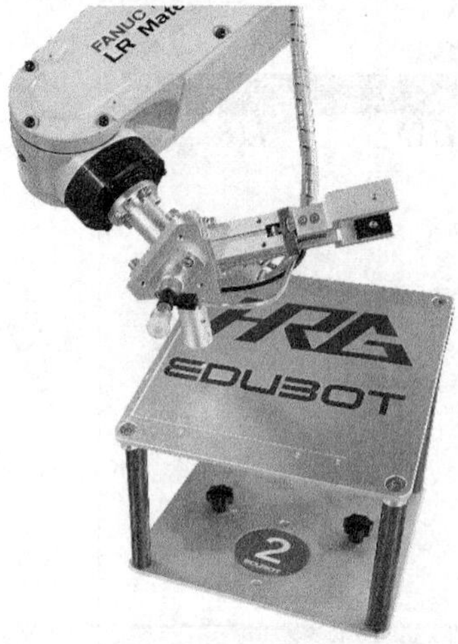	将机器人移动到 P4 点
25	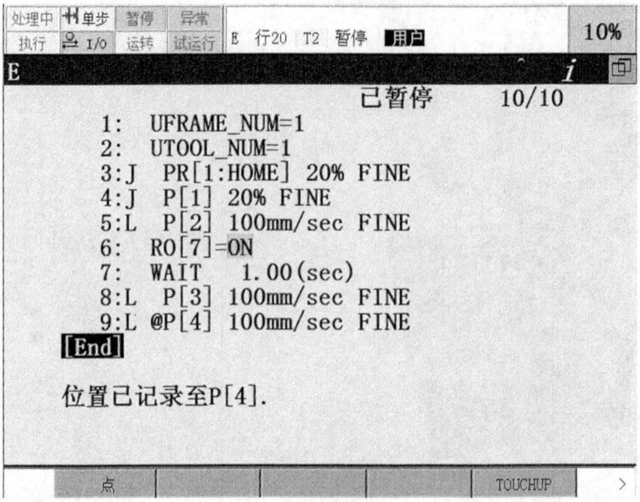 处理中 单步 暂停 异常 执行 I/O 运转 试运行 E 行20 T2 暂停 用户 10% E 已暂停 10/10 1: UFRAME_NUM=1 2: UTOOL_NUM=1 3:J PR[1:HOME] 20% FINE 4:J P[1] 20% FINE 5:L P[2] 100mm/sec FINE 6: RO[7]=ON 7: WAIT 1.00(sec) 8:L P[3] 100mm/sec FINE 9:L @P[4] 100mm/sec FINE [End] 位置已记录至P[4]. 点 TOUCHUP >	按“SHIFT+F1”组合键，对应“点”，P[4] 点记录完成
26	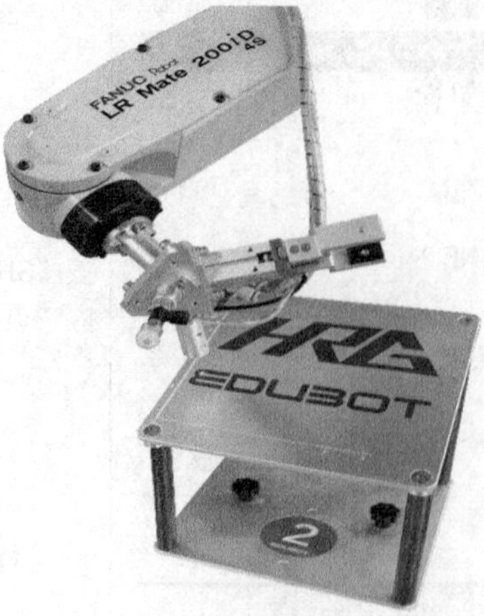	将机器人移动到 P5 点

续表

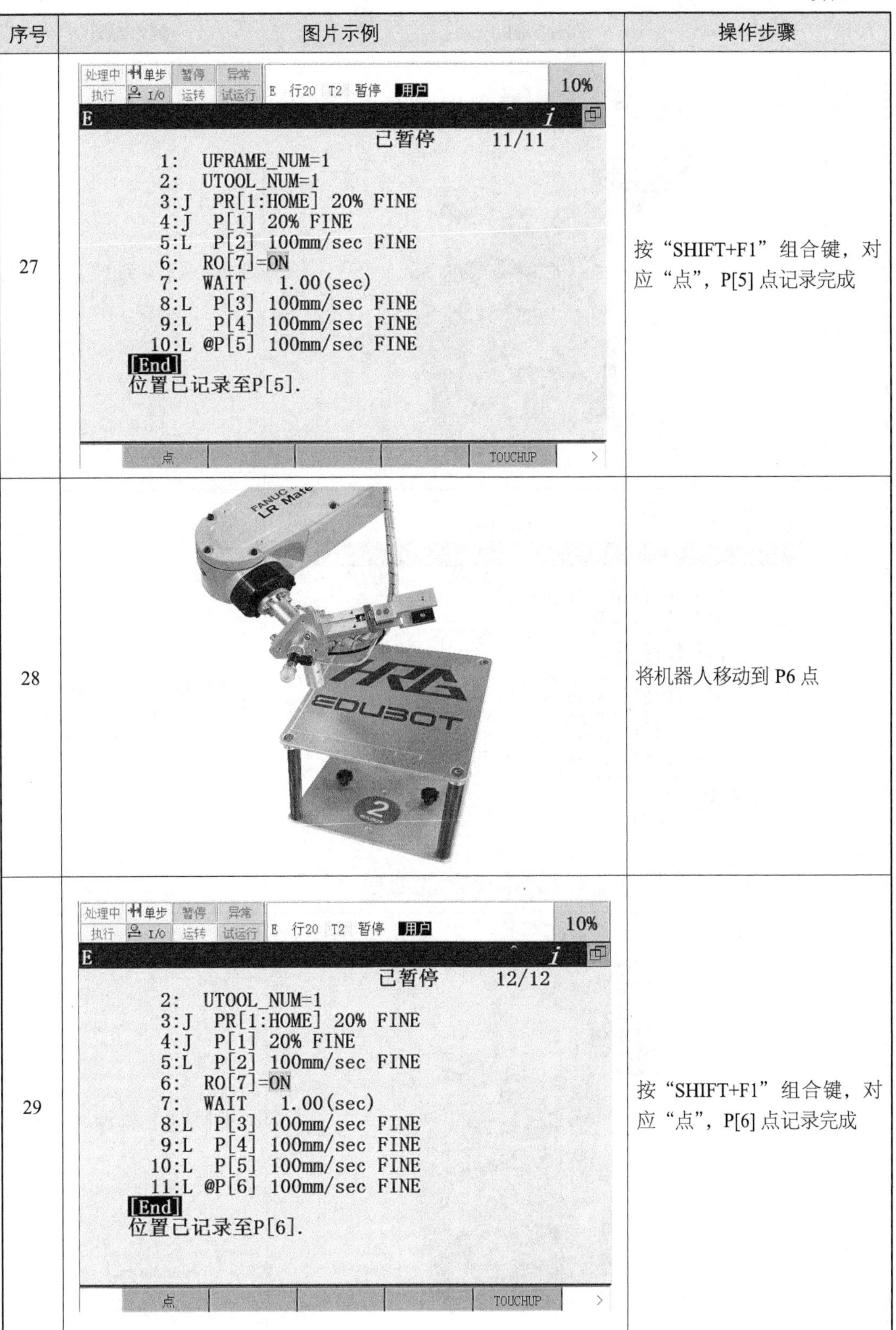

序号	图片示例	操作步骤
27		按“SHIFT+F1”组合键，对应“点”，P[5] 点记录完成
28		将机器人移动到 P6 点
29		按“SHIFT+F1”组合键，对应“点”，P[6] 点记录完成

续表

序号	图片示例	操作步骤
30	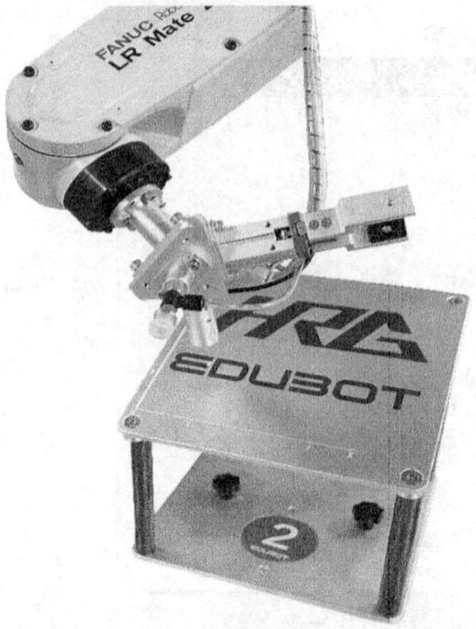 FANUC Robot LR Mate EDUBOT	将机器人移动到 P7 点
31	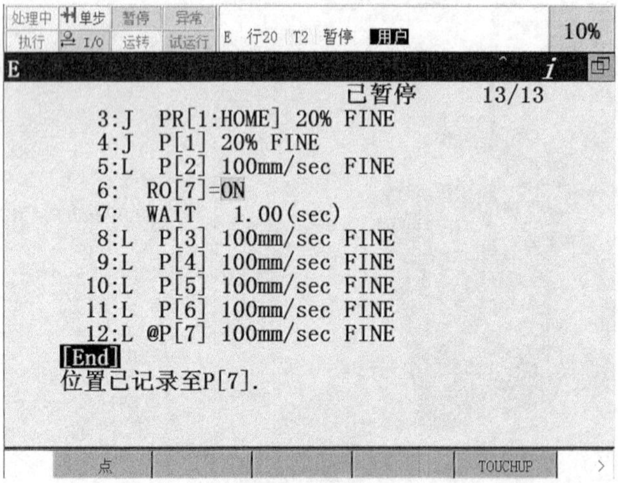 处理中 单步 暂停 异常 执行 I/O 运转 试运行 E 行20 T2 暂停 用户 10% E 已暂停 13/13 3:J PR[1:HOME] 20% FINE 4:J P[1] 20% FINE 5:L P[2] 100mm/sec FINE 6: RO[7]=ON 7: WAIT 1.00(sec) 8:L P[3] 100mm/sec FINE 9:L P[4] 100mm/sec FINE 10:L P[5] 100mm/sec FINE 11:L P[6] 100mm/sec FINE 12:L @P[7] 100mm/sec FINE [End] 位置已记录至P[7]. 点 TOUCHUP	按“SHIFT+F1”组合键，对应“点”，P[7] 点记录完成
32	 FANUC Robot LR Mate 200iD EDUBOT	将机器人移动到 P8 点

续表

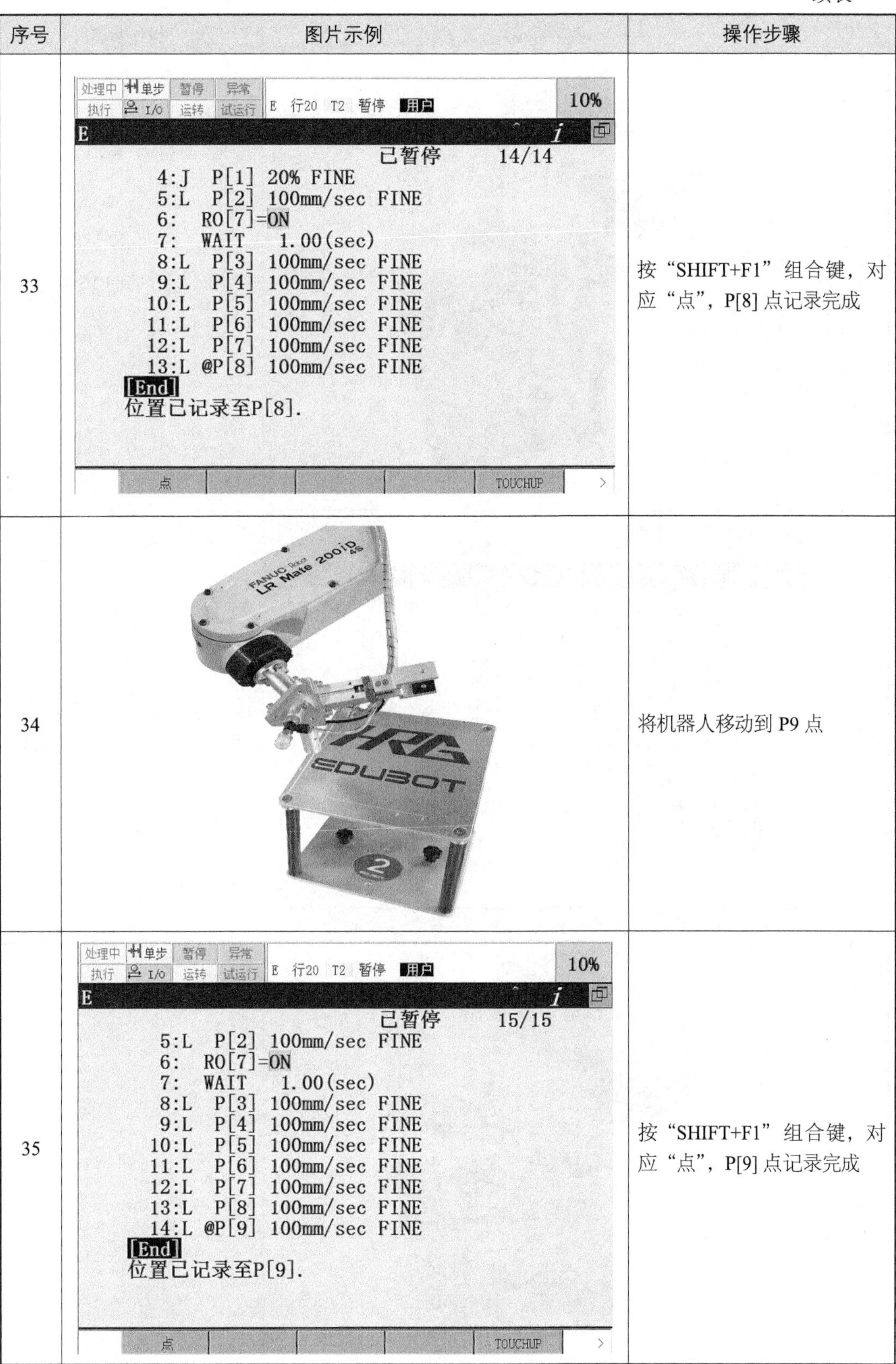

序号	图片示例	操作步骤
33		按“SHIFT+F1”组合键，对应“点”，P[8] 点记录完成
34		将机器人移动到 P9 点
35		按“SHIFT+F1”组合键，对应“点”，P[9] 点记录完成

续表

<table>
<tr><th>序号</th><th>图片示例</th><th>操作步骤</th></tr>
<tr><td>36</td><td>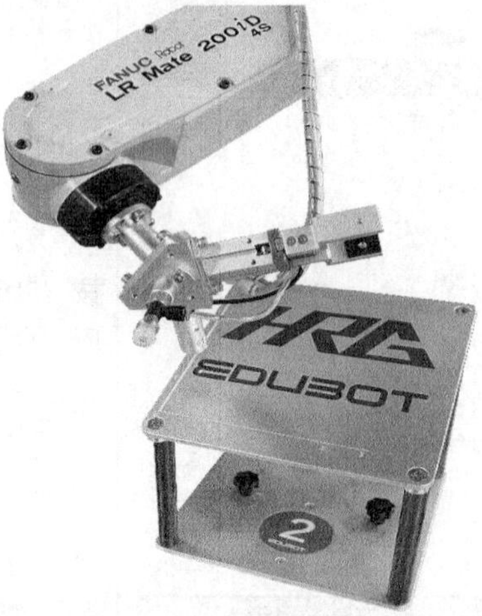FANUC Robot
LR Mate 200iD 4S
HRG
EDUBOT</td><td>将机器人移动到 P10 点</td></tr>
<tr><td>37</td><td>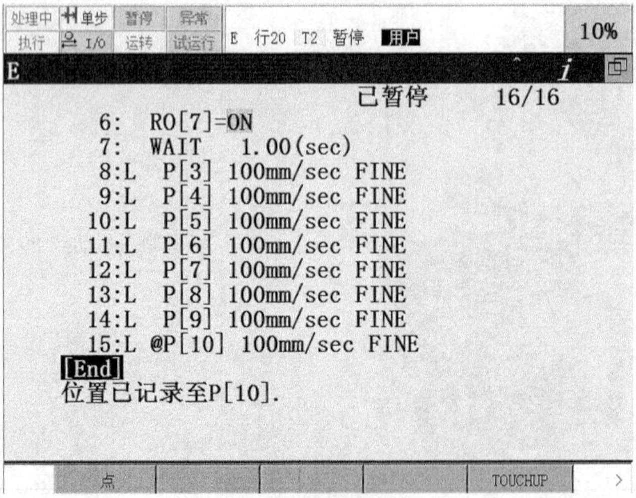处理中 单步 暂停 异常
执行 I/O 运转 试运行
E 行20 T2 暂停 用户
10%
E
已暂停 16/16
6: RO[7]=ON
7: WAIT 1.00(sec)
8:L P[3] 100mm/sec FINE
9:L P[4] 100mm/sec FINE
10:L P[5] 100mm/sec FINE
11:L P[6] 100mm/sec FINE
12:L P[7] 100mm/sec FINE
13:L P[8] 100mm/sec FINE
14:L P[9] 100mm/sec FINE
15:L @P[10] 100mm/sec FINE
[End]
位置已记录至P[10].
点
TOUCHUP
></td><td>按“SHIFT+F1”组合键，对应“点”，P[10] 点记录完成</td></tr>
<tr><td>38</td><td>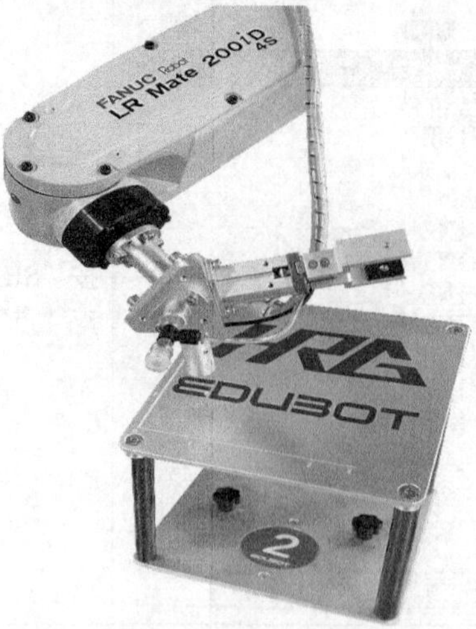FANUC Robot
LR Mate 200iD 4S
HRG
EDUBOT</td><td>将机器人移动到 P11 点</td></tr>
</table>

续表

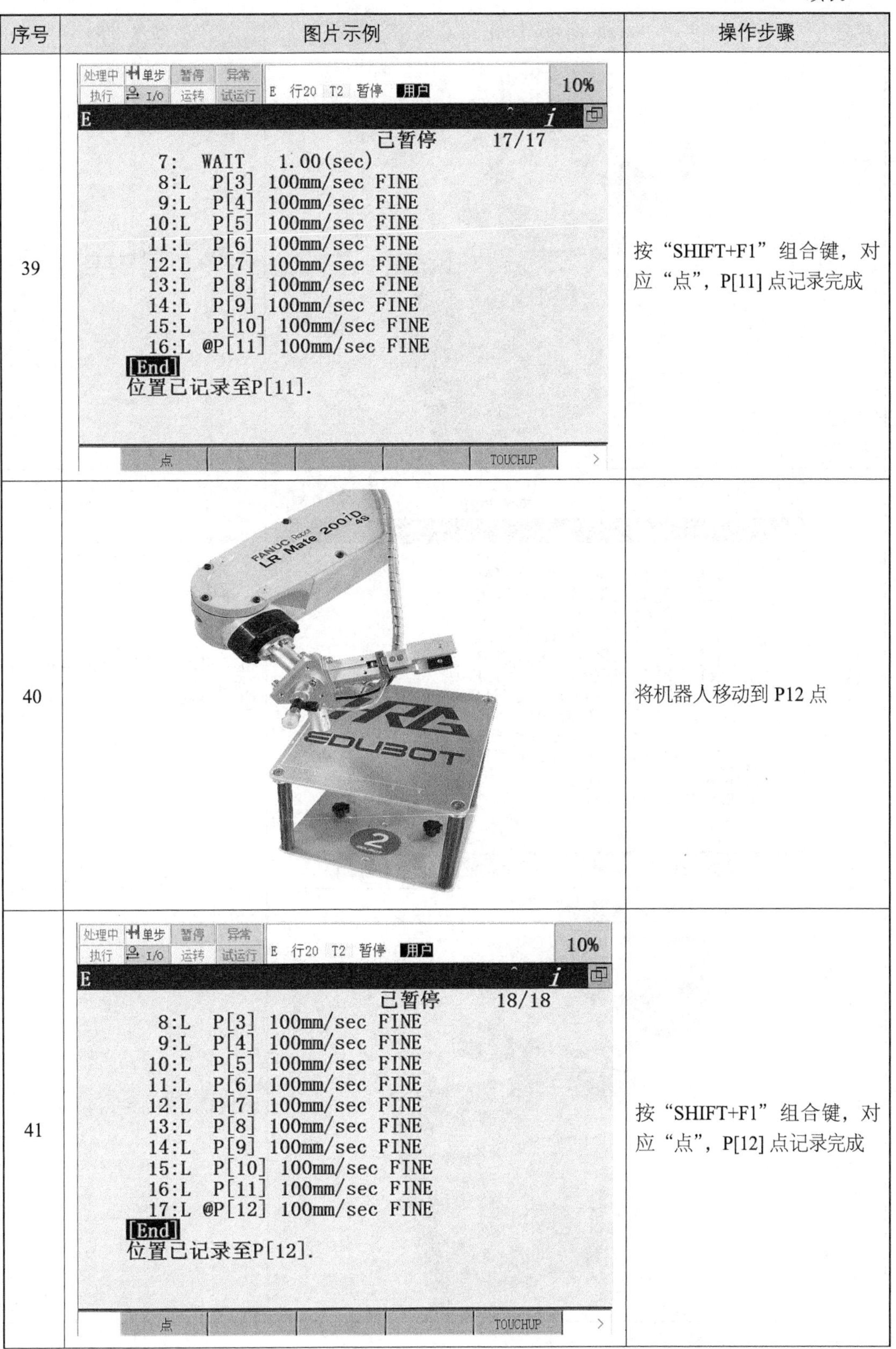

序号	图片示例	操作步骤
39		按“SHIFT+F1”组合键，对应“点”，P[11] 点记录完成
40		将机器人移动到 P12 点
41		按“SHIFT+F1”组合键，对应“点”，P[12] 点记录完成

续表

序号	图片示例	操作步骤
42	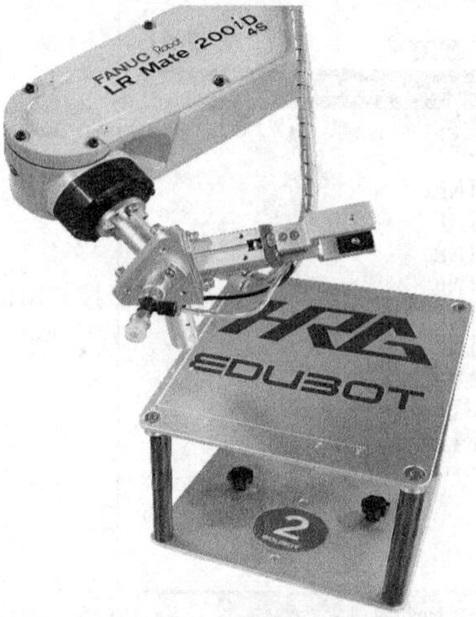 FANUC Robot LR Mate 200iD 4S HRG EDUBOT	将机器人移动到 P13 点
43	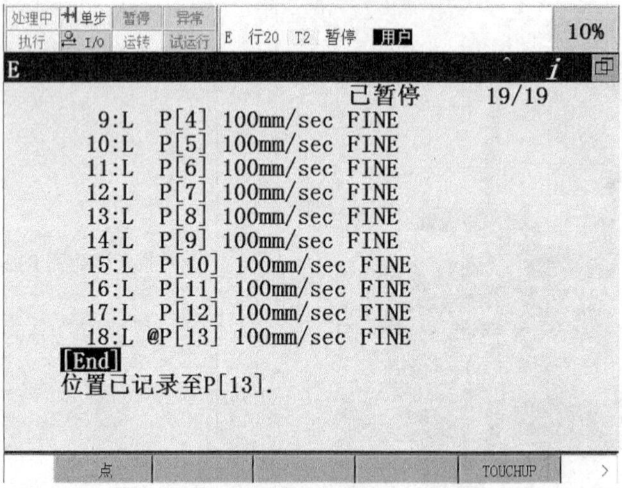 处理中 单步 暂停 异常 执行 I/O 运转 试运行 E 行20 T2 暂停 用户 10% E 已暂停 19/19 9:L P[4] 100mm/sec FINE 10:L P[5] 100mm/sec FINE 11:L P[6] 100mm/sec FINE 12:L P[7] 100mm/sec FINE 13:L P[8] 100mm/sec FINE 14:L P[9] 100mm/sec FINE 15:L P[10] 100mm/sec FINE 16:L P[11] 100mm/sec FINE 17:L P[12] 100mm/sec FINE 18:L @P[13] 100mm/sec FINE [End] 位置已记录至P[13]. 点 TOUCHUP >	按“SHIFT+F1”组合键，对应“点”，P[13] 点记录完成
44	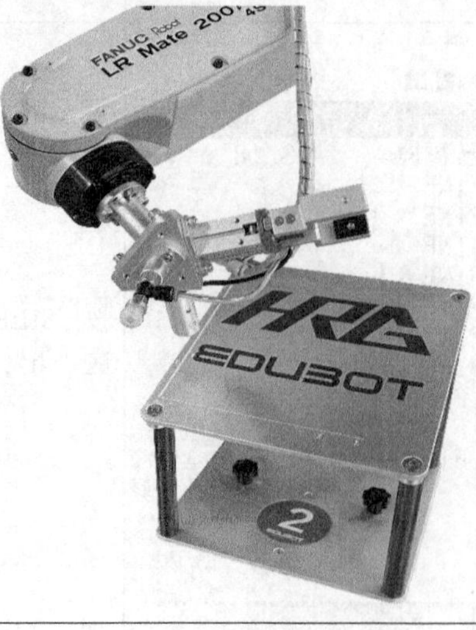 FANUC Robot LR Mate 200iD 4S HRG EDUBOT	将机器人移动到 P14 点

续表

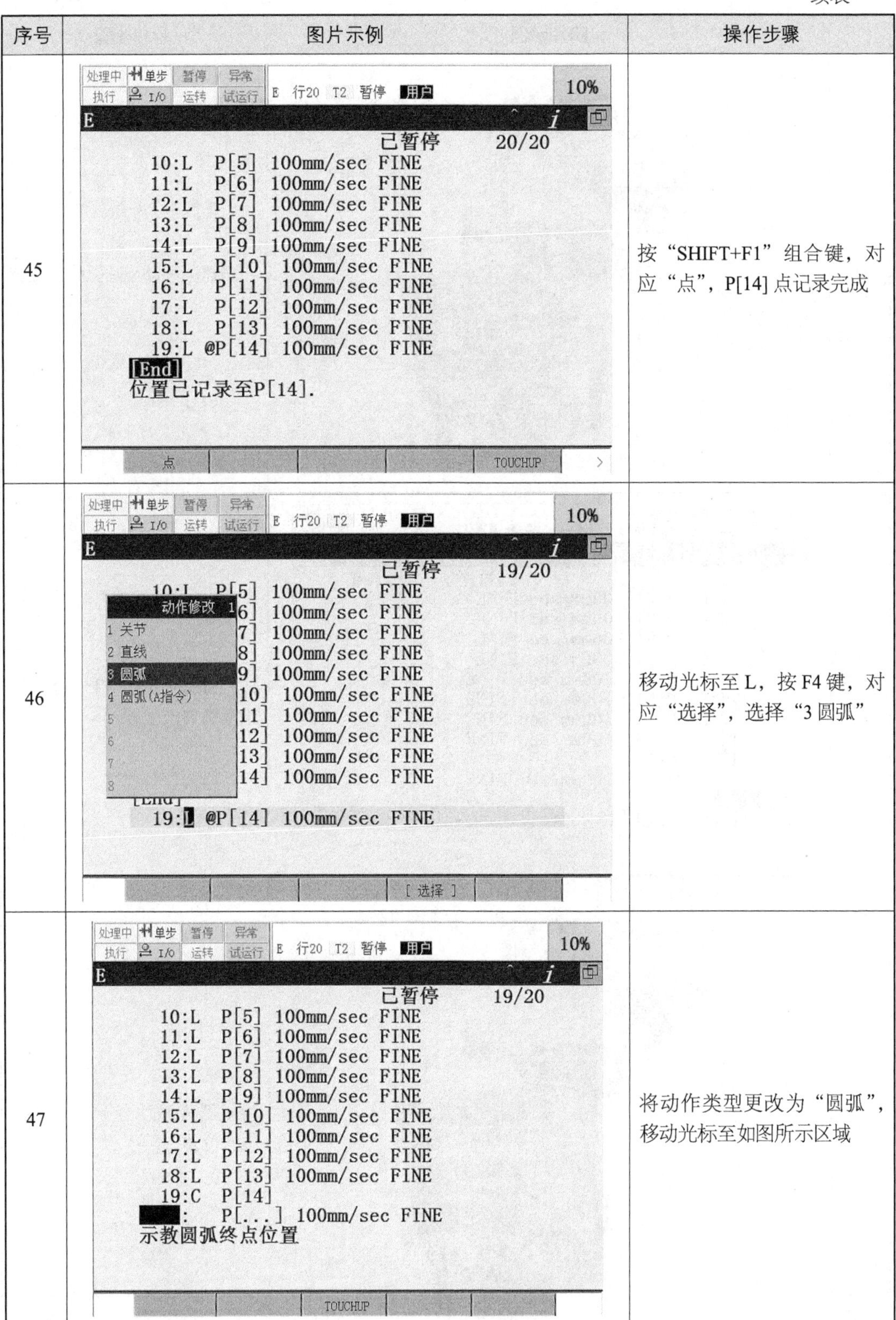

序号	图片示例	操作步骤
45		按“SHIFT+F1”组合键，对应“点”，P[14] 点记录完成
46		移动光标至 L，按 F4 键，对应“选择”，选择“3 圆弧”
47		将动作类型更改为“圆弧”，移动光标至如图所示区域

续表

序号	图片示例	操作步骤
48	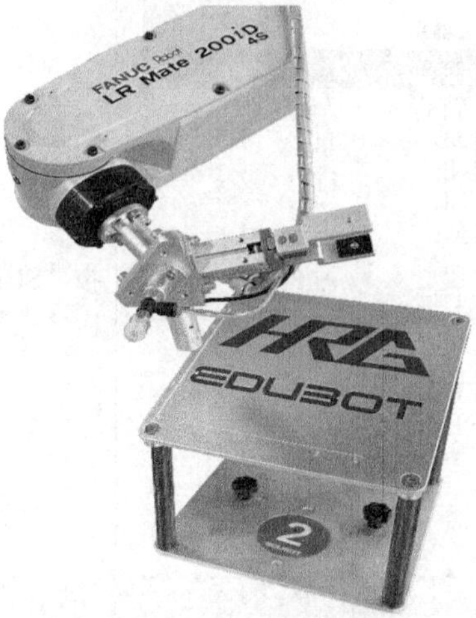 FANUC Robot LR Mate 200iD 4S HRG EDUBOT	将机器人移动至圆弧终点位置
49	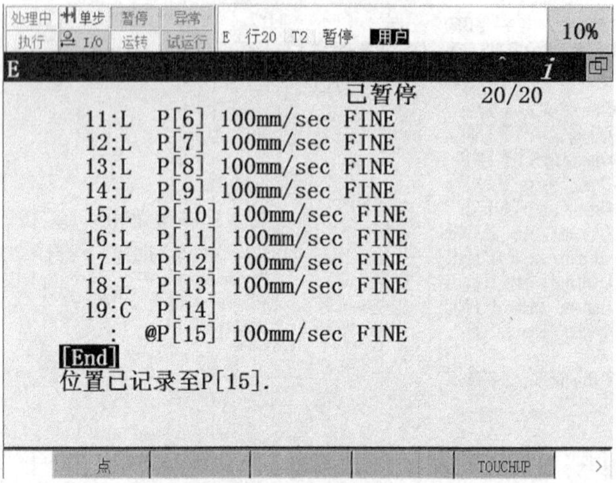 处理中 单步 暂停 异常 执行 I/O 运转 试运行 E 行20 T2 暂停 用户 10% E 已暂停 20/20 11:L P[6] 100mm/sec FINE 12:L P[7] 100mm/sec FINE 13:L P[8] 100mm/sec FINE 14:L P[9] 100mm/sec FINE 15:L P[10] 100mm/sec FINE 16:L P[11] 100mm/sec FINE 17:L P[12] 100mm/sec FINE 18:L P[13] 100mm/sec FINE 19:C P[14] : @P[15] 100mm/sec FINE [End] 位置已记录至P[15]. 点 TOUCHUP	按“SHIFT+F3”组合键，记录圆弧终点位置
50	LR Mate HRG EDUBOT	将机器人移动至下一段圆弧中点位置

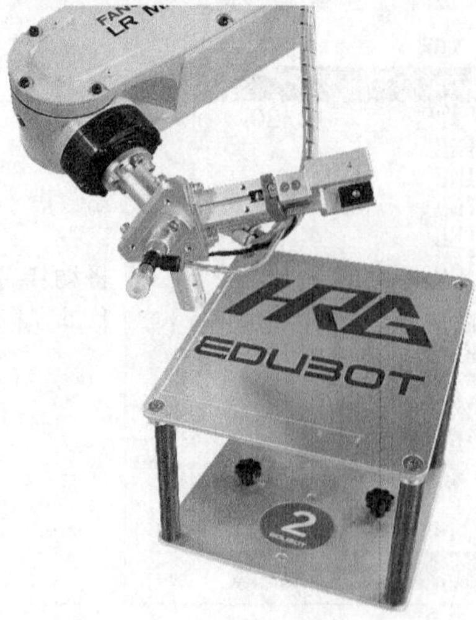

续表

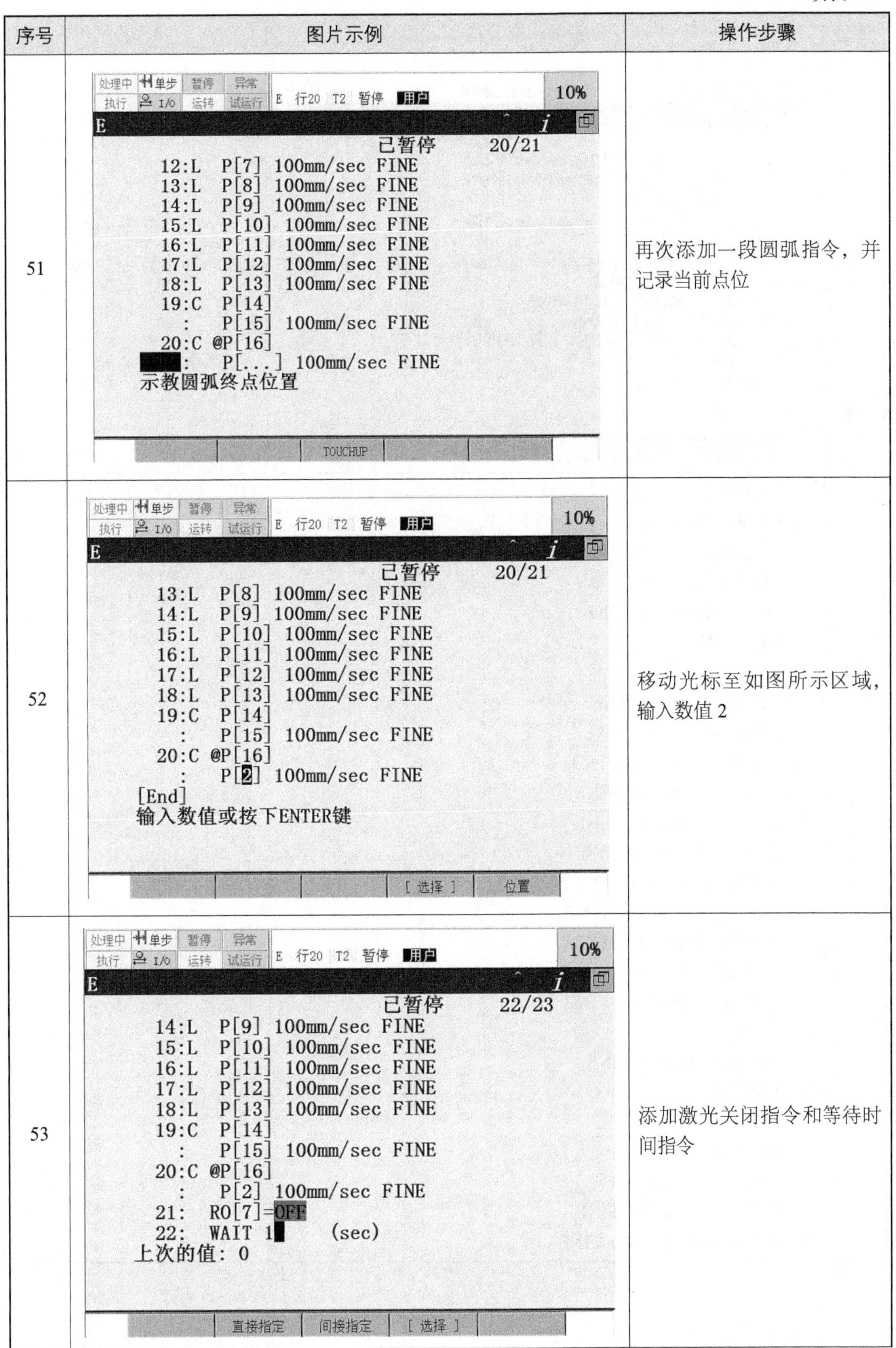

序号	图片示例	操作步骤
51	处理中 单步 暂停 异常 执行 I/O 运转 试运行 E 行20 T2 暂停 用户 10% E 已暂停 20/21 12:L P[7] 100mm/sec FINE 13:L P[8] 100mm/sec FINE 14:L P[9] 100mm/sec FINE 15:L P[10] 100mm/sec FINE 16:L P[11] 100mm/sec FINE 17:L P[12] 100mm/sec FINE 18:L P[13] 100mm/sec FINE 19:C P[14] : P[15] 100mm/sec FINE 20:C @P[16] : P[...] 100mm/sec FINE 示教圆弧终点位置 TOUCHUP	再次添加一段圆弧指令，并记录当前点位
52	处理中 单步 暂停 异常 执行 I/O 运转 试运行 E 行20 T2 暂停 用户 10% E 已暂停 20/21 13:L P[8] 100mm/sec FINE 14:L P[9] 100mm/sec FINE 15:L P[10] 100mm/sec FINE 16:L P[11] 100mm/sec FINE 17:L P[12] 100mm/sec FINE 18:L P[13] 100mm/sec FINE 19:C P[14] : P[15] 100mm/sec FINE 20:C @P[16] : P[2] 100mm/sec FINE [End] 输入数值或按下ENTER键 [选择] 位置	移动光标至如图所示区域，输入数值 2
53	处理中 单步 暂停 异常 执行 I/O 运转 试运行 E 行20 T2 暂停 用户 10% E 已暂停 22/23 14:L P[9] 100mm/sec FINE 15:L P[10] 100mm/sec FINE 16:L P[11] 100mm/sec FINE 17:L P[12] 100mm/sec FINE 18:L P[13] 100mm/sec FINE 19:C P[14] : P[15] 100mm/sec FINE 20:C @P[16] : P[2] 100mm/sec FINE 21: RO[7]=OFF 22: WAIT 1 (sec) 上次的值：0 直接指定 间接指定 [选择]	添加激光关闭指令和等待时间指令

续表

序号	图片示例	操作步骤
54	处理中 单步 暂停 异常 执行 I/O 运转 试运行 E 行20 T2 暂停 用户 10% E 已暂停 24/25 17:L P[12] 100mm/sec FINE 18:L P[13] 100mm/sec FINE 19:C P[14] : P[15] 100mm/sec FINE 20:C P[16] : P[2] 100mm/sec FINE 21: RO[7]=OFF 22: WAIT 1.00(sec) 23:L P[1] 100mm/sec FINE 24:J PR[1:HOME] 20% FINE [End] 输入数值 R寄存器 [选择]	添加返回路径动作指令
55	1：UFRAME_NUM=1 2：UTOOL_NUM=1 3：J PR[1:HOME] 20% FINE 4：J P[1] 20% FINE 5：L P[2] 100mm/sec FINE 6：RO[7]=ON 7：WAIT 1.00（sec） 8：L P[3] 100mm/sec FINE 9：L P[4] 100mm/sec FINE 10：L P[5] 100mm/sec FINE 11：L P[6] 100mm/sec FINE 12：L P[7] 100mm/sec FINE 13：L P[8] 100mm/sec FINE 14：L P[9] 100mm/sec FINE 15：L P[10] 100mm/sec FINE 16：L P[11] 100mm/sec FINE 17：L P[12] 100mm/sec FINE 18：L P[13] 100mm/sec FINE 19：C P[14] ：P[15] 100mm/sec FINE 20：C P[16] ：P[2] 100mm/sec FINE 21：RO[7]=OFF 22：WAIT 1.00（sec） 24：L P[1] 100mm/sec FINE 25：J PR[1:HOME] 20% FINE	路径 E 完整程序

4.5.4　综合调试

本节以创建E程序为例，演示机器人雕刻路径的整个工作流程。

手动调试步骤见表4-9。

表 4-9　手动调试步骤

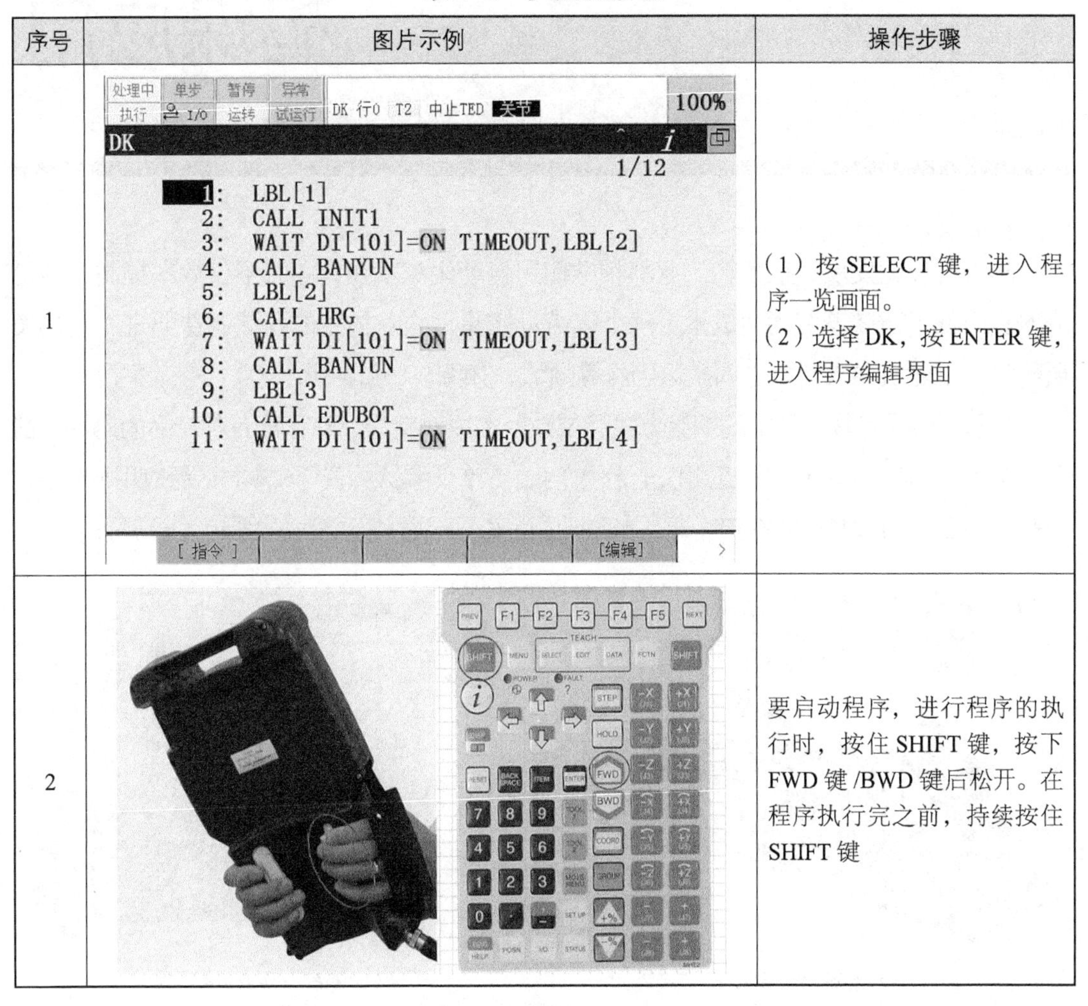

序号	图片示例	操作步骤
1		（1）按 SELECT 键，进入程序一览画面。 （2）选择 DK，按 ENTER 键，进入程序编辑界面
2		要启动程序，进行程序的执行时，按住 SHIFT 键，按下 FWD 键 /BWD 键后松开。在程序执行完之前，持续按住 SHIFT 键

CHAPTER 5

第5章 码垛应用

随着科技的发展，很多轻工业都相继使用自动化流水线作业，不仅效率提高，生产成本也降低了。随着劳动力成本上涨，以劳动密集型企业为主的我国制造业进入新的发展阶级，工业机器人开始进入搬运码垛等领域，如图5-1（a）所示。

机器人码垛可按照要求的编组方式和层数，完成对料袋、箱体等各种产品的码垛，能提高企业的生产效率和产量；还可以全天候作业，节约大量人力资源成本，广泛应用于化工、饮料、食品、啤酒和塑料等生产企业。本实训项目采用的码垛搬运模块如图5-1（b）所示。

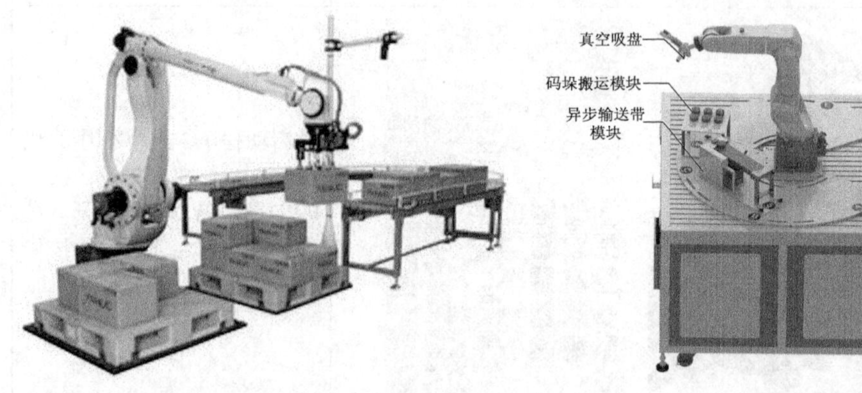

（a）机器人码垛搬运　　（b）机器人码垛搬运实训设备

图5-1　码垛搬运应用（一）

【学习目标】

（1）了解码垛项目的行业背景及实训目的。

（2）熟悉搬运动作的流程及路径规划。

（3）掌握通用输入/输出信号及专用输入/输出信号的配置流程。

（4）掌握码垛寄存器的使用方法。

（5）掌握码垛堆积指令的使用方法。

（6）掌握机器人码垛程序的编程、调试及自动运行。

5.1　任务分析

微课视频

码垛任务分析及配置、指令解析

本实训项目是介绍机器人持真空吸盘配合搬运物料完成码垛搬运应用，利用吸盘抓取圆饼物料。

5.1.1　任务描述

工作过程如下：在初始状态下，码垛搬运模块9个工位均处于无料状态，机器人等待异步输送带模块检测到圆饼物料信号，机器人持真空吸盘抓取圆饼物料至码垛搬运模块正上方，调用码垛堆积B指令，完成圆饼物料的放置，如此执行9次，物料码垛完成，如图5-2所示。

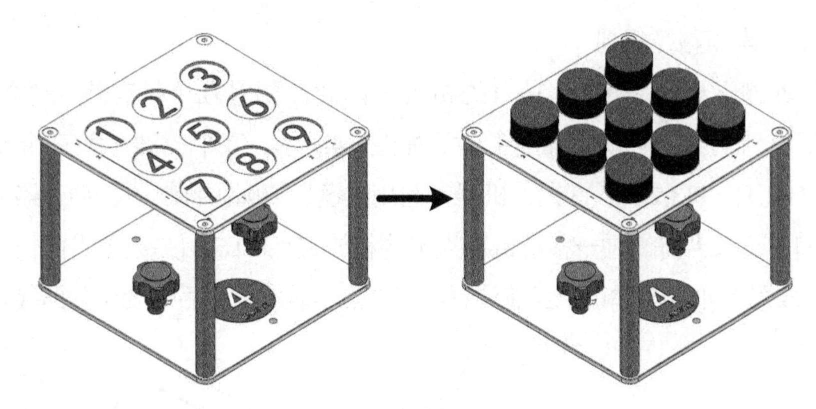

图5-2　码垛搬运示意图

5.1.2　路径规划

1.路径规划

本实训项目采用码垛搬运模块，以码垛搬运模块工位上的圆饼物料为例，演示FANUC六轴串联机器人进行码垛应用的轨迹路径运动。针对码垛应用，我们将运动路径分为两部分：一部分是机器人将圆饼物料从异步输送带模块搬运至码垛搬运模块正上方，另一部分是码垛堆积路径。

（1）异步输送带→码垛搬运模块路径规划

机器人运动至安全点PR[1:HOME]→等待异步输送带上圆饼检测信号→圆饼物料到位→机器人持真空吸盘至抓取过渡点P[1]→以线性运动的方式移动至抓取点P[2]→打开吸盘抓取圆饼物料→以线性运动方式返回至抓取过渡点P[1]→移动机器人至码垛搬运模块正上方P[3]点，如图5-3所示。

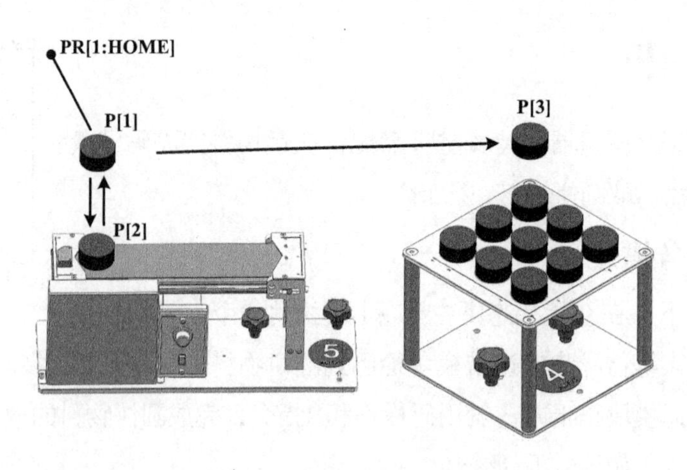

图5-3　圆饼物料搬运路径规划

（2）码垛堆积路径规划

由于码垛搬运模块采用3×3×1的布局，因此需要对几个具有代表性的点进行示教，即从下层到上层按照顺序堆上工件。如图5-4所示，我们需要示教三个点，分别是P[1,1,1]、P[1,3,1]、P[3,1,1]。首先，机器人利用吸盘抓取圆饼物料→移动机器人至物料放置点P[1,1,1]并记录当前位置→移动机器人至物料放置点P[1,3,1]并记录当前位置→移动机器人至物料放置点P[3,1,1]并记录当前位置。三个点示教完成之后需要示教路径点。

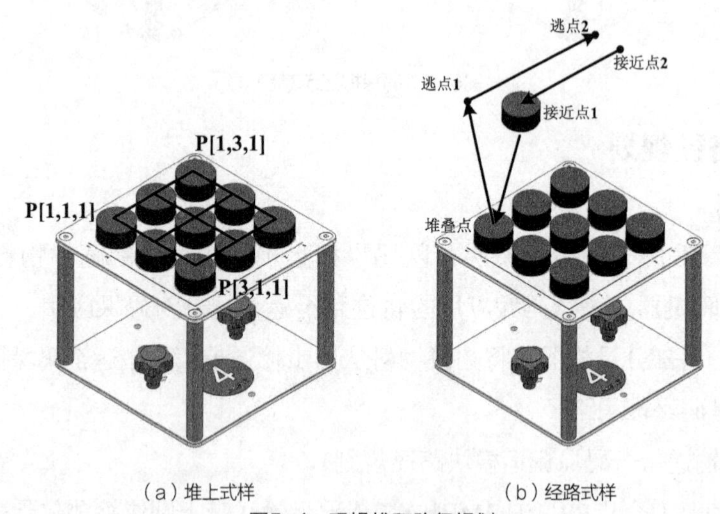

（a）堆上式样　　（b）经路式样

图5-4　码垛堆积路径规划

示教点命名及注释见表5-1。

表5-1　示教点命名及注释

名称	点数据	注释
堆叠点	P[BTM]	放置物料点位
接近点 1	P[A_1]	放置物料过渡点 1

续表

名称	点数据	注释
接近点 2	P[A_2]	放置物料过渡点 2
逃点 1	P[R_1]	机器人返回过渡点 1
逃点 2	P[R_2]	机器人返回过渡点 2

2.程序编辑规划

码垛搬运模块上有3×3共9个工位，其中每行每列间距相等，可以创建码垛搬运模块进行编程，本实例使用的例行程序见表5-2。

表 5-2 例行程序

名称	类型	作用
BANYUN	例行程序	存放机器人搬运物料至码垛搬运模块上方的轨迹路径程序
MADUO	例行程序	存放码垛堆积指令
INIT2	例行程序	复位吸盘输出信号，机器人回安全点位

3.要点解析

（1）搬运动作采用吸盘工具，需定义吸盘工具坐标系。首先应利用标定尖锥建立工具坐标系，然后在z方向偏移该坐标系即得到吸盘工具坐标系。

（2）动作由吸盘工具完成，需配置吸盘I/O信号。吸盘动作会有延时，为了提高机器人效率需提前开吸盘和关吸盘。

（3）码垛的次数需要使用FOR/ENDFOR指令来确定。

5.2 知识要点

本节需要掌握码垛堆积功能、码垛指令等知识点。通过选择码垛堆积指令的堆上式样和经路式样以及使用码垛寄存器，掌握FANUC机器人码垛应用。

5.2.1 码垛堆积功能

码垛堆积功能是指对几个具有代表性的点进行示教，即可从下层到上层按照顺序堆上工件。

（1）通过对堆上点的代表点进行示教，即可简单创建堆上式样。

（2）通过对路径点（接近点、逃点）进行示教，即可创建经路式样。

5.2.2 码垛指令解析

码垛指令共分为3种。

（1）码垛堆积指令：基于堆上式样、经路式样和码垛寄存器的值，计算当前的路径，并改写码垛堆积动作指令的位置数据，如图5-5所示。

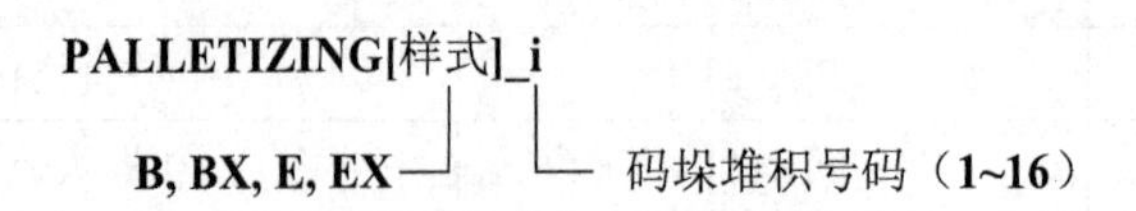

图5-5　码垛堆积指令格式

（2）码垛堆积动作指令：以使用具有接近点、堆上点和逃点的路径点作为位置数据的动作指令，如图5-6所示。

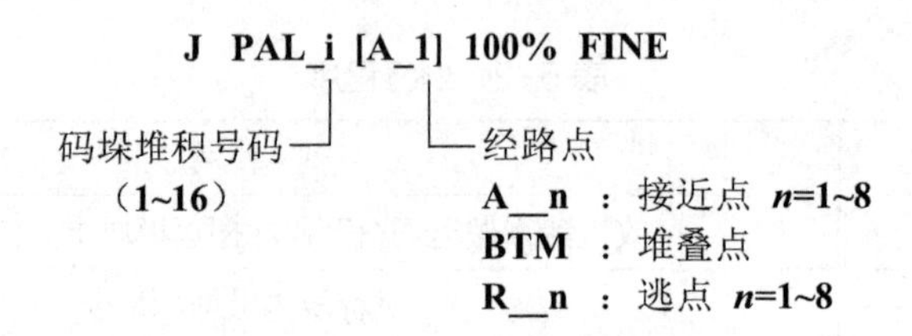

图5-6　码垛堆积动作指令格式

（3）码垛堆积结束指令：计算下一个堆上点，改写码垛寄存器的值，如图5-7所示。

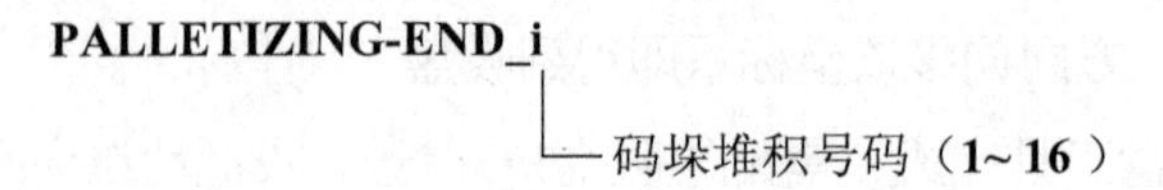

图5-7　码垛堆积结束指令格式

5.2.3　示教码垛堆积

码垛堆积的示教是在码垛堆积编辑画面上进行的。选择码垛堆积指令时，自动出现一个码垛堆积编辑画面。通过码垛堆积的示教，自动插入码垛堆积指令、码垛堆积动作指令、码垛堆积结束指令等所需的码垛指令，下面以码垛堆积B为例，演示示教码垛堆积的操作步骤。具体操作步骤如图5-8所示。

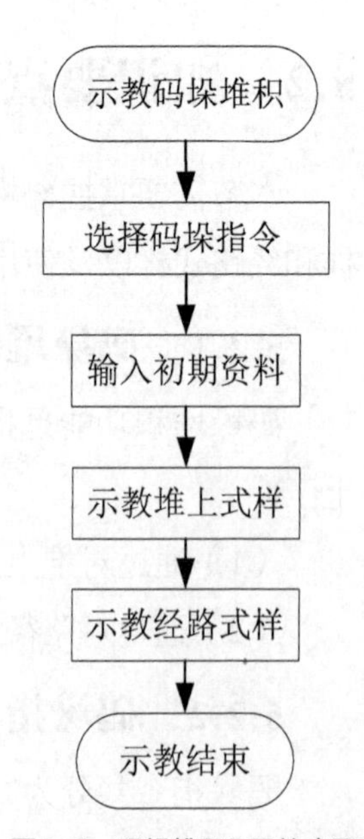

图5-8　码垛堆积B示教步骤

1.选择码垛指令

选择码垛指令就是选择希望进行示教的码垛堆积种类（码垛堆积分为B、BX、E、EX），在程序编辑画面中按F1键，对应“指令”，在弹出的辅助菜单中选择“7码垛”，按ENTER键进入“码垛指令1”界面，选择“1 PALLETIZING-0B”，如图5-9所示。

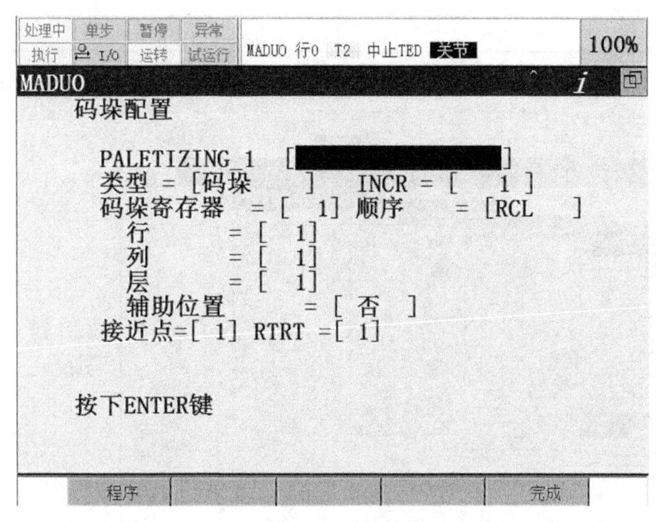

图5-9 码垛堆积指令

2.输入初期资料

在码垛堆积初期资料输入画面，可以设定进行什么样的码垛堆积。画面中设定的数据将在后面的示教画面中使用。码垛堆积有4类。下面以码垛堆积B为例，演示初期资料的设定步骤。详细操作步骤见表5-3。

表 5-3 输入初期资料步骤

序号	图片示例	操作步骤
1	处理中 单步 暂停 异常 执行 I/O 运转 试运行 MADUO 行0 T2 中止TED 关节 100% MADUO 1/1 [End] [指令] [编辑] >	进入 MADUO 程序编辑界面

续表

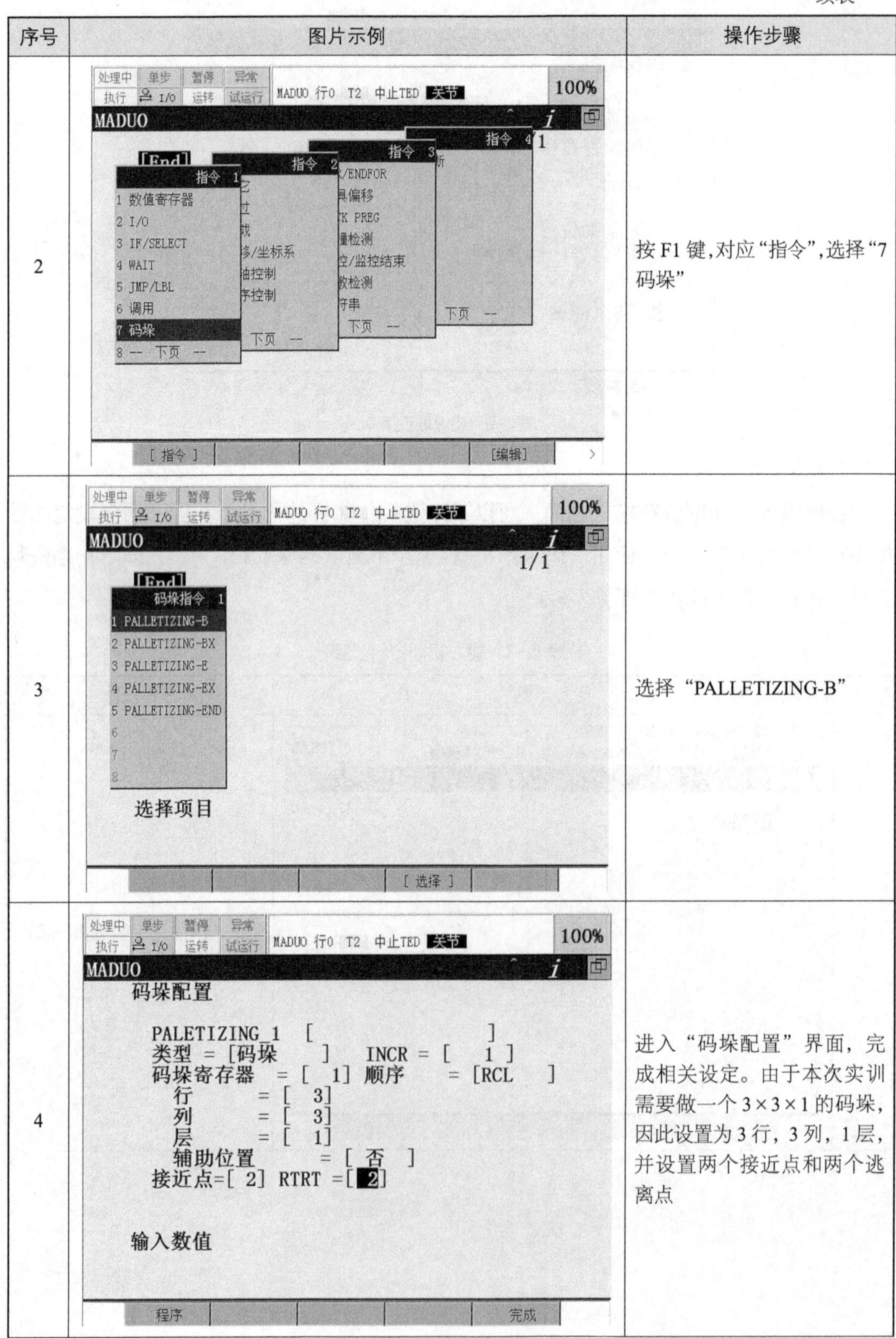

序号	图片示例	操作步骤
2		按 F1 键,对应“指令”,选择“7 码垛”
3		选择“PALLETIZING-B”
4		进入“码垛配置”界面，完成相关设定。由于本次实训需要做一个 3×3×1 的码垛，因此设置为 3 行，3 列，1 层，并设置两个接近点和两个逃离点

续表

序号	图片示例	操作步骤
5	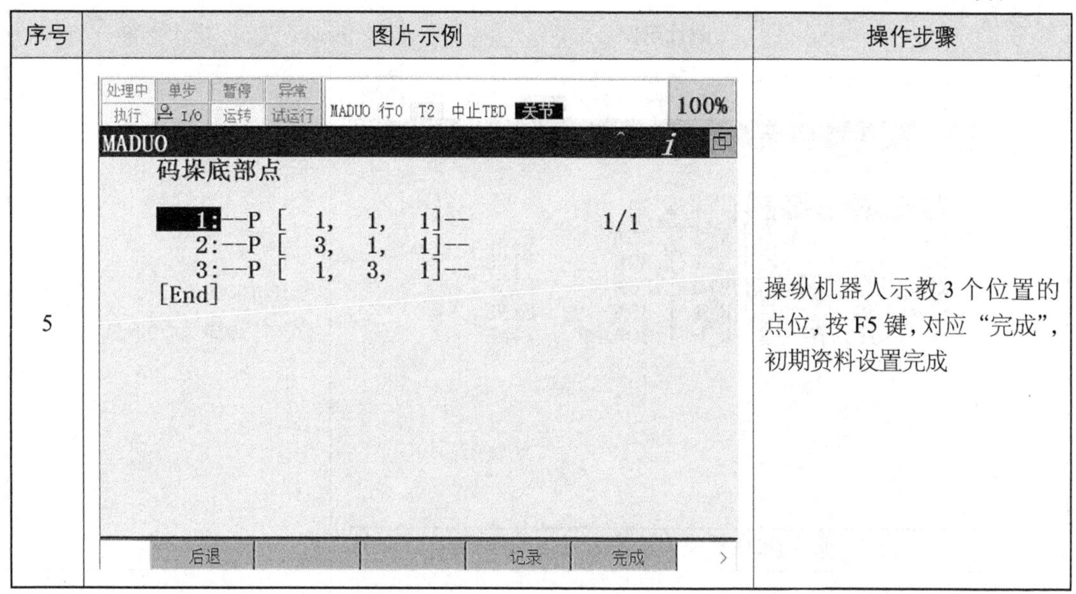	操纵机器人示教3个位置的点位，按F5键，对应“完成”，初期资料设置完成

3.示教堆上式样

在码垛堆积的堆上式样示教画面上，对堆上式样的代表堆上点进行示教。由此，执行码垛堆积时，从所示教的代表点自动计算目标堆上点。以码垛堆积B为例，演示码垛堆积堆上示教的操作步骤。详细步骤见表5-4。

表 5-4 示教堆上式样步骤

序号	图片示例	操作步骤
1	处理中 单步 暂停 异常 执行 I/O 运转 试运行 MADUO 行0 T2 中止TED 关节 100% MADUO 码垛线路点 IF PL[1]=[*, *, *] 1/1 1:关节* P [A_2] 30% FINE 2:关节* P [A_1] 30% FINE 3:关节* P [BTM] 30% FINE 4:关节* P [R_1] 30% FINE 5:关节* P [R_2] 30% FINE [End] 示教线路点 后退 点 记录 完成	初期资料设置完成之后，自动跳转至“码垛线路点”设置界面

续表

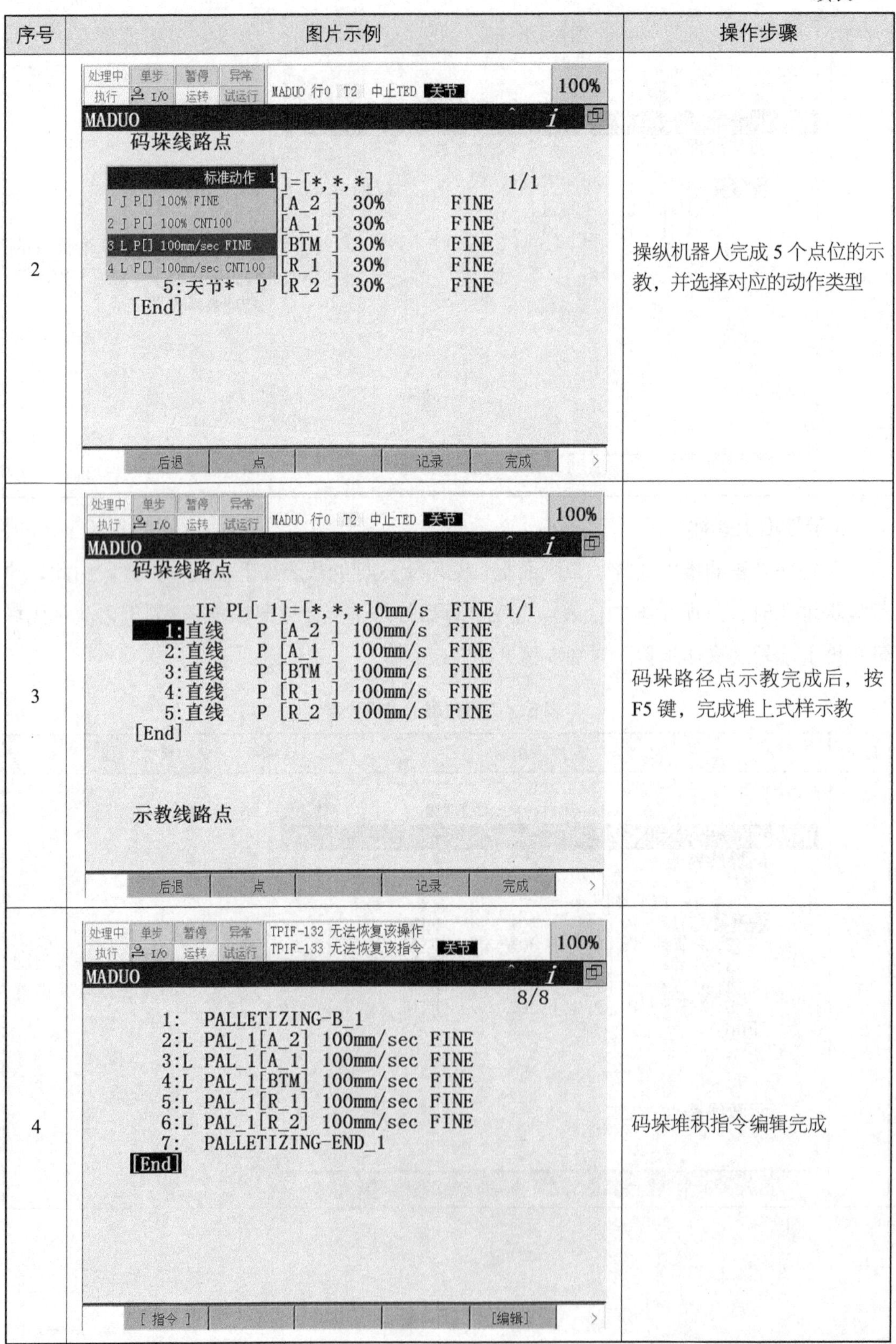

序号	图片示例	操作步骤
2	处理中 单步 暂停 异常 执行 I/O 运转 试运行 MADUO 行0 T2 中止TED 关节 100% MADUO 码垛线路点 标准动作 1]=[*,*,*] 1/1 1 J P[] 100% FINE [A_2] 30% FINE 2 J P[] 100% CNT100 [A_1] 30% FINE 3 L P[] 100mm/sec FINE [BTM] 30% FINE 4 L P[] 100mm/sec CNT100 [R_1] 30% FINE 5:关节* P [R_2] 30% FINE [End] 后退 点 记录 完成	操纵机器人完成5个点位的示教，并选择对应的动作类型
3	处理中 单步 暂停 异常 执行 I/O 运转 试运行 MADUO 行0 T2 中止TED 关节 100% MADUO 码垛线路点 IF PL[1]=[*,*,*]0mm/s FINE 1/1 1:直线 P [A_2] 100mm/s FINE 2:直线 P [A_1] 100mm/s FINE 3:直线 P [BTM] 100mm/s FINE 4:直线 P [R_1] 100mm/s FINE 5:直线 P [R_2] 100mm/s FINE [End] 示教线路点 后退 点 记录 完成	码垛路径点示教完成后，按F5键，完成堆上式样示教
4	处理中 单步 暂停 异常 执行 I/O 运转 试运行 TPIF-132 无法恢复该操作 TPIF-133 无法恢复该指令 关节 100% MADUO 8/8 1: PALLETIZING-B_1 2:L PAL_1[A_2] 100mm/sec FINE 3:L PAL_1[A_1] 100mm/sec FINE 4:L PAL_1[BTM] 100mm/sec FINE 5:L PAL_1[R_1] 100mm/sec FINE 6:L PAL_1[R_2] 100mm/sec FINE 7: PALLETIZING-END_1 [End] [指令] [编辑]	码垛堆积指令编辑完成

5.2.4 指令解析

1. FOR/ENDFOR指令

FOR/ENDFOR指令用于任意次数返回由FOR指令和ENDFOR指令包围的区间。通过用FOR指令和ENDFOR指令来包围希望反复的区间，就形成FOR/ENDFOR区间。根据由FOR指令指定的值，确定返回FOR/ENDFOR区间的次数。

2.码垛寄存器运算指令

码垛寄存器运算指令是进行码垛寄存器算术运算的指令。码垛寄存器运算指令可进行代入、加法运算、减法运算处理，以与数值寄存器指令相同的方式记述。码垛寄存器的数据共有32条，不同程序中不能应用同一个码垛寄存器。

5.3 系统组成及配置

本节以HRG-HD1XKA型工业机器人技能考核实训台（专业版）为例，来学习FANUC机器人码垛应用。

5.3.1 系统组成

HRG-HD1XKA型工业机器人技能考核实训采用模块化教学，具有兼容性、通用性和易扩展性等，其组式如图5-10所示。

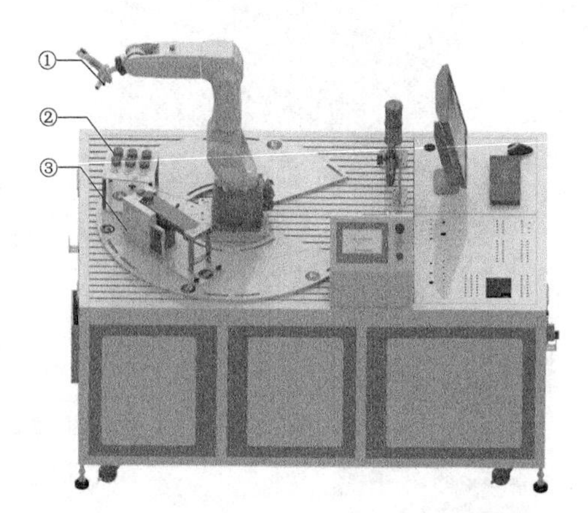

①—末端执行器，包含方形夹爪、小夹爪、激光发生器；②—码垛搬运模块，突显六轴工业机器用户坐标系的特点；③—异步输送带模块，搬运圆饼物料

图5-10 码垛搬运应用（二）

本实训台独有扇形底板设计，可以搭载各类机器人、各种通用实训模块、兼容工业领域各类应用，对于不同的要求可以搭载不同的配置，易扩展，方便后期搭载更高配置。此外还配置有主控接线板、触摸屏、PLC控制器等。实训台涵盖了各种工业现场应用：模拟激光雕刻实训项目、输送带搬运实训项目、伺服分工位实训项目等。

5.3.2 硬件配置

1.模块安装过程

码垛搬运模块安装步骤见表5-5。

表 5-5 码垛搬运模块安装步骤

序号	图片示例	说明
1		确认码垛搬运模块
2	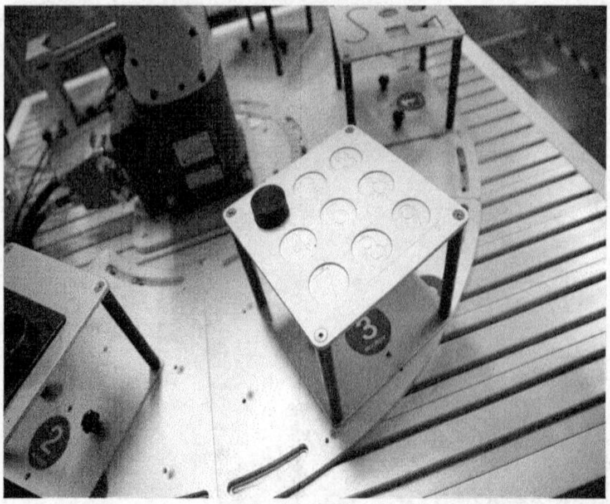	通过梅花螺丝，将码垛搬运模块固定在实训台 A 区的 7 号和 8 号安装孔位置上
3	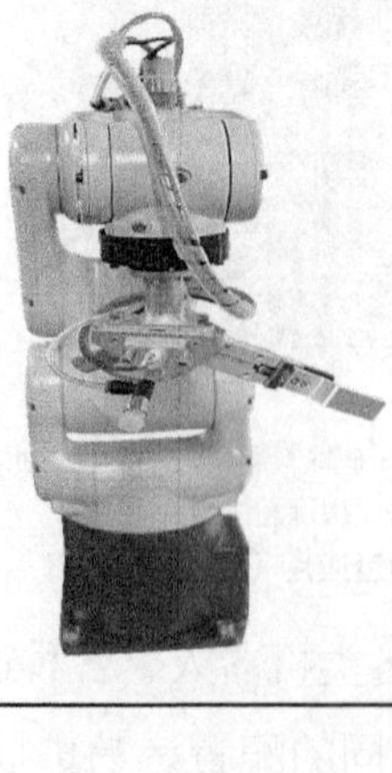	码垛搬运模块工具安装到机械手末端

2.气路组成

实训台气路组成如图5-11所示。手滑阀打开，压缩空气进入二联件，由二联件对空气进行过滤和稳压，当电磁阀导通时，空气通过真空发生器由正压变为负压，从而产生吸力，通过真空吸盘吸取工件。

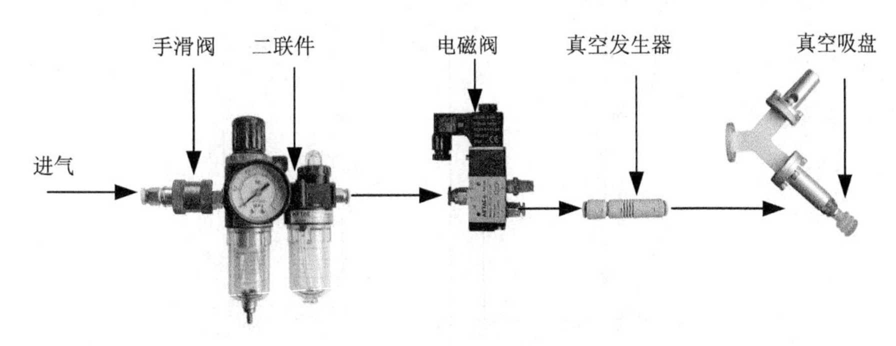

图5-11　气路组成

5.3.3　I/O信号配置

基础实训项目需用到的I/O信号配置如表5-6所示。

表5-6　I/O信号配置

序号	名称	信号类型	开始点	功能
1	DI101	数字输入信号	1	异步输送带圆饼检测传感器
2	DI103	数字输入信号	3	1号料仓传感器
3	DI104	数字输入信号	4	2号料仓传感器
4	DI105	数字输入信号	5	3号料仓传感器
5	DI106	数字输入信号	6	4号料仓传感器
6	DO101	数字输出信号	1	吸盘
7	DO102	数字输出信号	2	定位气缸
8	RO3/RO4	机器人输出信号	/	方形夹爪

5.4　编程与调试

编程与调试包括实施流程、程序框架、初始化程序、码垛动作程序、综合调试等。通过项目制的学习，能够全面学习码垛应用相关知识。

5.4.1　实施流程

机器人应用项目工序繁多，程序复杂，通常在项目开始之前，应先绘制流程图，并根据流程图进行机器人的相应操作及编写程序。工业机器人码垛搬运项目的实施流程如图5-12所示。

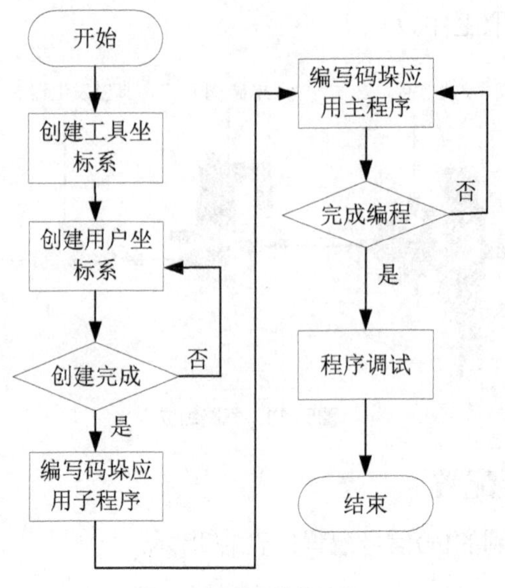

图5-12　项目实施流程

5.4.2　程序框架

为了顺利完成码垛任务，我们创建了3个码垛子程序，分别为初始化程序、搬运程序、码垛程序。在执行码垛搬运前，需执行初始化程序，确保机器人各功能处于正常状态，然后依次调用搬运和码垛程序，共执行9次，利用FOR ANDFOR功能，使程序执行9次之后跳出该循环，并结束整个码垛搬运工作，程序框架如图5-13所示。

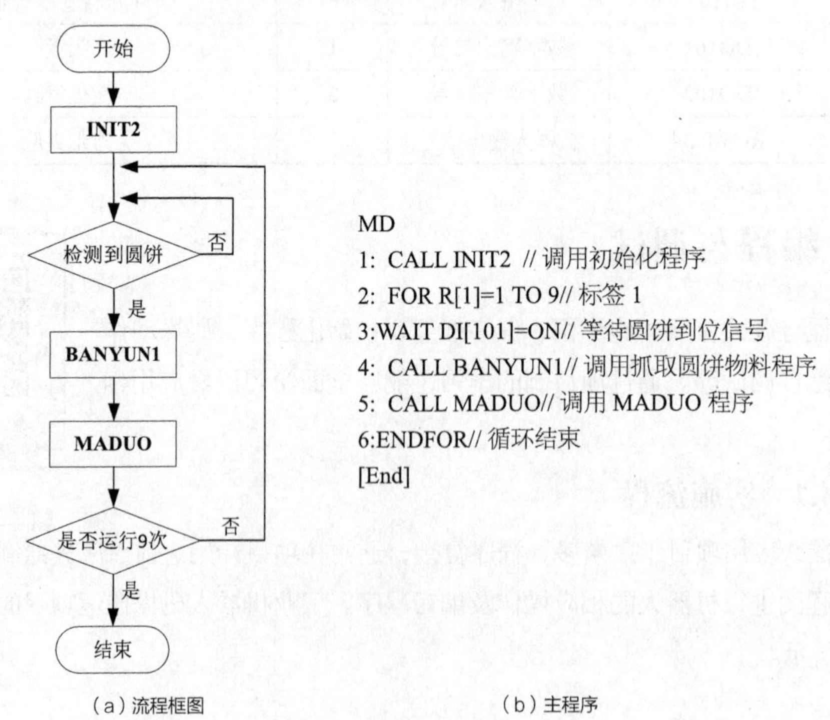

（a）流程框图　　（b）主程序

图5-13　程序框架

5.4.3　初始化程序

创建初始化程序是为了能够更好地完成码垛应用，初始化程序中包括将机器人移动至安全位置、关闭吸盘、给码垛寄存器定义一个初值等操作。在开始执行一个新的机器人程序之前，一定要确保机器人回到初始状态或可以继续执行工作的状态，因此，需要创建一个初始化程序，确保机器人在运行前达到我们所需的状态。本实训任务要执行机器人的码垛功能，为了确保每次启动时，机器人都能从初始位置进行码垛，因此需要在初始化程序中给码垛寄存器赋一个初始值，即PL[1] = [1, 1, 1]。

```
INIT2
1 : DO[101]=OFF                              // 关闭吸盘
2 : J  PR[1:HOME]  20%  FINE                 // 机器人移动至安全位置
3 : PL [ 1 ] = [ 1, 1, 1]                    // 给码垛寄存器 PL[1] 定义初始值
[End]
```

5.4.4　码垛动作程序

码垛动作程序主要分为两部分，一是将圆饼物料从异步输送带模块搬运至码垛搬运模块正上方程序，二是存放码垛堆积指令程序（完成码垛任务）。

```
BANYUN1
1:  UFRAME_NUM=3                             // 切换至用户坐标系 3
2:  UTOOL_NUM=3                              // 切换至工具坐标系 3
3 : J  PR[1:HOME]  20%  FINE                 // 机器人移动至安全位置 1
4 : J  P[1]  20%  FINE                       // 机器人移动至过渡点 P[1]
5 : L  P[2]  100mm/sec  FINE                 // 机器人移动至抓取点 P[2]
6 : DO [101]=ON                              // 打开吸盘
7 : WAIT 1.00（sec）                          // 延时 1s
8 : L  P[1]  100mm/sec  FINE                 // 机器人移动至过渡点 P[1]
9 : L  P[3]  100mm/sec  FINE                 // 机器人移动至结束点 P[3]
[End]
```

码垛动作程序可以实现3 × 3 × 1的码垛堆积功能。在码垛动作程序中，设置了两个接近点与两个逃点，这样可以保证机器人在运行时，最大限度地规避障碍物，保证机器人正常运行。

```
MADUO
1:  UFRAME_NUM=3                             // 切换至用户坐标系 3
2:  UTOOL_NUM=3                              // 切换至工具坐标系 3
3 : PALLETIZING-B_1                          // 码垛堆积指令 B
```

```
4：L  PAL_1[A_2]  100mm/sec  FINE          // 接近点 2
5：L  PAL_1[A_1]  100mm/sec  FINE          // 接近点 1
6：L  PAL_1[BTM] 100mm/sec  FINE           // 堆叠点
7：DO [101]=OFF                            // 关闭吸盘（放料）
8：WAIT 1.00（sec）                        // 延时 1s
9：L  PAL_1[R_1]  100mm/sec  FINE          // 逃点 1
10：L  PAL_1[R_2] 100mm/sec  FINE          // 逃点 2
11：PALLETIZING-END_1                      // 码垛堆积结束指令
[End]
```

5.4.5 综合调试

手动调试步骤见表5-7。

表 5-7　手动调试步骤

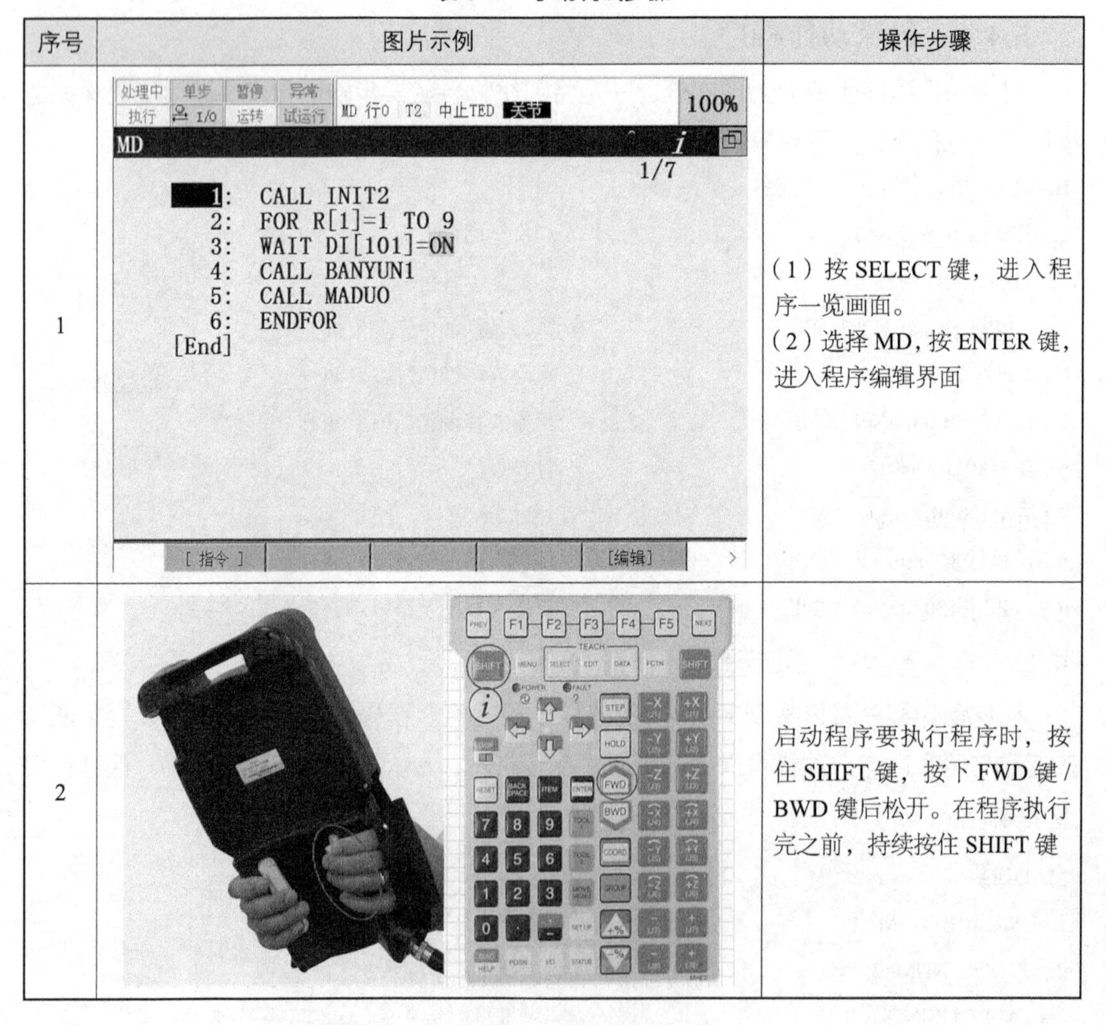

序号	图片示例	操作步骤
1		（1）按 SELECT 键，进入程序一览画面。 （2）选择 MD，按 ENTER 键，进入程序编辑界面
2		启动程序要执行程序时，按住 SHIFT 键，按下 FWD 键 / BWD 键后松开。在程序执行完之前，持续按住 SHIFT 键

CHAPTER 6

第6章 仓储应用

随着仓储系统向智能化方向升级，工业机器人在仓储中的应用越来越广泛。工业机器人搭配立体货架、出入库系统、信息检测识别系统、自动控制系统等，通过先进的总线、通信技术，协调各类设备，实现自动出入库作业，提升仓库货位利用效率，降低作业人员的劳动强度（见图6-1）。

图6-1　工业机器人在仓储中的应用

【学习目标】

（1）了解仓储项目的行业背景及实训目的。

（2）熟悉仓储应用项目的动作流程及路径规划。

（3）掌握组信号的配置及使用方法。

（4）掌握位置补偿指令的使用方法。

（5）熟悉程序流程图的绘制及程序逻辑的编写。

6.1 任务分析

本实训项目是模拟在实际工业生产中，利用机器人来进行工件的组装和对工件进行定位、装配、搬运的过程。本实训项目运用到的实训模块有立体仓库模块、装配定位模块、异步输送带模块，如图6-2所示。

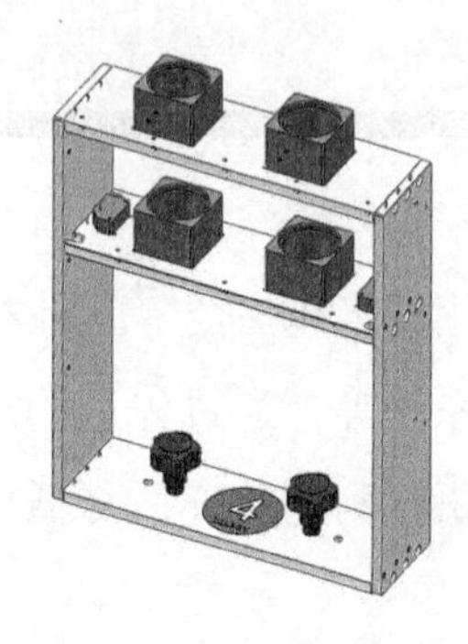
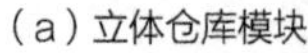
（a）立体仓库模块

（b）装配定位模块

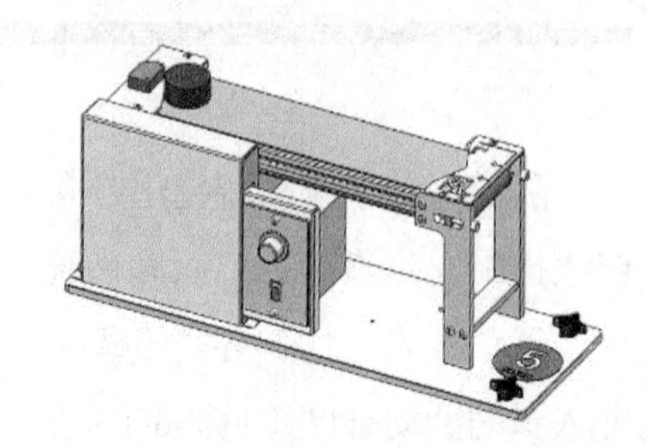
（c）异步输送带模块

图6-2　编程模块

6.1.1 任务描述

本实训项目立体仓库的上下两层共放置4个方形物料。工作过程如下：手动放置一个圆饼物料在输送带上，当机器人检测到传送带上的圆饼物料到位信号时，判断立体仓库中是否存在方形物料，若不存在方形物料，则机器人不做任何处理；若存在方形物料，则检测方形物料存放的位置，并从立体仓库中抓取该方形物料（若存在多个方形物料，则随机抓取一个）放置在装配定位模块上，然后吸取传送带上的圆饼物料，在装配定位模块完成装配任务，然后将装配成品放置于立体仓库中的任意一个空闲位置，开始下一个装配过程。

6.1.2 路径规划

本实训项目的物料装配路径较为复杂，我们将其分为3段路径。

1.料仓模块→装配定位模块

机器人先判断料仓模块中，几号料仓有方形物料，根据事先指定的抓取顺序完成抓取动作，图6-3以抓取“1号”料仓方形物料为例，对方形物料的抓取路径做了规划，具体动作流程如下。

机器人从安全位置PR[1:HOME]运动至抓取过渡点P1→以线性运动方式移动至1号方形物料抓取过渡点P2→以线性运动的方式移动至方形物料抓取点P3→待方形物料抓取完成，以线性运动方式移动机器人至路径点P4→以线性运动方式移动机器人至路径点P5→以线性运动方式移动机器人至安全过渡点P6→以线性运动方式移动机器人至装配过渡点

P7→以线性运动方式移动机器人至方形物料放置点P8→待方形物料放置完成后，以线性运动的方式将机器人移动至放置过渡点P7等待下一步动作指令。

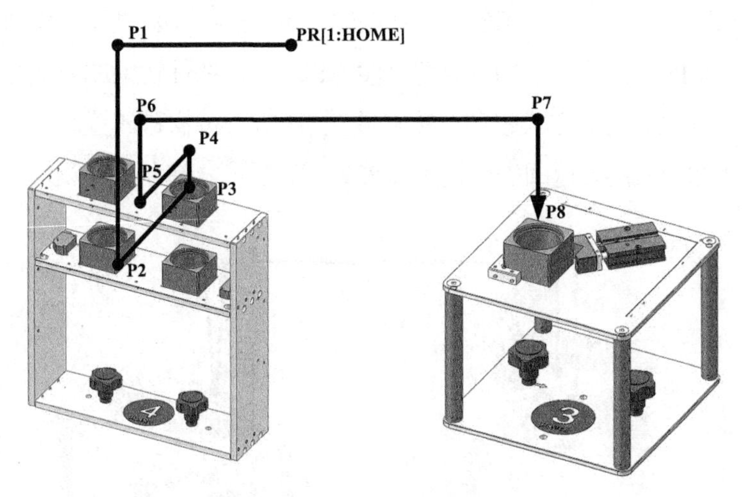

图6-3　方形物料搬运路径规划

2.异步输送带模块→装配定位模块

图6-4以装配圆形物料为例，对圆形物料的抓取路径做了规划，具体动作流程如下。

机器人移动至安全位置PR[1:HOME] →待传感器检测到圆形物料时→机器人移动至抓取过渡点P11→以线性运动的方式移动至圆形物料抓取点P12→待圆形物料抓取完成后，以线性运动的方式将机器人移动至路径过渡点P13→以适当的运动方式移动至放置过渡点P14→以线性运动的方式移动至圆形物料放置点P15 →待圆形物料放置完成，机器人返回放置过渡点P14，等待下一步动作指令。

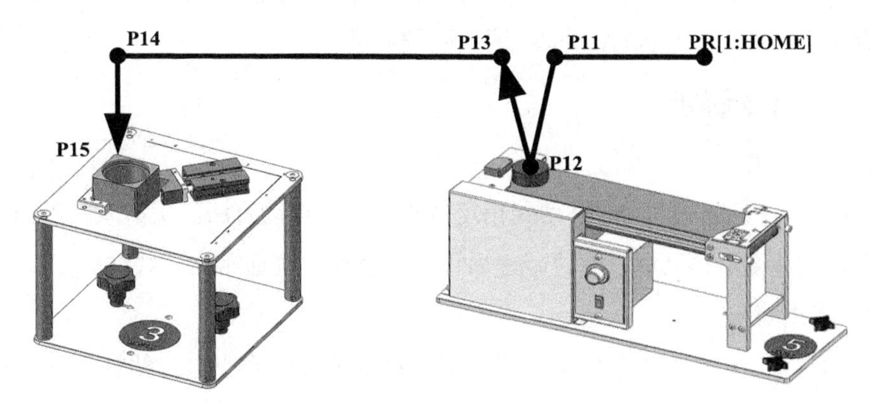

图6-4　圆饼物料搬运路径规划

3.装配定位模块→料仓模块

机器人先判断料仓模块中，几号料仓没有物料，根据事先指定的放置顺序完成物料放置，图6-5以放置物料至1号料仓为例，对成品物料的放置路径做了规划，具体动作流程如下。

机器人移动至安全位置PR[1:HOME]→判断有无料仓闲置，如判断1号料仓闲置→运动至抓取过渡点P21→以线性运动的方式移动至物料抓取点P22→待物料抓取完成后，以线性运动的方式将机器人移动至路径过渡点P23→以适当的运动方式移动至安全过渡点P24→以线性运动的方式移动至物料放置过渡点P25 →以线性运动的方式移动至物料放置过渡点P26→以线性运动的方式移动至物料放置点P27，待物料放置完成→机器人返回物料放置过渡点P28→机器人返回安全过渡点P29，等待下一步动作指令。

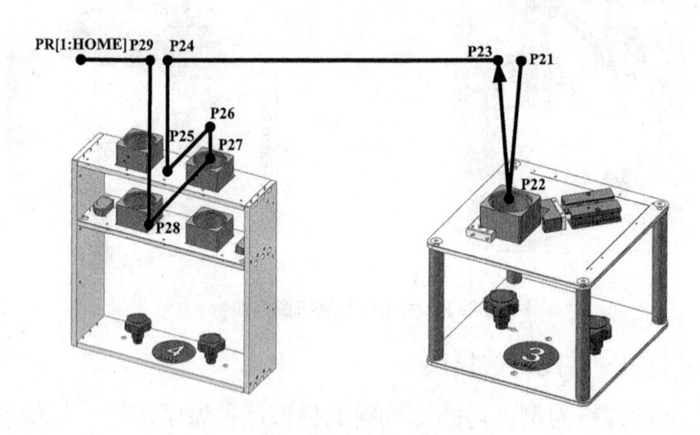

图6-5　成品物料搬运路径规划

6.2　知识要点

本节需要掌握动作指令（关节、直线）、数字I/O指令、机器人I/O信号指令、标签指令、跳跃指令、程序呼叫指令、I/O条件比较指令、数值寄存器指令等知识点。通过对相关指令的灵活运用，掌握FANUC机器人仓储应用。

6.2.1　指令解析

（1）关节动作

关节动作（J）是将机器人移动到指定位置的基本移动方法。机器人沿着所有轴同时加速，在示教速度下移动后，同时减速后停止，移动轨迹通常为非线性。

（2）直线动作

直线动作（L）是从动作开始点到结束点控制工具中心点进行线性运动的一种移动方法。

（3）数字I/O指令

“DO[i]=ON/OFF”接通或断开指定的数字输出信号。

（4）机器人I/O信号指令

“RO[i]=ON/OFF”，接通或断开指定的机器人数字输出信号。

（5）标签指令

标签指令（LBL[i]）用来表示程序的转移目的地的指令。标签可通过标签定义指令来定义。

（6）跳跃指令

跳跃指令（JMP LBL[i]）使程序的执行转移到相同程序内指定的标签。

（7）程序呼叫指令

程序呼叫指令[CALL（程序名）]使程序的执行转移到其他程序（子程序）的第一行后执行该程序。

（8）I/O条件比较指令

I/O条件比较指令（IF…）对I/O的值和另一方的值进行比较，若比较正确，就执行处理。

（9）数值寄存器指令

数值寄存器指令（R[i]=…）用来存储某一数值或小数值的变量。

6.2.2　组I/O信号

组输入（GI）信号以及组输出（GO）信号，对几个数字输入/输出信号进行分组，以一个指令来控制这些信号。

R [i] = GI [i]

寄存器号码 ┘　　└ 组输入信号号码

（1~200）

图6-6　R[i]=GI[i]指令

R[i]=GI[i]（见图6-6）指令用于将指定组输入信号的二进制值转换为十进制值带入指定的寄存器。

本实训项目中，判断立体仓库模块中物料有无情况及抓取物料的时序较为复杂，因此需要采用组I/O信号进行时序判断，由于立体仓库模块有4个工位，因此物料的摆放共有16种选择，我们需要借助组I/O信号的功能来分配抓取时序，根据实际需求分配抓取任务。物料分配时序见表6-1。

表6-1　物料分配时序

序号	4号料仓	3号料仓	2号料仓	1号料仓	数值
1	0	0	0	0	0
2	0	0	0	1	1
3	0	0	1	0	2

续表

序号	4 号料仓	3 号料仓	2 号料仓	1 号料仓	数值
4	0	0	1	1	3
5	0	1	0	0	4
6	0	1	0	1	5
7	0	1	1	0	6
8	0	1	1	1	7
9	1	0	0	0	8
10	1	0	0	1	9
11	1	0	1	0	10
12	1	0	1	1	11
13	1	1	0	0	12
14	1	1	0	1	13
15	1	1	1	0	14
16	1	1	1	1	15

组I/O（GI/GO）是用来汇总多条信号线并进行数据交换的通用数字信号。组I/O信号的值用数值（十进制数或十六进制数）来表达，转变为二进制数后，通过信号线交换数据。组I/O的设定步骤见表6-2。

表 6-2　组 I/O 设定步骤

序号	图片示例	操作步骤
1	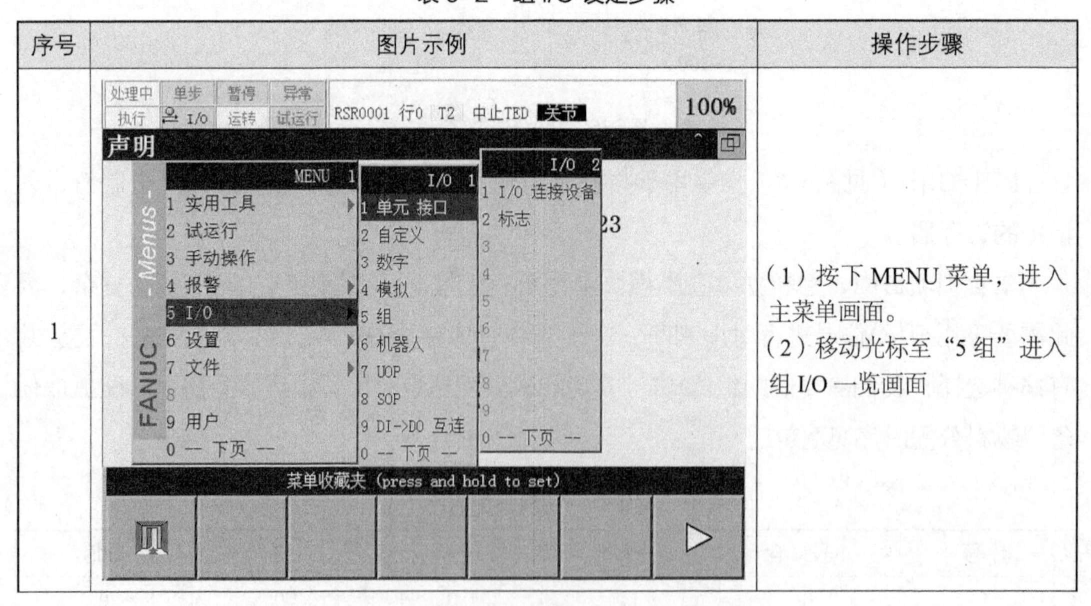	（1）按下 MENU 菜单，进入主菜单画面。 （2）移动光标至“5 组”进入组 I/O 一览画面

续表

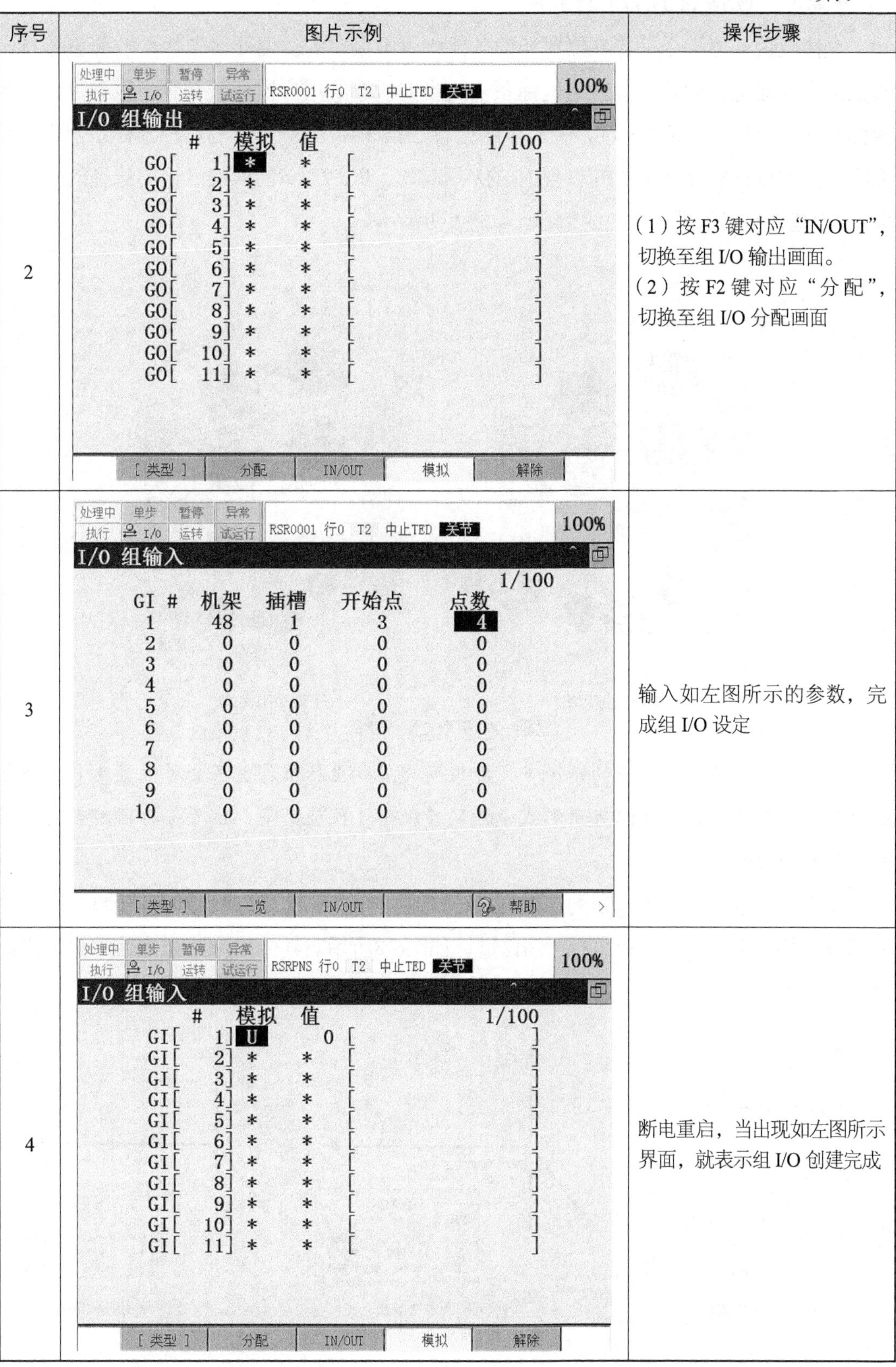

序号	图片示例	操作步骤
2		（1）按 F3 键对应“IN/OUT”，切换至组 I/O 输出画面。 （2）按 F2 键对应“分配”，切换至组 I/O 分配画面
3		输入如左图所示的参数，完成组 I/O 设定
4		断电重启，当出现如左图所示界面，就表示组 I/O 创建完成

6.2.3 直接位置补偿指令

直接位置补偿指令是忽略位置补偿条件指令中指定的位置补偿条件，按照直接指定的位置寄存器进行偏移。基准的坐标系使用当前所选的用户坐标系号码。也就是说，当我们示教一个抓取点位P[3]时，将该点的位置数据保存至编号为3的用户坐标系当中，那么所选择的位置寄存器指令PR[1]当中的*X*、*Y*、*Z*、*W*、*P*、*R*的值是以当前选择的用户坐标系3为基准坐标系进行相应的偏移，如图6-7所示。

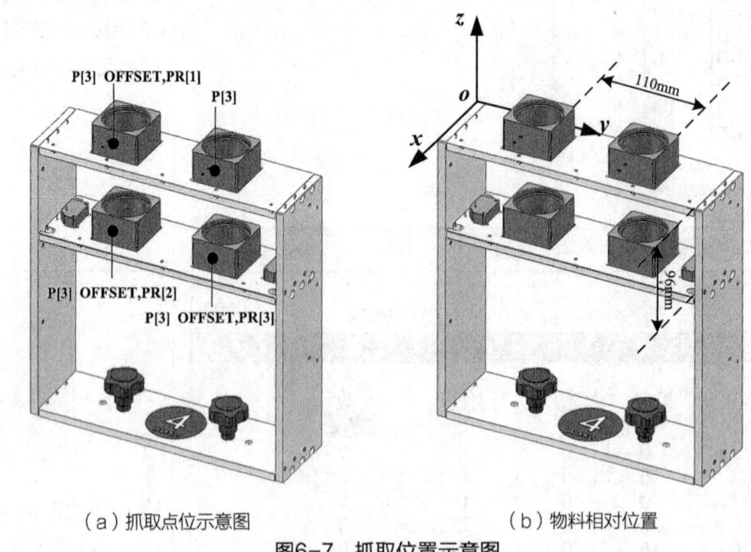

（a）抓取点位示意图　　（b）物料相对位置

图6-7　抓取位置示意图

注：在以关节形式示教的情况下，即使变更用户坐标系，也不会对位置变量、位置寄存器产生影响，但是在以直角形式示教的情况下，位置变量、位置寄存器都会受到用户坐标系的影响。

我们以抓取物料点P[3]为例，根据图6-7中物料的相对位置，计算出其余3个料仓物料抓取点相对于抓取物料点P[3]的偏移量，如图6-8所示。其余抓取路径点偏移量只需保持一致即可。

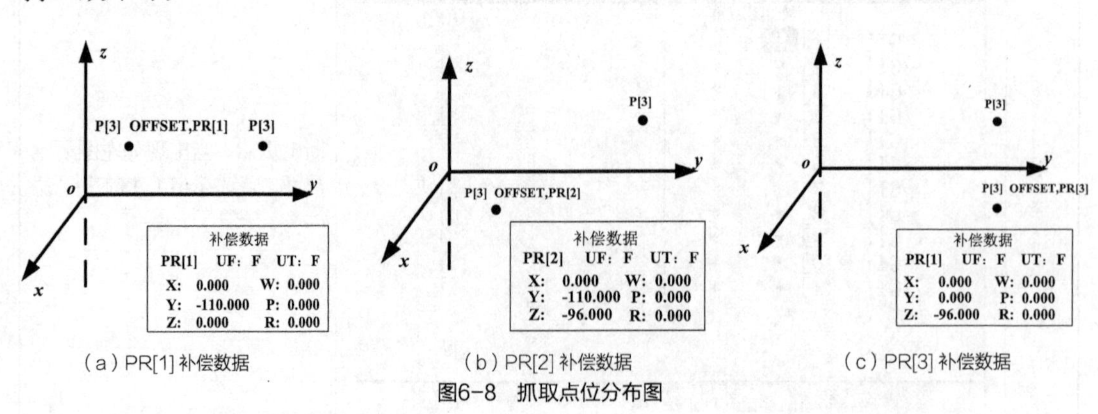

（a）PR[1] 补偿数据　　（b）PR[2] 补偿数据　　（c）PR[3] 补偿数据

图6-8　抓取点位分布图

6.3 系统组成及配置

本节以HRG-HD1XKA型工业机器人技能考核实训台（专业版）为例，来学习FANUC机器人仓储应用。

6.3.1 系统组成

本实训项目采用异步输送带模块、装配定位模块、立体仓库模块，完成物料装配工作。如图6-9所示，利用方形夹爪从料仓模块抓取方形物料至装配定位模块。通过使用直接位置补偿指令，让学生可以掌握FANUC六轴机器人的常用操作编程，熟悉机器人的仓储应用典型案例，能够更加熟练地操作机器人。

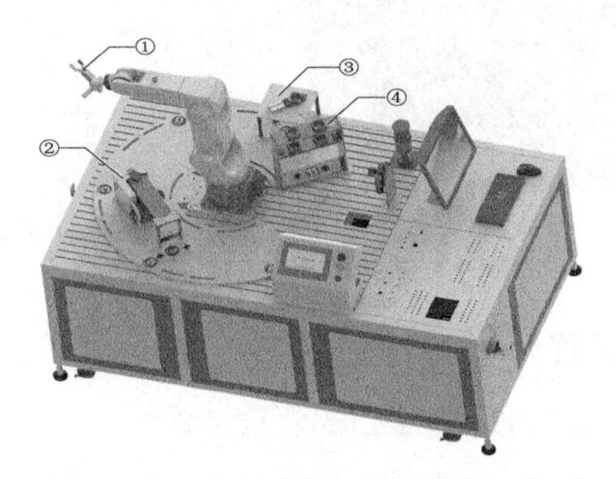

①—方形夹爪，用于抓取方形物料；②—异步输送带模块，搬运圆饼物料；③—装配定位模块，固定方形物料；④—立体仓库模块，放置方形物料

图6-9　仓储应用

6.3.2 硬件配置

1.光电传感器输入信号连接

本节以CX441型光电传感器为例，其棕色线接入外部电源24V，蓝色线接入外部电源0V，黑色线接入外围设备接口的1号引脚，如图6-10所示。外围设备接口地址分配见表2-6。

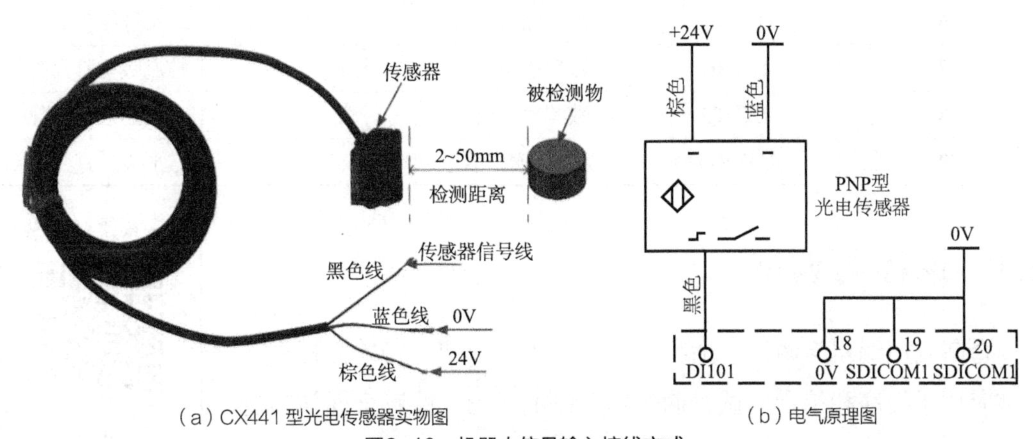

（a）CX441 型光电传感器实物图　　（b）电气原理图

图6-10　机器人信号输入接线方式

2.电磁阀输出信号的连接

本节以亚德客5V110-06型电磁阀为例，其为二位五通单电控。我们将电磁阀线圈的两根线分别连接至外部电源+24V和外围设备接口DO102，如图6-11所示。

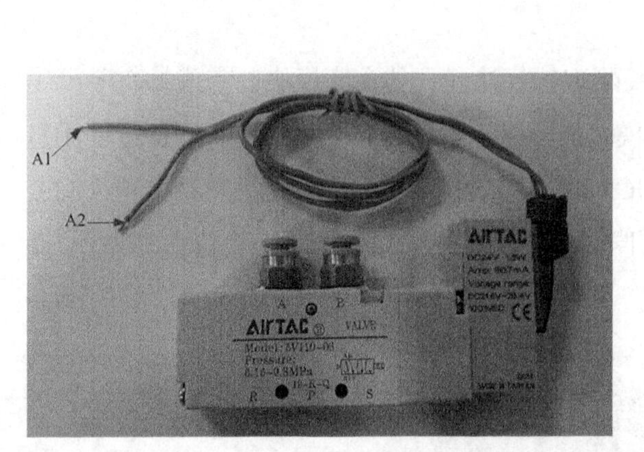

（a）亚德客 5V110-06 实物图

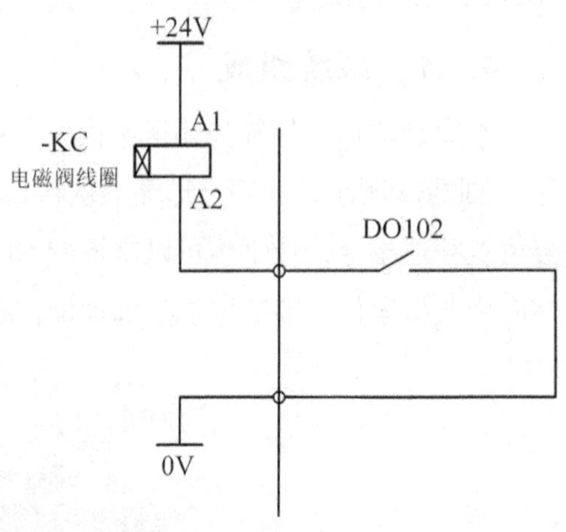

（b）电气原理图

图6-11　机器人外部输出接线方式

6.3.3　I/O信号配置

仓储应用实训项目需要用到的I/O信号配置见表6-3。

表 6-3　仓储应用 I/O 信号配置

序号	名称	信号类型	开始点	功能
1	DI101	数字输入信号	1	圆饼检测
2	DI102	数字输入信号	2	停止信号
3	DI103	数字输入信号	3	1 号料仓检测
4	DI104	数字输入信号	4	2 号料仓检测
5	DI105	数字输入信号	5	3 号料仓检测
6	DI106	数字输入信号	6	4 号料仓检测
7	DO101	数字输出信号	1	控制吸盘打开关闭
8	DO102	数字输出信号	2	定位气缸电磁阀
9	RO3/RO4	机器人输出信号	/	方形夹爪打开关闭

6.4　编程与调试

仓储应用编程与调试包括实施流程、程序框架、初始化程序、仓储应用子程序和综合调试。通过项目制的学习，能够全面学习仓

储应用的相关知识。

6.4.1　实施流程

机器人应用项目工序繁多，程序复杂，通常在项目开始之前，应先绘制实施流程图，并根据流程图进行机器人的相应操作及编写程序。工业机器人仓储应用项目的实施流程如图6-12所示。

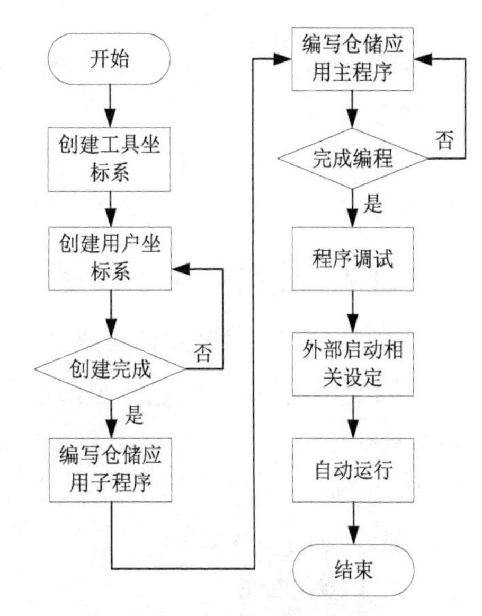

图6-12　项目实施流程

6.4.2　程序框架

CHANGCHU程序是自动运行程序，我们将其定义为仓储应用的主程序，可在该程序中调用若干子程序。主程序结构流程如图6-13（a）所示，外部启动主程序如图6-13（b）所示。

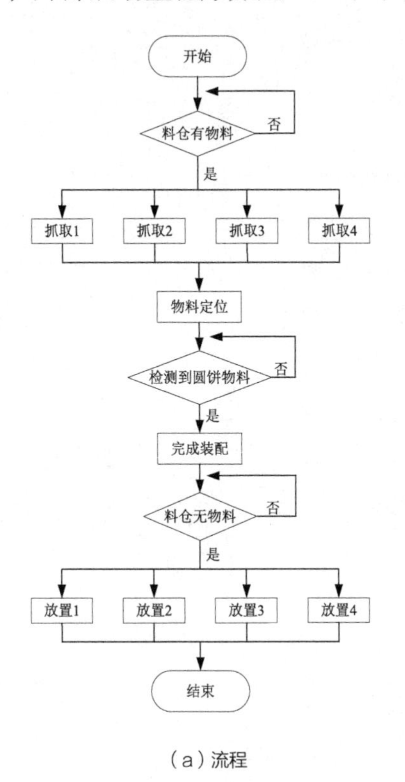

（a）流程

```
CHANGCHU
1:  LBL[1]// 标签 1
2:  CALL INIT3// 调用初始化程序 3
3:  SELECT R[1]=0,CALL INIT3// 选择抓取物料
4:              =1, CALL ZHUAQU1
5:              =2, CALL ZHUAQU2
6:              =3, CALL ZHUAQU1
 ..
18:             =15, CALL ZHUAQU1
19:  DO[104]=ON// 定位气缸定位
20:  WAIT  2.00(sec)// 延时 2s
21:  WAIT DI[101]=ON// 等待圆饼到位
22:  CALL ZHUANGPEI1// 调用装配
23:  SELECT R[1]=15,CALL INIT// 选择放置物料
24:             =14, CALL ZHUANGPEI
25:             =13, CALL ZHUANGPEI2
26:             =11, CALL ZHUANGPEI3
27:             =7, CALL ZHUANGPEI14
28:JMP LBL[1]// 跳转至标签 1
[End]
```

（b）外部启动主程序

图6-13　程序框架

6.4.3　初始化程序

```
INIT3
1:  RO[3]=ON                          // 打开夹爪
2:  DO[101]=OFF                       // 关闭吸盘
```

```
3: DO[102]=OFF                         // 关闭定位气缸
4: RI[1]=GI[1]                         // 将组输入 GI[1] 的值赋值给数值寄存器 RI[1]
5 : J P[10:home] 20% FINE              // 机器人移动至安全位置
[End]
```

6.4.4 仓储应用子程序

1.料仓模块→装配定位模块

（1）1号料仓→装配定位模块子程序

```
ZHUAQU1
1: RO[3]=ON                            // 打开夹爪
2 : J P[10:home] 20% FINE              // 机器人移动至安全位置
3 : J P[1] 20% FINE                    // 机器人移动至抓取过渡点
4 : L P[2] 100mm/sec FINE              // 移动至 1 号物料抓取过渡点
5 : L P[3] 100mm/sec FINE              // 移动至物料抓取点
6: RO[3]=OFF                           // 闭合夹爪
7: WAIT 2.00(sec)                      // 延时 2s
8 : L P[4] 100mm/sec FINE              // 移动至路径点
9 : L P[5] 100mm/sec FINE              // 移动至路径点
10 : L P[6] 100mm/sec FINE             // 移动至安全过渡点
11 : J P[7] 20% FINE                   // 移动至装配过渡点
12 : L P[8] 100mm/sec FINE             // 移动至物料放置点
13: RO[3]=ON                           // 打开夹爪
14: WAIT 2.00(sec)                     // 延时 2s
15 : L P[7] 100mm/sec FINE             // 移动至装配过渡点
[End]
```

（2）2号料仓→装配定位模块子程序

```
ZHUAQU2
1: RO[3]=ON                                     // 打开夹爪
2 : J P[10:home] 20% FINE                       // 机器人移动至安全位置
3 : J P[1] 20% FINE                             // 机器人移动至抓取过渡点
4 : L P[2] 100mm/sec FINE Offset，PR[1]         // 移动至 2 号物料抓取过渡点
5 : L P[3] 100mm/sec FINE Offset，PR[1]         // 移动至物料抓取点
6: RO[3]=OFF                                    // 闭合夹爪
7: WAIT 2.00(sec)                               // 延时 2s
8 : L P[4] 100mm/sec FINE Offset，PR[1]         // 移动至路径点
```

```
9 : L  P[5]  100mm/sec  FINE Offset，PR[1]          // 移动至路径点
10 : L  P[6] 100mm/secFINE Offset，PR[1]           // 移动至安全过渡点
11 : J  P[7]  20%  FINE                            // 移动至装配过渡点
12 : L  P[8]  100mm/sec  FINE                      // 移动至物料放置点
13:  RO[3]=ON                                      // 打开夹爪
14:  WAIT  2.00(sec)                               // 延时 2s
15 : L  P[7]  100mm/sec  FINE                      // 移动至装配过渡点
[End]
```

（3）3号料仓→装配定位模块子程序

```
ZHUAQU3
1:  RO[3]=ON                                       // 打开夹爪
2 : J  P[10:home]  20%  FINE                       // 机器人移动至安全位置
3 : J  P[1]  20%  FINE                             // 机器人移动至抓取过渡点
4 : L  P[2]  100mm/sec  FINE Offset，PR[2]          // 移动至 3 号物料抓取过渡点
5 : L  P[3]  100mm/sec  FINE Offset，PR[2]          // 移动至物料抓取点
6:  RO[3]=OFF                                      // 闭合夹爪
7:  WAIT  2.00(sec)                                // 延时 2s
8 : L  P[4]  100mm/sec  FINE Offset，PR[2]          // 移动至路径点
9 : L  P[5]  100mm/sec  FINE Offset，PR[2]          // 移动至路径点
10 : L  P[6] 100mm/sec  FINE Offset，PR[2]          // 移动至安全过渡点
11 : J  P[7]  20%  FINE                            // 移动至装配过渡点
12 : L  P[8]  100mm/sec  FINE                      // 移动至物料放置点
13:  RO[3]=ON                                      // 打开夹爪
14:  WAIT  2.00(sec)                               // 延时 2s
15 : L  P[7]  100mm/sec  FINE                      // 移动至装配过渡点
[End]
```

（4）4号料仓→装配定位模块子程序

```
ZHUAQU4
1:  RO[3]=ON                                       // 打开夹爪
2 : J  P[10:home]  20%  FINE                       // 机器人移动至安全位置
3 : J  P[1]  20%  FINE                             // 机器人移动至抓取过渡点
4 : L  P[2]  100mm/sec  FINE Offset，PR[3]          // 移动至 4 号物料抓取过渡点
5 : L  P[3]  100mm/sec  FINE Offset，PR[3]          // 移动至物料抓取点
6:  RO[3]=OFF                                      // 闭合夹爪
```

```
7: WAIT 2.00(sec)                                  // 延时 2s
8 : L P[4] 100mm/sec FINE Offset，PR[3]            // 移动至路径点
9 : L P[5] 100mm/sec FINE Offset，PR[3]            // 移动至路径点
10 : L P[6] 100mm/sec FINE Offset，PR[3]           // 移动至安全过渡点
11 : J P[7] 20% FINE                               // 移动至装配过渡点
12 : L P[8] 100mm/sec FINE                         // 移动至物料放置点
13: RO[3]=ON                                       // 打开夹爪
14: WAIT 2.00(sec)                                 // 延时 2s
15 : L P[7] 100mm/sec FINE                         // 移动至装配过渡点
[End]
```

2.异步输送带模块→装配定位模块子程序

```
ZHUANGPEI1
1: DO[101]=OFF                                     // 关闭吸盘
2 : J P[10:home] 20% FINE                          // 机器人移动至安全位置
3: WAIT DI[101]=ON                                 // 等待圆饼到位
4 : J P[11] 20% FINE                               // 机器人移动至抓取过渡点
5 : L P[12] 100mm/sec FINE                         // 移动至物料抓取点
6: DO[101]=ON                                      // 打开吸盘
7: WAIT 2.00(sec)                                  // 延时 2s
8 : L P[13] 100mm/sec FINE                         // 移动至路径过渡点
9 : J P[14] 20% FINE                               // 移动至放置过渡点
10 : L P[15] 100mm/sec FINE                        // 移动至物料放置点
11: DO[101]=OFF                                    // 关闭吸盘
12: WAIT 2.00(sec)                                 // 延时 2s
13 : L P[14] 100mm/sec FINE                        // 移动至放置过渡点
[End]
```

3.装配定位模块→料仓模块

（1）装配定位模块→1号料仓子程序

```
FANGZHI1
1 : J P[10:home] 20% FINE                          // 机器人移动至安全位置
2: RO[3]=ON                                        // 打开夹爪
3 : J P[21] 20%                                    // 机器人移动至抓取过渡点
4 : L P[22] 100mm/sec FINE                         // 移动至抓取点
5: RO[3]=OFF                                       // 闭合夹爪
```

```
6: WAIT 2.00(sec)                              // 延时 2s
7 : L P[23] 100mm/sec FINE                     // 移动至路径过渡点
8 : J P[24] 20% FINE                           // 移动至路径点
9 : L P[25] 100mm/sec FINE                     // 移动至路径点
10 : L P[26] 100mm/sec FINE                    // 移动至放置过渡点
11 : L P[27] 100mm/sec FINE                    // 移动至放置点
12: RO[3]=ON                                   // 打开夹爪
13: WAIT 2.00(sec)                             // 延时 2s
14 : L P[28] 100mm/sec FINE                    // 移动至过渡点
15 : L P[29] 100mm/sec FINE                    // 移动至安全过渡点
16 : J P[10:home] 20% FINE                     // 机器人移动至安全位置
[End]
```

（2）装配定位模块→2号料仓子程序

```
FANGZHI2
1 : J P[10:home] 20% FINE                      // 机器人移动至安全位置
2: RO[3]=ON                                    // 打开夹爪
3 : J P[21] 20%                                // 机器人移动至抓取过渡点
4 : L P[22] 100mm/sec FINE                     // 移动至抓取点
5: RO[3]=OFF                                   // 闭合夹爪
6: WAIT 2.00(sec)                              // 延时 2s
7 : L P[23] 100mm/sec FINE                     // 移动至路径过渡点
8 : J P[24] 20% FINE                           // 移动至路径点
9 : L P[25] 100mm/sec FINE Offset，PR[1]       // 移动至路径点
10 : L P[26] 100mm/sec FINE Offset，PR[1]      // 移动至放置过渡点
11 : L P[27] 100mm/secFINE Offset，PR[1]       // 移动至放置点
12: RO[3]=ON                                   // 打开夹爪
13: WAIT 2.00(sec)                             // 延时 2s
14 : L P[28] 100mm/sec FINE Offset，PR[1]      // 移动至过渡点
15 : L P[29] 100mm/sec FINE                    // 移动至安全过渡点
16 : J P[10:home] 20% FINE                     // 机器人移动至安全位置
[End]
```

（3）装配定位模块→3号料仓子程序

```
FANGZHI3
1 : J P[10:home] 20% FINE                      // 机器人移动至安全位置
2: RO[3]=ON                                    // 打开夹爪
```

```
3 : J  P[21]  20%                                    // 机器人移动至抓取过渡点
4 : L  P[22]  100mm/sec  FINE                        // 移动至抓取点
5:  RO[3]=OFF                                        // 闭合夹爪
6:  WAIT  2.00(sec)                                  // 延时 2s
7 : L  P[23]  100mm/sec  FINE                        // 移动至路径过渡点
8 : J  P[24]  20%  FINE                              // 移动至路径点
9 : L P[25]  100mm/sec  FINE Offset，PR[2]           // 移动至路径点
10 : L P[26] 100mm/sec  FINE Offset，PR[2]           // 移动至放置过渡点
11 : L P[27] 100mm/sec  FINE Offset，PR[2]           // 移动至放置点
12:  RO[3]=ON                                        // 打开夹爪
13:  WAIT  2.00(sec)                                 // 延时 2s
14 : L P[28] 100mm/sec  FINE Offset，PR[2]           // 移动至过渡点
15 : L  P[29]  100mm/sec  FINE                       // 移动至安全过渡点
16 : J  P[10:home]  20%  FINE                        // 机器人移动至安全位置
[End]
```

（4）装配定位模块→4号料仓子程序

```
FANGZHI4
1 : J  P[10:home]  20%  FINE                         // 机器人移动至安全位置
2:  RO[3]=ON                                         // 打开夹爪
3 : J  P[21]  20%                                    // 机器人移动至抓取过渡点
4 : L  P[22]  100mm/sec  FINE                        // 移动至抓取点
5:  RO[3]=OFF                                        // 闭合夹爪
6:  WAIT  2.00(sec)                                  // 延时 2s
7 : L  P[23]  100mm/sec  FINE                        // 移动至路径过渡点
8 : J  P[24]  20%  FINE                              // 移动至路径点
9 : L P[25]  100mm/sec  FINE Offset，PR[3]           // 移动至路径点
10 : L P[26] 100mm/sec  FINE Offset，PR[3]           // 移动至放置过渡点
11 : L P[27] 100mm/sec  FINE Offset，PR[3]           // 移动至放置点
12:  RO[3]=ON                                        // 打开夹爪
13:  WAIT  2.00(sec)                                 // 延时 2s
14 : L P[28] 100mm/sec  FINE Offset，PR[3]           // 移动至过渡点
15 : L  P[29]  100mm/sec  FINE                       // 移动至安全过渡点
16 : J  P[10:home]  20%  FINE                        // 机器人移动至安全位置
[End]
```

6.4.5 综合调试

1.手动调试

手动调试步骤见表6-4。

表 6-4 手动调试步骤

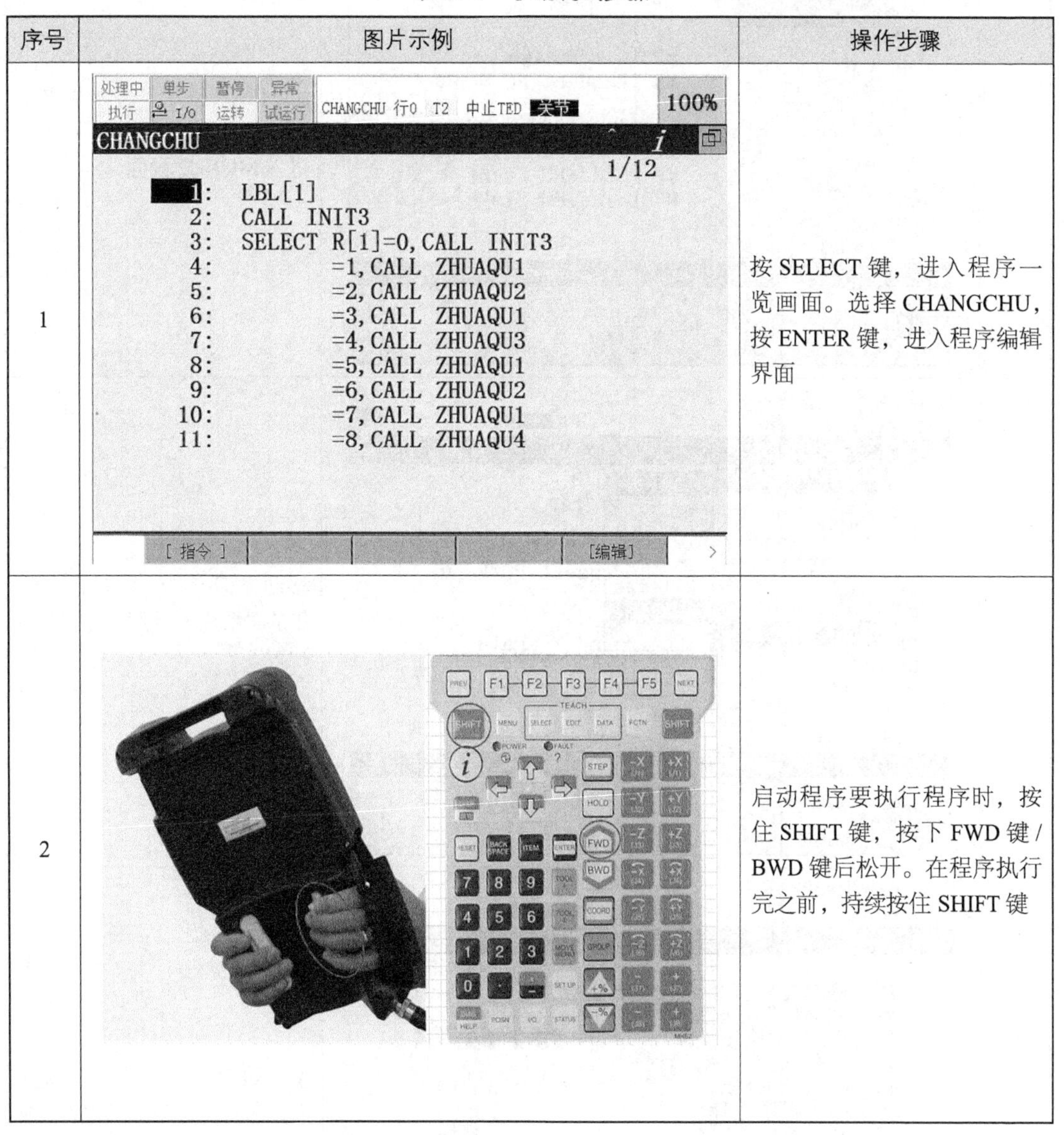

序号	图片示例	操作步骤
1		按 SELECT 键，进入程序一览画面。选择 CHANGCHU，按 ENTER 键，进入程序编辑界面
2		启动程序要执行程序时，按住 SHIFT 键，按下 FWD 键 / BWD 键后松开。在程序执行完之前，持续按住 SHIFT 键

2.本地自动运行

为了实现机器人外部启动，需要在机器人外部启动之前测试机器人的生产工艺节拍以及整体运行速度。由于示教运行机器人程序时无法达到机器人的正常运行速度，因此需要采用本地自动运行来测试机器人运行时的相关参数。本地自动运行设定步骤如表6-5所示。

表 6-5　设定步骤

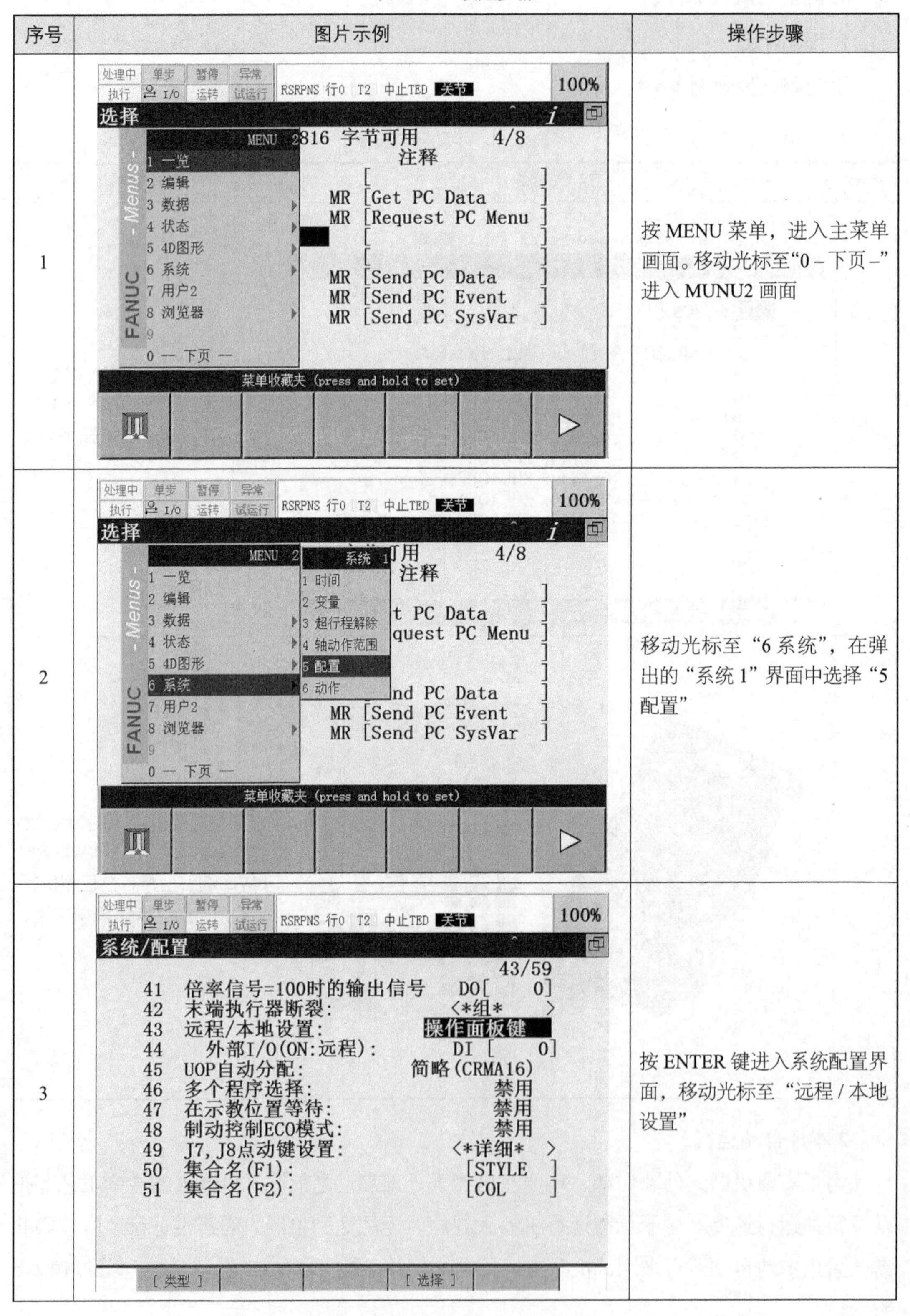

序号	图片示例	操作步骤
1		按 MENU 菜单，进入主菜单画面。移动光标至“0 – 下页 –”进入 MUNU2 画面
2		移动光标至“6 系统”，在弹出的“系统 1”界面中选择“5 配置”
3		按 ENTER 键进入系统配置界面，移动光标至“远程 / 本地设置”

续表

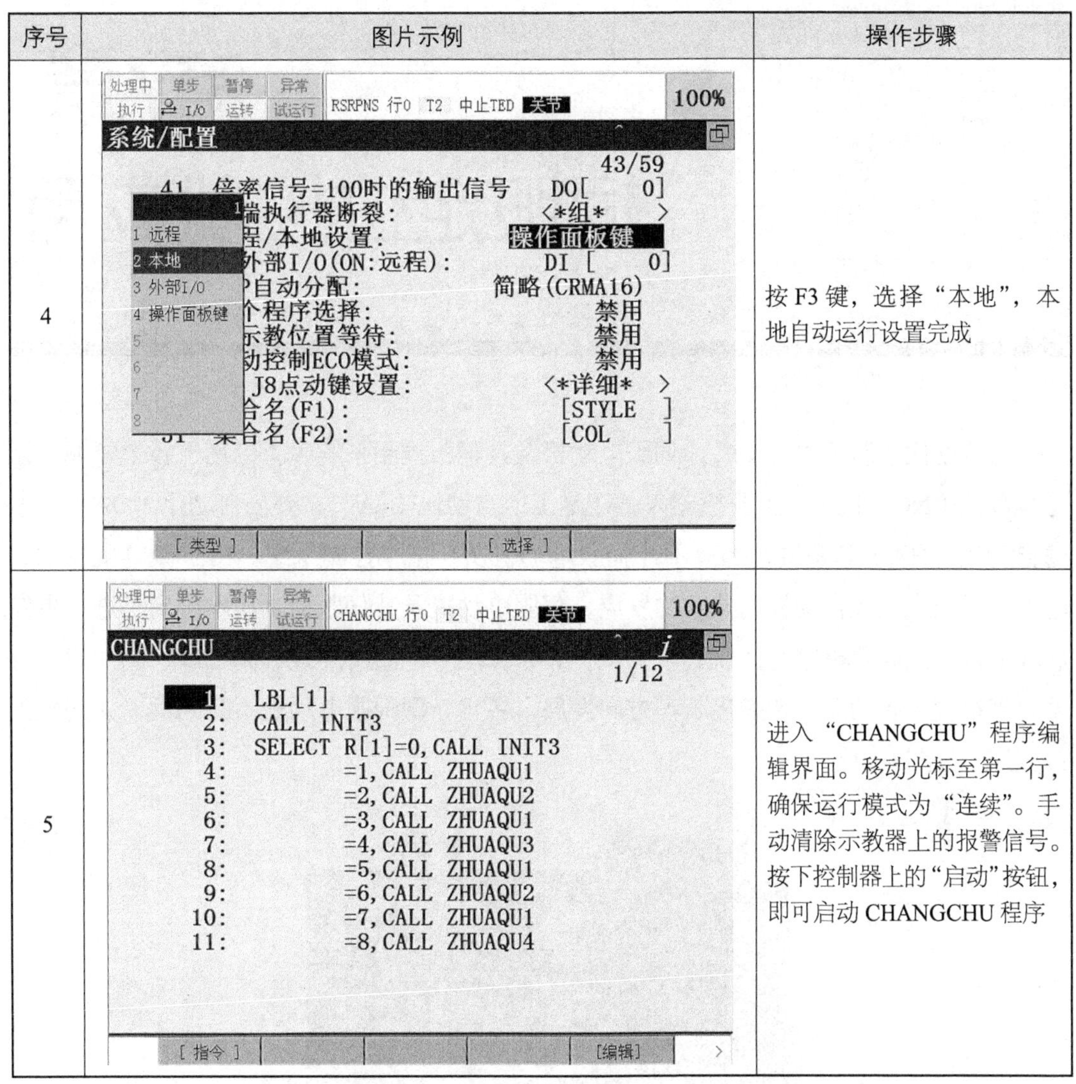

序号	图片示例	操作步骤
4		按F3键，选择“本地”，本地自动运行设置完成
5		进入“CHANGCHU”程序编辑界面。移动光标至第一行，确保运行模式为“连续”。手动清除示教器上的报警信号。按下控制器上的“启动”按钮，即可启动CHANGCHU程序

CHAPTER 7

第7章 伺服定位控制应用

随着近代控制技术的发展，伺服电动机及其伺服控制系统广泛应用于各个领域。无论是数控（NC）机床、工业机器人，还是工厂自动化（FA）、办公自动化（OA）、家庭自动化（HA）等领域，都离不开伺服电动机及其伺服控制系统。由于微电机技术、电力电子技术以及自动控制技术的发展，伺服电动机及其伺服控制技术得到了进一步发展和完善，正向着机电一体化、轻（量）、小（型）、高（高效、高可靠、高性能）、精（高精度、多功能、智能化）等方向发展，各种新型伺服电动机不断问世，如伺服工位应用（见图7-1）。

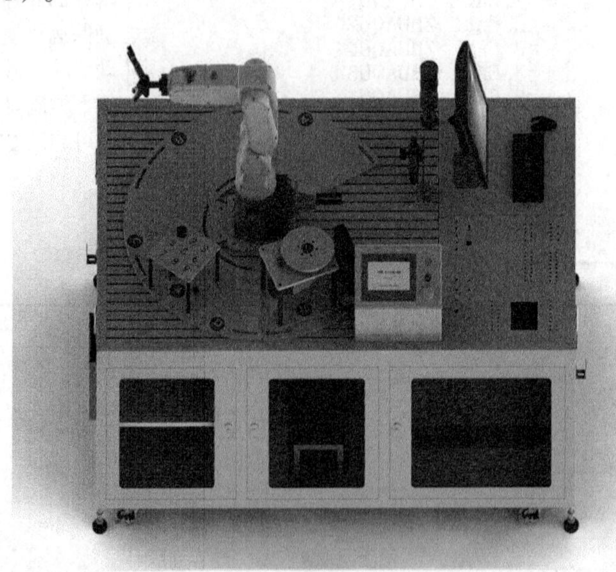

图7-1 伺服分工位应用

【学习目标】

（1）了解伺服系统定位控制项目的行业背景及实训目的。

（2）熟悉伺服分工位模块的结构组成及运行流程。

（3）熟悉伺服系统的参数设置及调试。

（4）掌握PLC运动控制程序的编写。

（5）了解伺服系统定位控制项目的系统配线方式。

（6）掌握机器人与PLC程序的交互。

7.1　任务分析

本实训项目是介绍伺服分工位模块如何与机器人配合完成伺服定位控制应用。本实训项目在初始状态下，伺服分工位模块满物料，码垛搬运模块无物料。

7.1.1　任务描述

工作过程如下：伺服转盘每转动一个位置，机器人将一个工位上的物料搬运到码垛搬运模块上，直到所有物料搬运完毕，程序停止。

7.1.2　路径规划

1.路径规划

（1）伺服分工位模块的工位1~工位5分别放置有圆饼物料，码垛搬运模块的所有工位无物料，机器人运动至安全点。

（2）伺服电机给PLC发送伺服回零到位信号。

（3）机器人接收到伺服回零到位信号后，给PLC发送伺服旋转信号，机器人运动至伺服分工位模块物料拾取点上方50mm处，等待伺服旋转到位信号。

（4）机器人接收到伺服分度盘旋转到位信号后，机器人抓取物料，将伺服分工位模块工位1处的物料放置到码垛搬运模块工位1处。

（5）按照以上动作流程，完成伺服分工位模块其他工位物料的搬运，然后机器人运动至安全点，正向动作完成，伺服分工位物料搬运路径规划如图7-2所示。

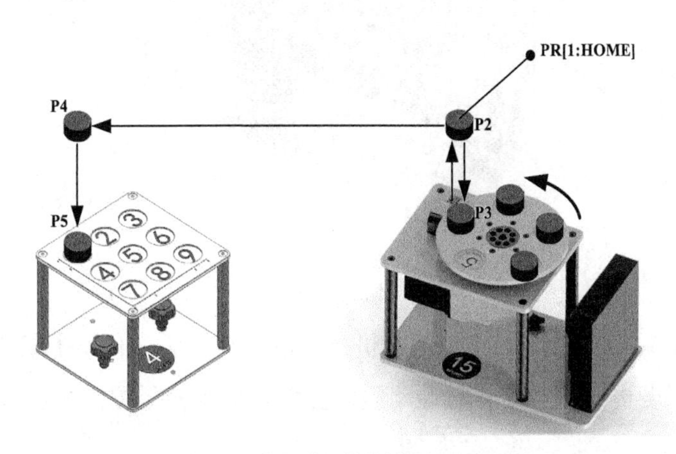

图7-2　伺服分工位物料搬运路径规划

特殊路径点命名及注释见表7-1。

表 7-1　特殊路径点命名及注释

序号	点数据	注释
1	PR[1:HOME]	机器人安全点
2	P3	伺服模块物料拾取/放置点
3	P5	码垛搬运模块物料拾取/放置基准点

2.要点解析

（1）动作采用吸盘工具，需定义吸盘工具坐标系2。

（2）动作流程中有伺服转盘转动，需进行伺服接线及参数配置。

（3）开机后应进行伺服原点复归。

（4）PLC与机器人通过伺服转盘旋转信号及旋转到位信号进行信息交互。

7.2　知识要点

本节需要掌握富士伺服的参数设定方法，以及与机器人进行数据交互的方式。通过介绍伺服分工位模块与伺服参数设置，系统学习伺服定位控制应用。

7.2.1　伺服应用

本实训项目中使用伺服分工位模块进行位置控制。伺服分工位模块由伺服驱动器、伺服电机、减速机、转盘等构成，可完成工件的旋转作业，如图7-3所示。伺服电机及驱动器采用富士200W系列，配上减速机满足工艺的要求。其中200W富士伺服驱动器位于模块边上，方便进行参数设定。

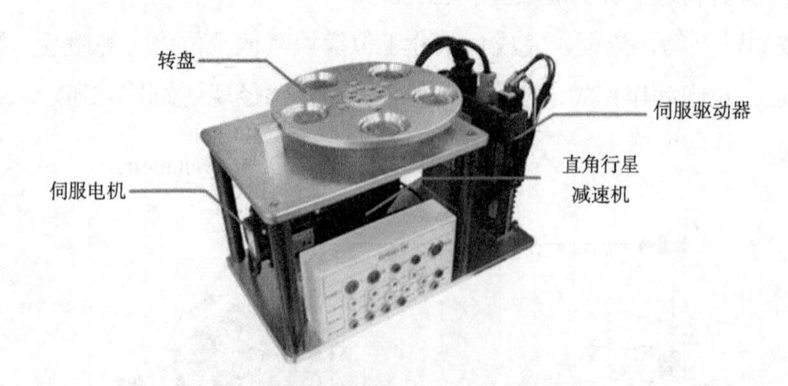

图7-3　伺服分工位模块

本实训项目中采用的是增量式伺服电机，在每次断电后，伺服电机当前的实际位置将会丢失，因此需要再次通电时进行原点复归操作。伺服分工位模块运行流程如下。

（1）伺服系统通电后，在PLC控制下进行原点复归，找到机械零点位置。

（2）伺服系统在PLC控制下旋转至指定角度。

（3）PLC与机器人交互，在机器人控制下驱动伺服旋转，并且反馈给机器人旋转到位状态。

伺服系统的应用包括系统连接、参数设置、参数下载及调试3个步骤。本节主要针对系统连接、参数设置做详细讲解。

1.系统连接

伺服系统的连线主要包括伺服电机与伺服驱动器之间的连接、伺服驱动器与PLC或机器人之间的连接。

伺服电机与伺服驱动器通过电机动力线与电机编码线连接。伺服驱动器与PLC或机器人通过伺服模块信号接口板连接。

伺服模块信号接口板如图7-4所示。

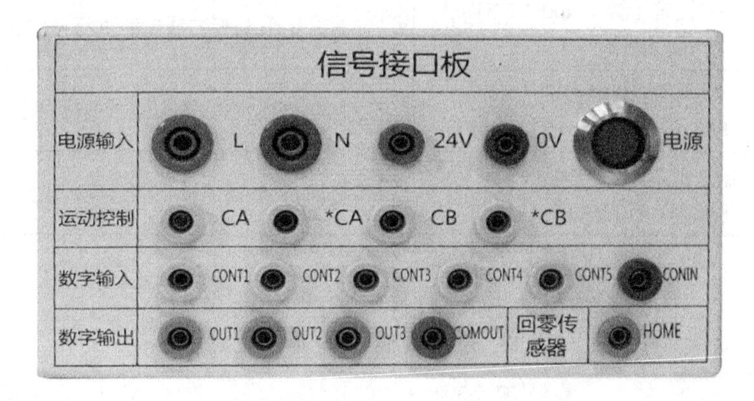

图7-4 信号接口图

信号接口板主要由电源输入区、运动控制区、数字输入区、数字输出区4部分组成。

（1）电源输入区。L接口和N接口主要供给伺服驱动器220V电源，当通过主面板接入220V电源后，220V电源指示灯亮。24V接口和0V接口主要供给伺服模块所需的24V电源，如伺服驱动器的输入输出端口、光电传感器等。

（2）运动控制区。用于接收PLC脉冲及方向控制信号，控制伺服的电机运动。其中CA用于接收PLC的运动脉冲，CB用于接收PLC的控制方向。

（3）数字输入区。伺服模块输入信号接入口，用于接收外部控制信号，共有5个输入口，分别为CONT1~CONT5，通过参数PA3-01~PA3-05可以设定其功能，接收外部信号，如PLC发送伺服回零信号。

（4）数字输出区。伺服模块输出信号接入口，用于输出伺服驱动器运行状态，共有3个输出口，分别为OUT1~OUT5，通过参数PA3-51~PA3-53可以设定其功能，输出伺服相关信号，例如，将伺服回零完成信号输出给PLC。

2.参数设置

在富士ALPHA5 Smart伺服驱动器中，按照功能类别设定参数，伺服参数的分类见表7-2。

表 7-2　伺服参数分类

序号	设定项目	功能
1	基本设定参数（No.PA1_01~NO.PA1_50）	在运行时必须确认、设定的参数
2	控制增益、滤波器设定参数（No.PA1_51~ NO.PA1_99）	在手动调整增益时使用
3	自动运行设定参数（No.PA2_01~NO.PA2_50）	在对定位运行速度以及原点复归功能进行设定、变更时使用
4	扩展功能设定参数（No.PA2_51~NO.PA2_99）	在对转矩限制等扩展功能进行设定、变更时使用
5	输入端子功能设定参数（No.PA3_01~NO.PA3_50）	在对伺服驱动器的输入信号进行设定、变更时使用
6	输出端子功能设定参数（No.PA3_51~NO.PA3_99）	在对伺服驱动器的输出信号进行设定、变更时使用

伺服参数设置的具体操作步骤见表7-3。

表 7-3　伺服参数设置步骤

序号	图片示例	操作步骤
1	PC LOADER for ALPHA5 Smart 文件(F) 菜单(M) 设置(S) 视图(V) 试运行(D) 工具(T) 诊断(C) 帮助(H) 通信设定 连接方式 经过Servo Operator通信(USB通信) 与放大器直接通信(COM通信) OK 取消 通信条件 COM端口(P) COM1 波特率(B) 38400 [bps] 重试次数(R) 3 次 超时设定(T) 3000 [ms]	（1）打开 ALPHA5 Smart 软件，在菜单栏单击设置→通信设定，弹出如左图所示画面。 （2）将 COM 端口选择为计算机识别到的伺服通信端口，单击 OK 按钮

续表

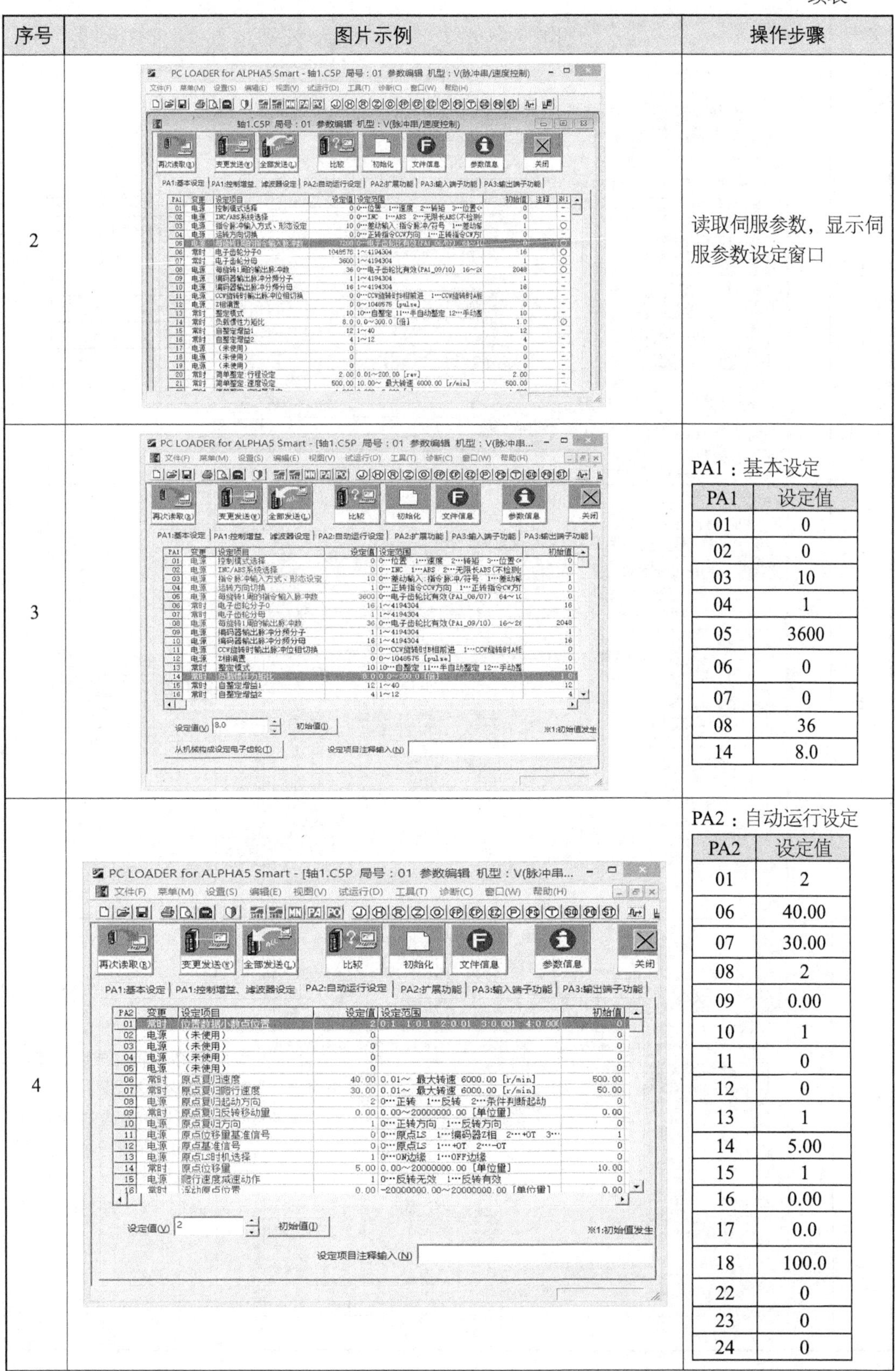

<table>
<tr><th>序号</th><th>图片示例</th><th>操作步骤</th></tr>
<tr><td>2</td><td></td><td>读取伺服参数，显示伺服参数设定窗口</td></tr>
<tr><td>3</td><td></td><td>PA1：基本设定
<table>
<tr><th>PA1</th><th>设定值</th></tr>
<tr><td>01</td><td>0</td></tr>
<tr><td>02</td><td>0</td></tr>
<tr><td>03</td><td>10</td></tr>
<tr><td>04</td><td>1</td></tr>
<tr><td>05</td><td>3600</td></tr>
<tr><td>06</td><td>0</td></tr>
<tr><td>07</td><td>0</td></tr>
<tr><td>08</td><td>36</td></tr>
<tr><td>14</td><td>8.0</td></tr>
</table></td></tr>
<tr><td>4</td><td></td><td>PA2：自动运行设定
<table>
<tr><th>PA2</th><th>设定值</th></tr>
<tr><td>01</td><td>2</td></tr>
<tr><td>06</td><td>40.00</td></tr>
<tr><td>07</td><td>30.00</td></tr>
<tr><td>08</td><td>2</td></tr>
<tr><td>09</td><td>0.00</td></tr>
<tr><td>10</td><td>1</td></tr>
<tr><td>11</td><td>0</td></tr>
<tr><td>12</td><td>0</td></tr>
<tr><td>13</td><td>1</td></tr>
<tr><td>14</td><td>5.00</td></tr>
<tr><td>15</td><td>1</td></tr>
<tr><td>16</td><td>0.00</td></tr>
<tr><td>17</td><td>0.0</td></tr>
<tr><td>18</td><td>100.0</td></tr>
<tr><td>22</td><td>0</td></tr>
<tr><td>23</td><td>0</td></tr>
<tr><td>24</td><td>0</td></tr>
</table></td></tr>
</table>

续表

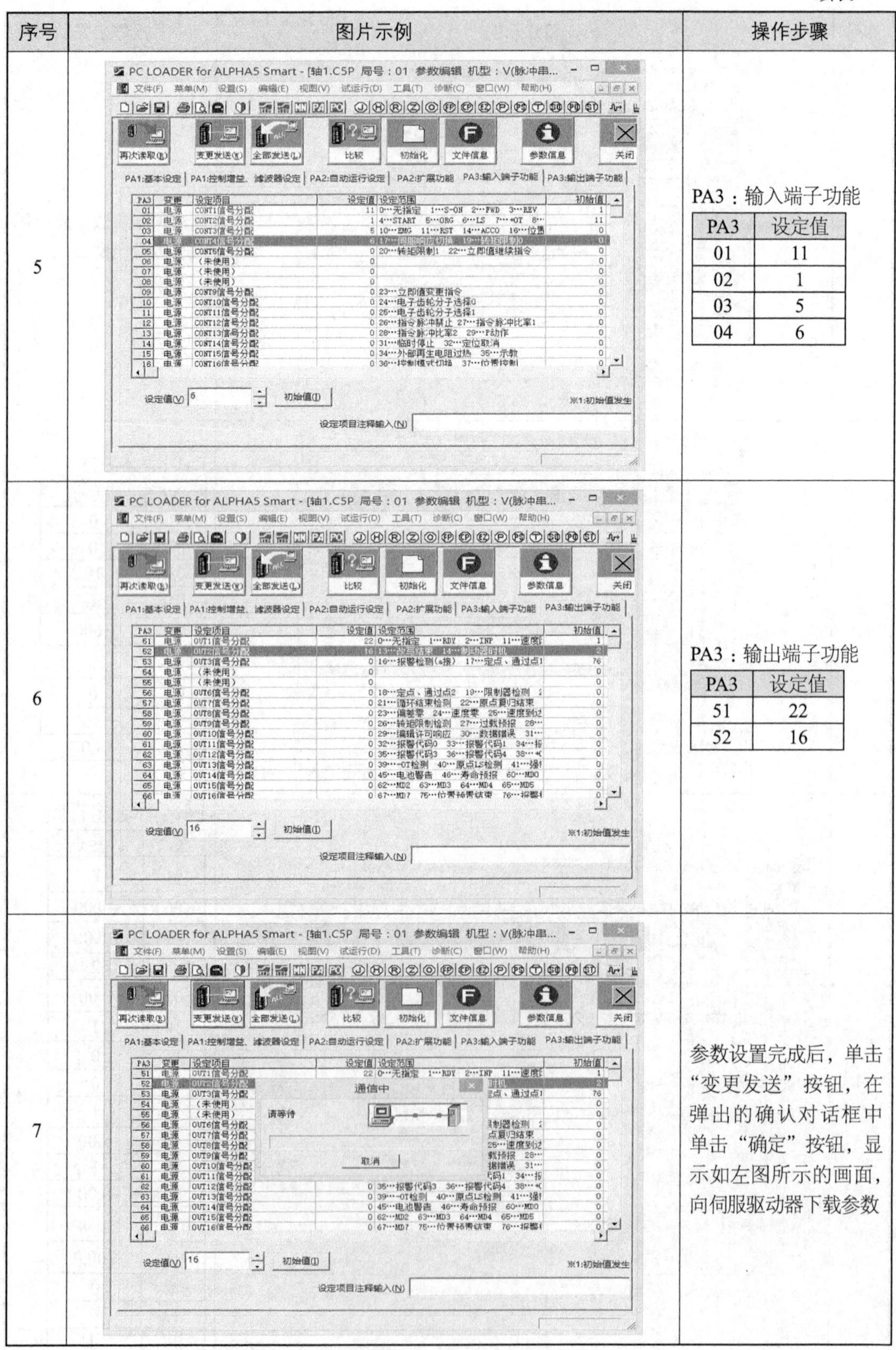

序号	图片示例	操作步骤
5		PA3：输入端子功能 PA3 | 设定值 01 | 11 02 | 1 03 | 5 04 | 6
6		PA3：输出端子功能 PA3 | 设定值 51 | 22 52 | 16
7		参数设置完成后，单击“变更发送”按钮，在弹出的确认对话框中单击“确定”按钮，显示如左图所示的画面，向伺服驱动器下载参数

7.2.2　PLC应用

1.参数设置

PLC参数设置见表7-4。

表 7-4　参数配置

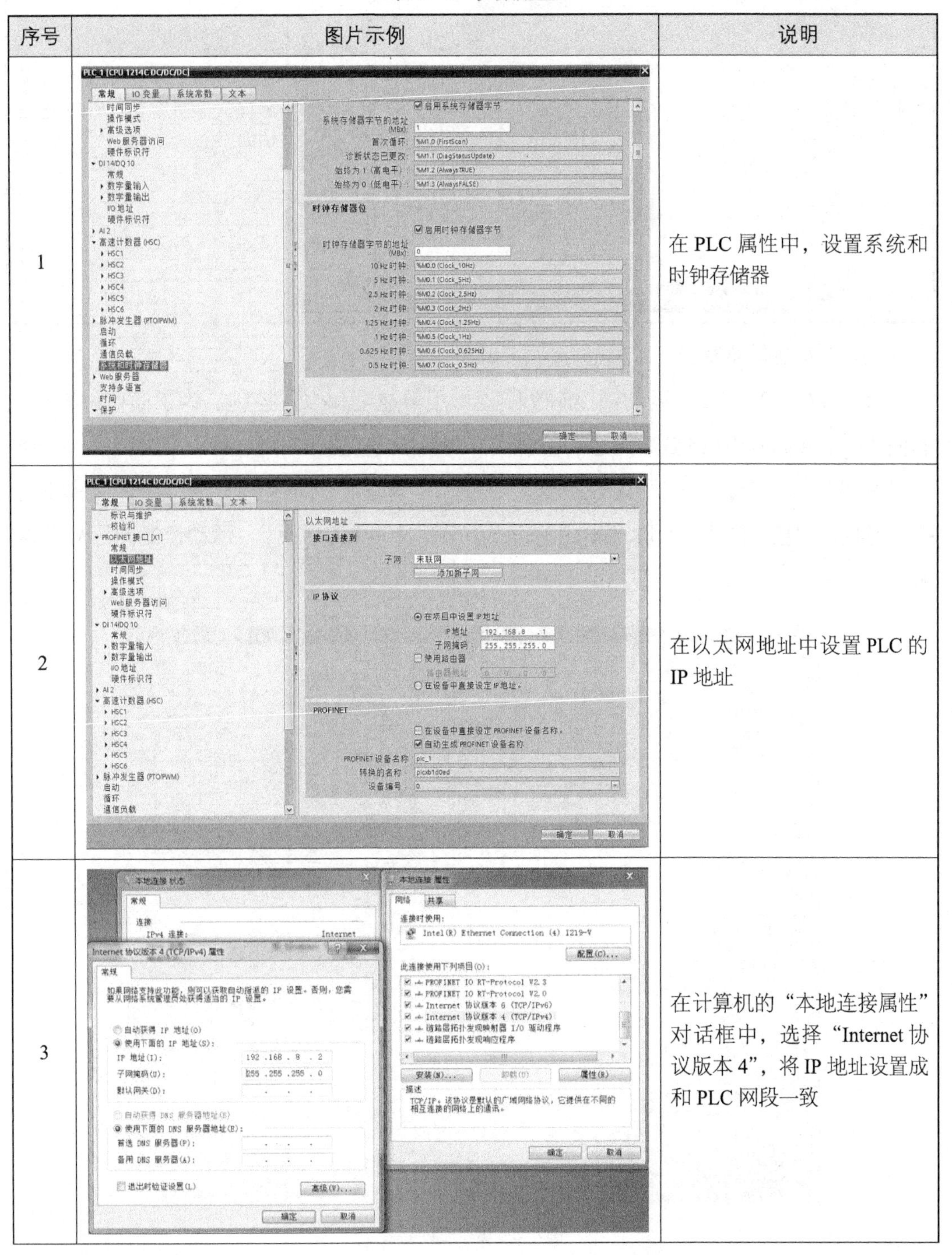

序号	图片示例	说明
1		在 PLC 属性中，设置系统和时钟存储器
2		在以太网地址中设置 PLC 的 IP 地址
3		在计算机的“本地连接属性”对话框中，选择“Internet 协议版本 4”，将 IP 地址设置成和 PLC 网段一致

续表

序号	图片示例	说明
4	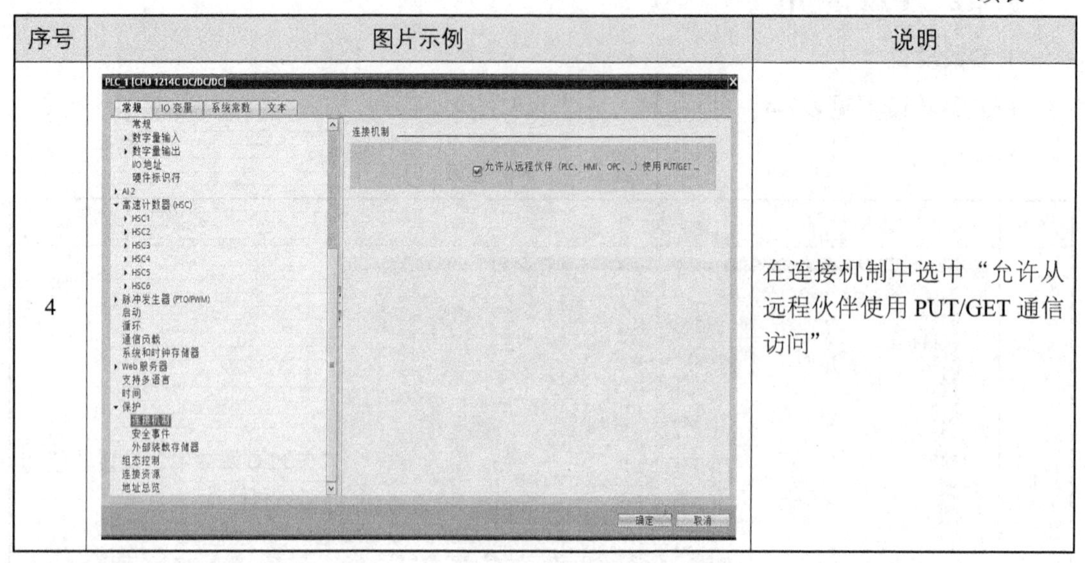	在连接机制中选中“允许从远程伙伴使用 PUT/GET 通信访问”

2.运动控制向导设置

PLC S7–1200内置了运动轴控制功能，可用于速度和位置控制。为了简化位控功能的使用，TIA Portalv 14提供的运动控制向导可以快速完成PWM、PTO 的组态。该向导可以生成位控指令，可以用这些指令对速度和位置进行动态控制。运动控制向导最多提供4轴脉冲输出的设置，脉冲输出速度从20 Hz~100 kHz 可调。运动控制向导如图7-5所示。

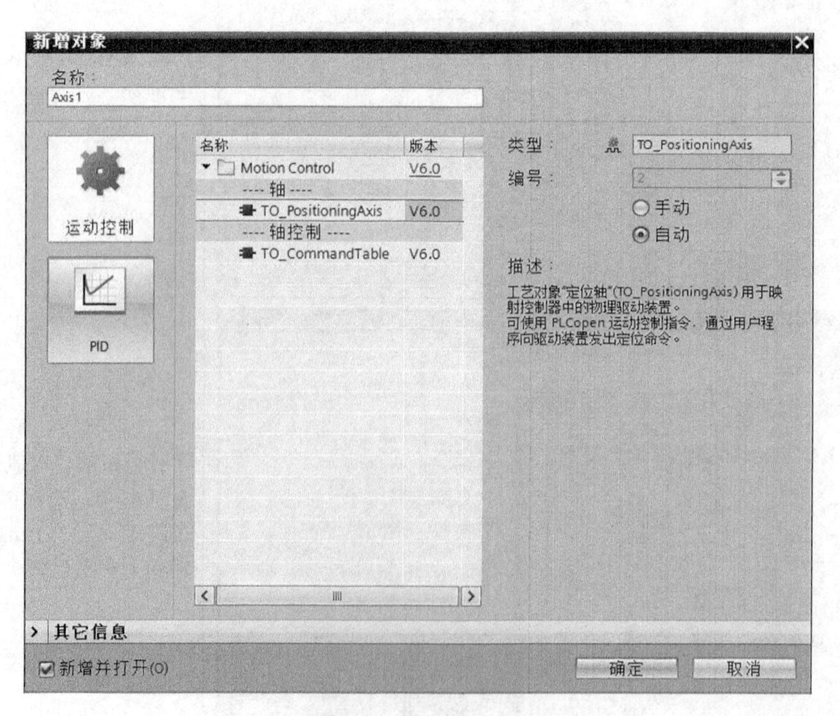

图7-5　运动控制向导

PLC S7–1200 运动控制具有以下特点。

- 提供可组态的测量系统，输入数据时，既可以使用工程单位（如in或cm），也可以使用脉冲数。
- 提供可组态的反冲补偿。
- 支持绝对、相对和手动位控式。
- 支持连续操作。
- 提供多达32 组，每组包络最多可设置16种速度。

运动控制向导设置过程见表7-5。

表 7–5　运动控制向导设置过程

序号	图片示例	说明
1		定义脉冲发生器。选中 PLC_1 属性，再选中“脉冲发生器”，选中“启用该脉冲发生器”，将信号类型选为 PTO 运动控制形式
2		添加工艺对象。双击工艺对象中的“新增对象”，在弹出的“新增对象”界面选择“运动控制”图标，定义轴的名称为“轴 _1”，最后单击“确定”按钮

续表

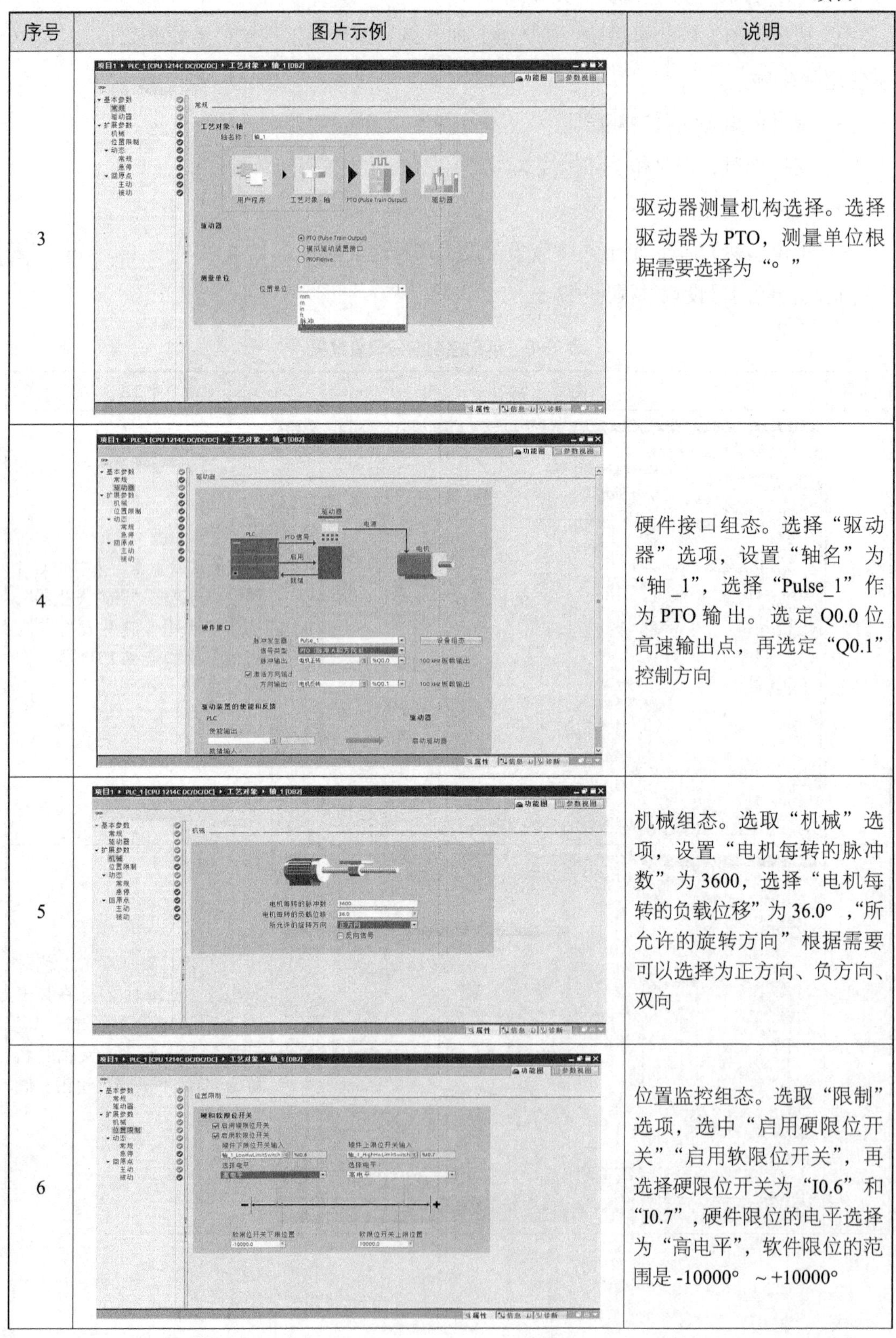

序号	图片示例	说明
3		驱动器测量机构选择。选择驱动器为 PTO，测量单位根据需要选择为“°”
4		硬件接口组态。选择“驱动器”选项，设置“轴名”为“轴_1”，选择“Pulse_1”作为 PTO 输出。选定 Q0.0 位高速输出点，再选定“Q0.1”控制方向
5		机械组态。选取“机械”选项，设置“电机每转的脉冲数”为 3600，选择“电机每转的负载位移”为 36.0°，“所允许的旋转方向”根据需要可以选择为正方向、负方向、双向
6		位置监控组态。选取“限制”选项，选中“启用硬限位开关”“启用软限位开关”，再选择硬限位开关为“I0.6”和“I0.7”，硬件限位的电平选择为“高电平”，软件限位的范围是 -10000° ～+10000°

续表

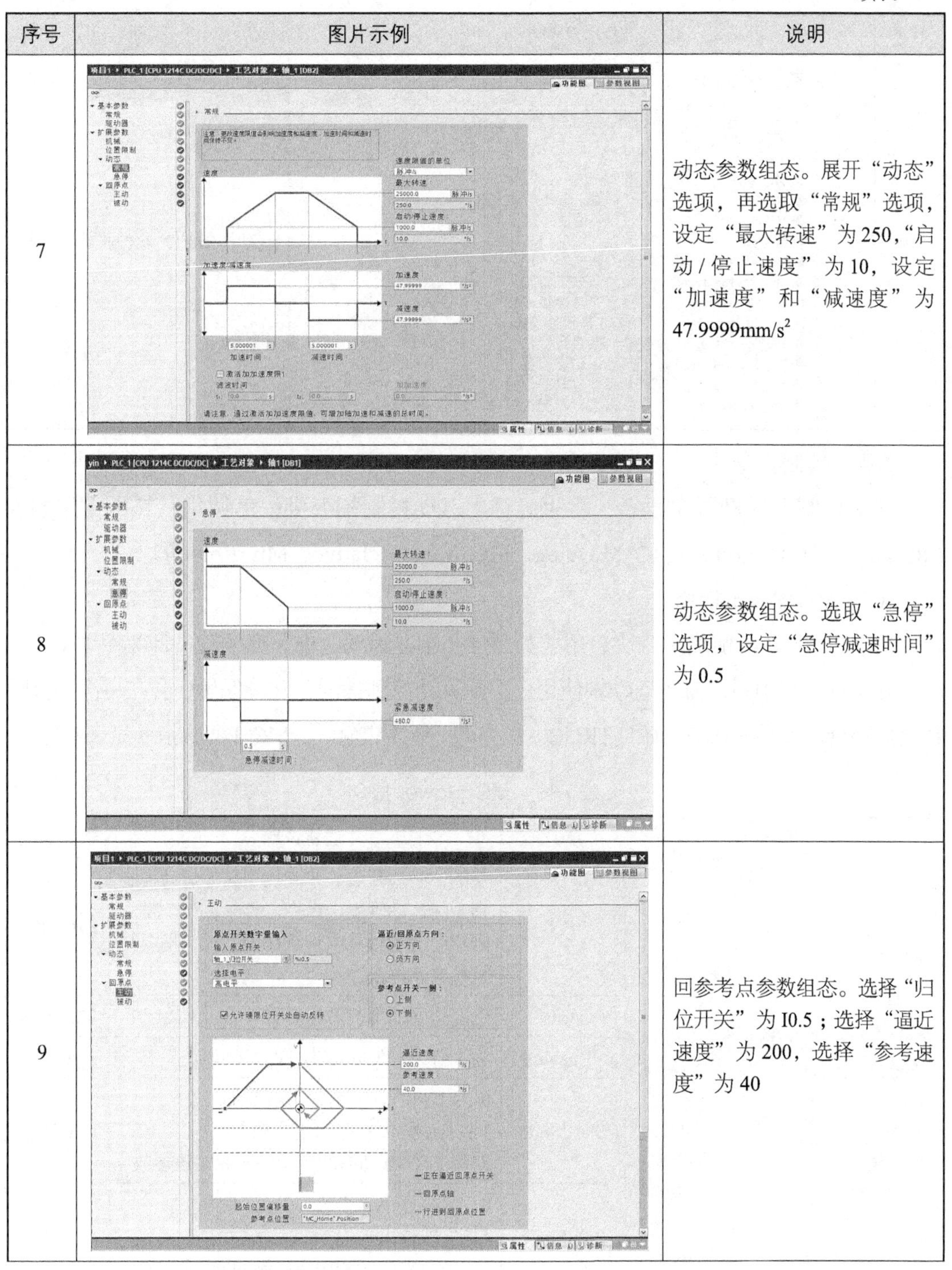

序号	图片示例	说明
7		动态参数组态。展开“动态”选项，再选取“常规”选项，设定“最大转速”为250,“启动 / 停止速度”为10，设定“加速度”和“减速度”为47.9999mm/s^2
8		动态参数组态。选取“急停”选项，设定“急停减速时间”为0.5
9		回参考点参数组态。选择“归位开关”为I0.5；选择“逼近速度”为200，选择“参考速度”为40

续表

序号	图片示例	说明
10	∨ 工艺 名称 描述 版本 ▸ 计数 V1.1 ▸ PID 控制 ▾ Motion Control V6.0 MC_Power 启动/禁用轴 V6.0 MC_Reset 确认错误，重新启动工艺对象 V6.0 MC_Home 归位轴，设置起始位置 V6.0 MC_Halt 暂停轴 V6.0 MC_MoveAbsolute 以绝对方式定位轴 V6.0 MC_MoveRelative 以相对方式定位轴 V6.0 MC_MoveVelocity 以预定义速度移动轴 V6.0 MC_MoveJog 以"点动"模式移动轴 V6.0 MC_CommandTable 按移动顺序运行轴作业 V6.0 MC_ChangeDynamic 更改轴的动态设置 V6.0 MC_WriteParam 写入工艺对象的参数 V6.0 MC_ReadParam 读取工艺对象的参数 V6.0	运动控制相关参数指令块

3.运动控制指令

运动控制向导设置完成后，将生成若干运动控制指令供程序调用，其中常用的为MC_Power、MC_Home、MC_Movejog、MC_Move Relative、MC_Reset等。

（1）MC_Power指令

MC_Power系统使能指令块启用或禁用轴，轴在运动之前，必须使能此指令块。

在实训项目中只对每条运动轴使用一次此运动控制指令，并确保程序会在每次扫描时调用此指令。使用SM1.2（始终TRUE）作为EN参数的输入。MC_Power指令见表7-6。

表7-6　MC_Power 指令

例程	参数	功能说明	数据类型
MC_Power EN ENO Axis Status Enable Busy StartMode Error StopMode ErrorID ErrorInfo	EN	使能，必须开启，才能启用其他运动控制指令向运动轴发送命令。如果EN参数关闭，则运动轴将中止进行中的任何指令并执行减速停止	BOOL
	Axis	已组态好的工艺对象名称	TO_Axis
	Enable	为1时，轴使能；为0时，轴停止	BOOL
	StartMode	0：启动位置不受控的定位轴 1：启动位置受控的定位轴 使用PTO驱动器的定位轴时忽略该参数	INT
	StopMode	0：紧急停止 1：立即停止 2：带有加速度变化率控制的紧急停止	INT
	Status	轴的使能状态	BOOL
	Busy	MC_Power处于活动状态	BOOL
	Error	运动指令轴MC_Power或相关工艺对方发生错位	BOOL

（2）MC_Home指令

MC_Home回参考点指令块（见表7-7）参考点在系统中有时作为坐标原点，这对于运动控制系统是非常重要的。

表 7-7　MC_Home 指令

例程	参数	功能说明	数据类型
MC_Home EN　ENO Axis　Done Execute　Error Position Mode	EN	（同表 7-6 中 EN）	BOOL
	Axis	已组态好的工艺对象名称	TO_Axis
	Execute	上升沿启动命令	BOOL
	Position	Mode=0、2 和 3：完成回远点操作之后，轴的绝对位置 Mode=1：对当前轴位置的修正值	REAL
	Mode	0：绝对式直接归位 1：相对式直接归位 2：被动回原点 3：主动回原点 6：绝对编码器调节（相对） 7：绝对编码器调节（绝对）	INT

（3）MC_Movejog指令

MC_Movejog点动模式以指定的速度连续运动。这允许电机按不同的速度运行，或沿正向或负向慢进。MC_Movejog指令见表7-8。

表 7-8　MC_Movejog 指令

例程	参数	功能说明	数据类型
MC_MoveJog EN　ENO Axis　InVelocity JogForward　Error JogBackward Velocity	Axis	已组态好的工艺对象名称	TO_Axis
	JogForward	如果参数值为 TRUE，则轴将按照参数 Velocity 中指定的速度正向移动	BOOL
	JogBackward	如果参数值为 TRUE，则轴将按照参数 Velocity 中指定的速度反向移动	BOOL
	Velocity	点动模式轴的预设运行速度	REAL

（4）MC_Move Relative指令

MC_Move Relative启动相对于起始位置的定位运动，具体参数功能说明如表7-9所示。

表 7-9　Mc_Move Relative 指令

例程	参数	功能说明	数据类型
MC_MoveRelative EN　ENO Axis　Done Execute　Error Distance Velocity	Axis	已组态好的工艺对象名称	TO_Axis
	Execute	上升沿启动命令	BOOL
	Distance	定位轴移动的距离	REAL
	Velocity	轴的速度，由于所组态的加速度、减速度以及要途经的距离等原因，不会始终保持这一速度	REAL

（5）MC_Reset指令

MC_Reset错位确定指令块对轴出现的错误故障进行复位，具体参数如表7-10所示。

表 7-10　Mc_Reset 指令

例程	参数	功能说明	数据类型
MC_Reset EN　ENO Axis　Done Execute　Error	Axis	已组态好的工艺对象名称	TO_Axis
	Execute	上升沿启动命令	BOOL

4.PLC程序

（1）伺服原点复归程序

伺服原点复归程序用于确定伺服转盘机械位置，在每次开机设备启动时执行，可以通过伺服本身的回零指令ORG，或者PLC的回零指令MC_Home来确定是伺服转盘机械位置。下面以伺服本身的回零指令ORG编写伺服回零程序。程序框图如图7-6所示，程序见表7-11。

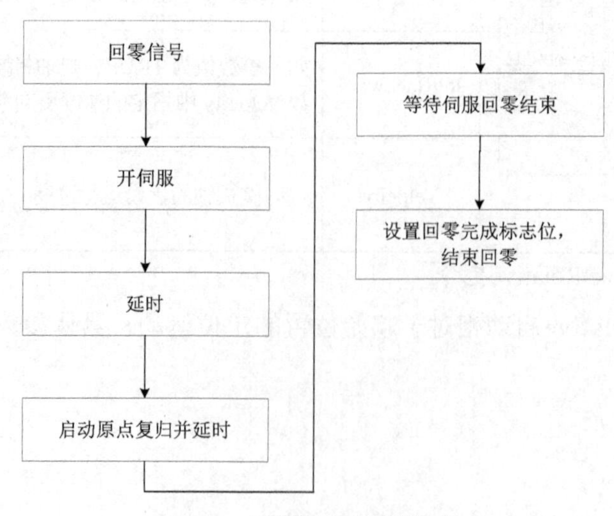

图7-6　伺服原点复归程序框图

表 7-11　PLC 程序编写

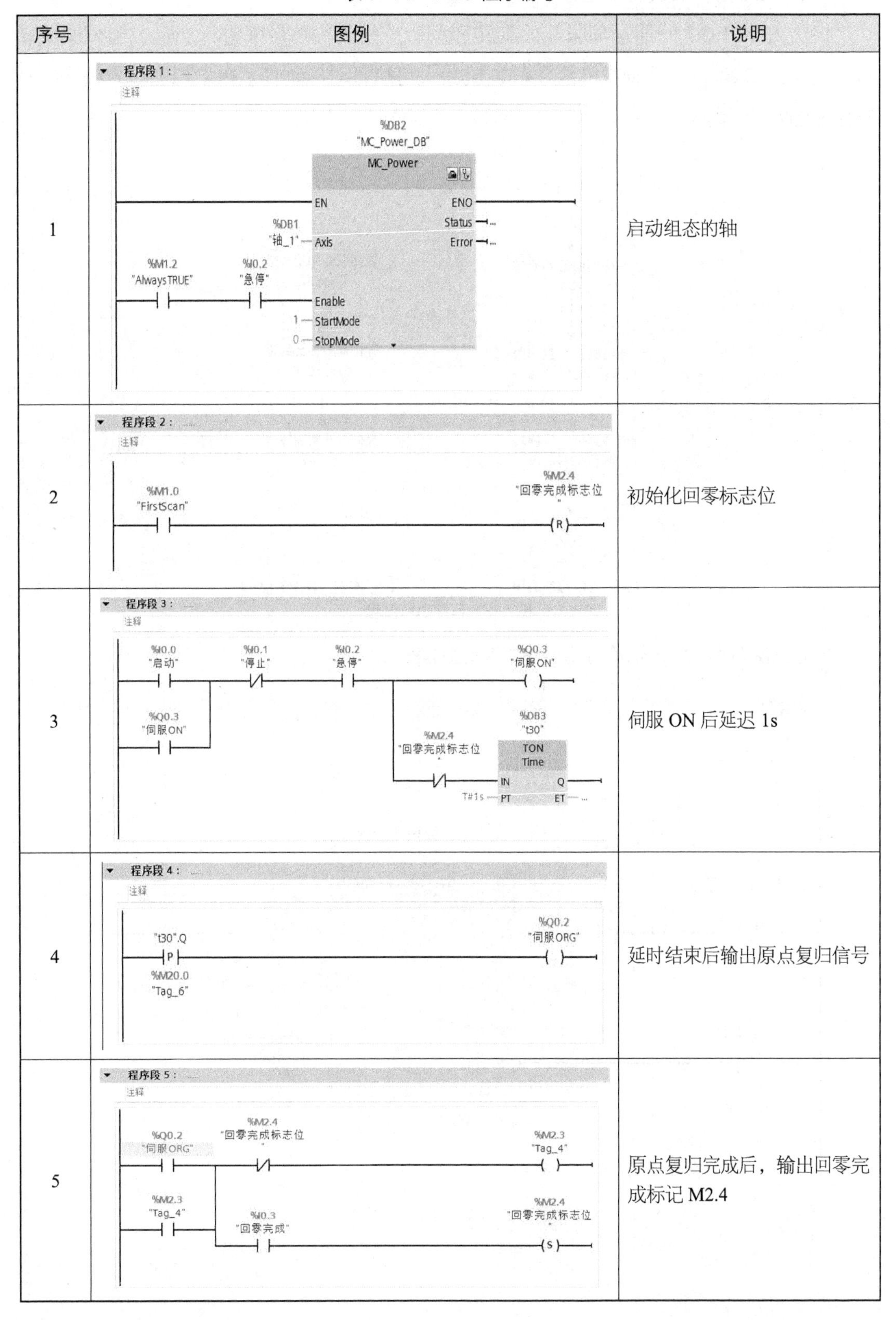

序号	图例	说明
1	程序段 1	启动组态的轴
2	程序段 2	初始化回零标志位
3	程序段 3	伺服 ON 后延迟 1s
4	程序段 4	延时结束后输出原点复归信号
5	程序段 5	原点复归完成后，输出回零完成标记 M2.4

（2）PLC与机器人交互程序

机器人和PLC之间通过伺服开始旋转和伺服旋转到位信号来进行交互，当伺服旋转到位信号为ON时，表示伺服已经到位，机器人可执行对应动作。PLC和机器人程序执行流程如图7-7所示。

开始
等待伺服开始旋转=ON
开始旋转，置伺服旋转到位信号=OFF
旋转到位，置旋转到位信号=ON
结束
开始
置伺服开始旋转信号=ON
等待伺服旋转到位信号=OFF
置伺服开始旋转信号=OFF
结束

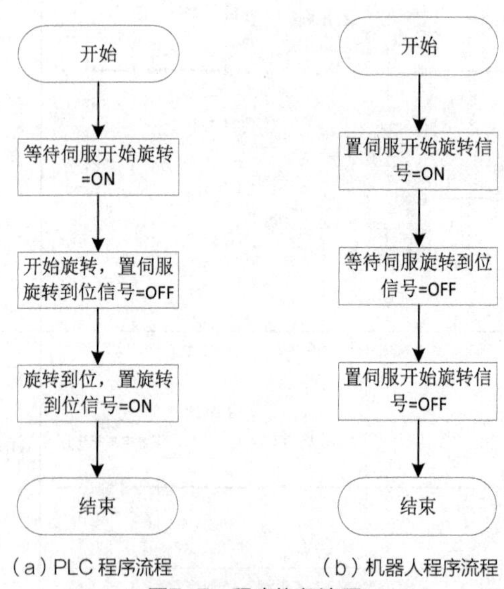

（a）PLC 程序流程　　（b）机器人程序流程

图7-7　程序执行流程

PLC每次旋转72°，为1个工位，程序如图7-8所示。

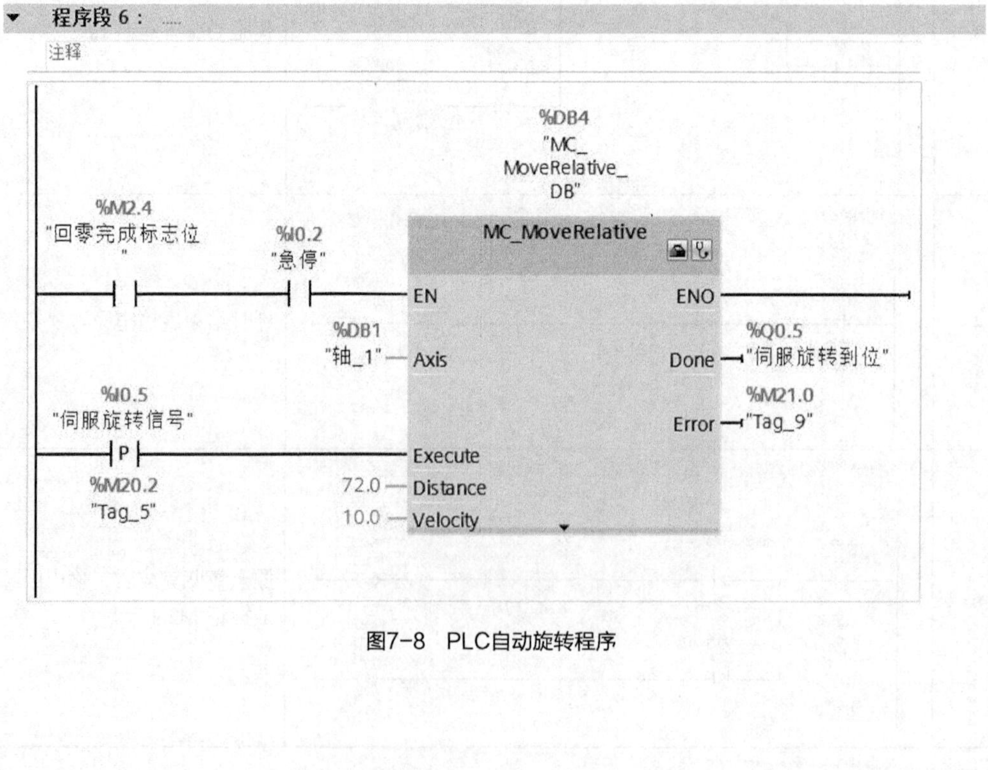

程序段 6：
注释
%DB4
"MC_MoveRelative_DB"
MC_MoveRelative
%M2.4
"回零完成标志位"
%I0.2
"急停"
EN
ENO
%DB1
"轴_1"
Axis
Done
%Q0.5
"伺服旋转到位"
%M21.0
"Tag_9"
Error
%I0.5
"伺服旋转信号"
P
Execute
%M20.2
"Tag_5"
72.0
Distance
10.0
Velocity

图7-8　PLC自动旋转程序

7.3　系统组成及配置

本节以HRG-HD1XKA型工业机器人技能考核实训台（专业版）为例，来学习FANUC机器人伺服定位控制应用。

7.3.1　系统组成

实训设备由机器人、控制器、示教器、实训台、PLC、电气板、扇形板、码垛搬运模块、伺服分工位模块、末端执行器等组成。其中伺服分工位模块和码垛搬运模块如图7-9所示。

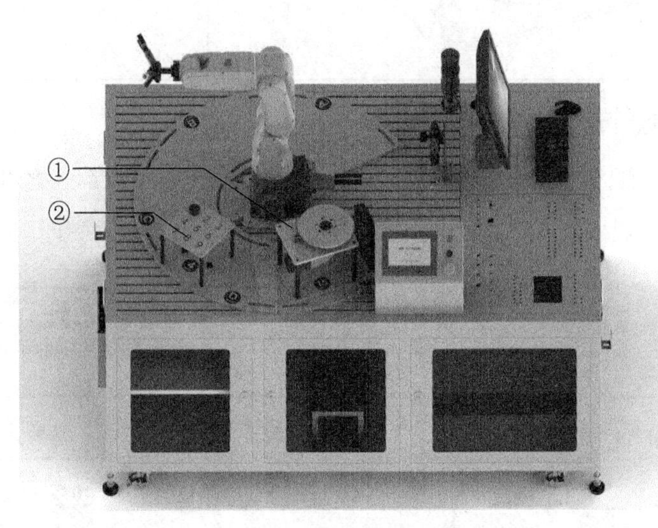

①-伺服分工位模块，用于伺服定位控制；②-码垛搬运模块，用于放置圆饼物料

图7-9　伺服定位控制应用实训环境

伺服分工位模块和码垛搬运模块组成见表7-12。

表7-12　模块组成

序号	图例	功能
1	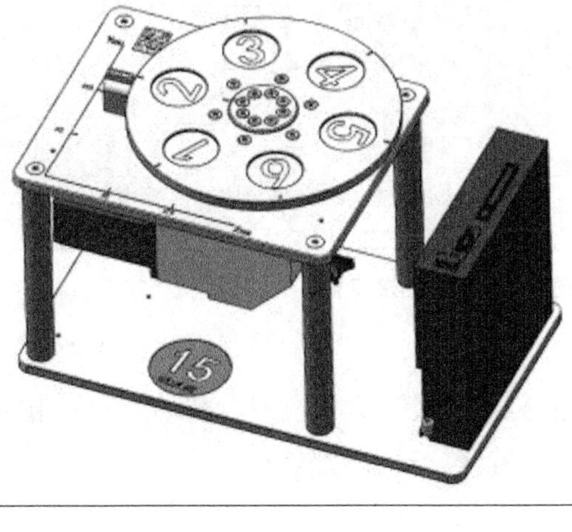	伺服分工位模块由伺服电机驱动转盘组成，转盘分为6个工位，配合机器人的需要设定旋转角度

续表

序号	图例	功能
2	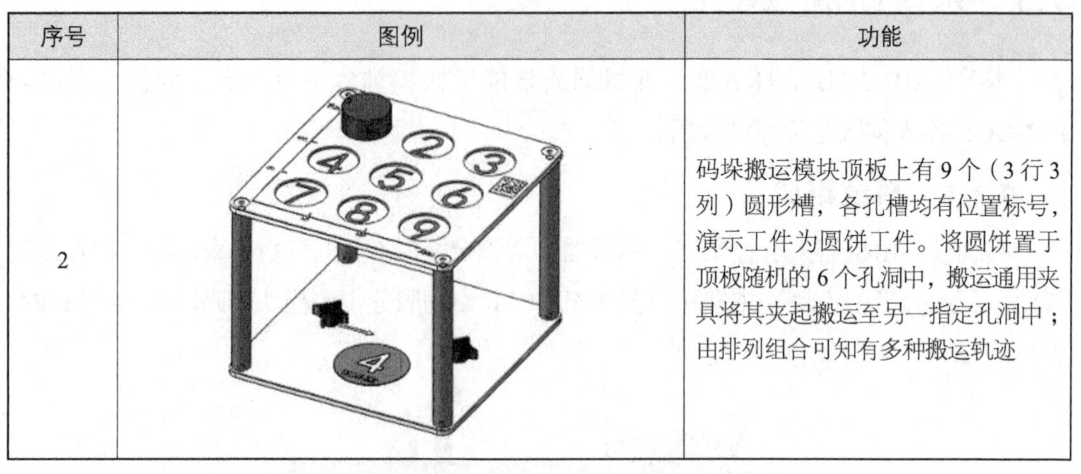	码垛搬运模块顶板上有9个（3行3列）圆形槽，各孔槽均有位置标号，演示工件为圆饼工件。将圆饼置于顶板随机的6个孔洞中，搬运通用夹具将其夹起搬运至另一指定孔洞中；由排列组合可知有多种搬运轨迹

7.3.2 硬件配置

本实训项目系统配线包括PLC与伺服之间的配线、PLC与机器人之间的配线、回零传感器与伺服之间的配线、伺服电源配线这4部分。图7-10为实训台接口面板。

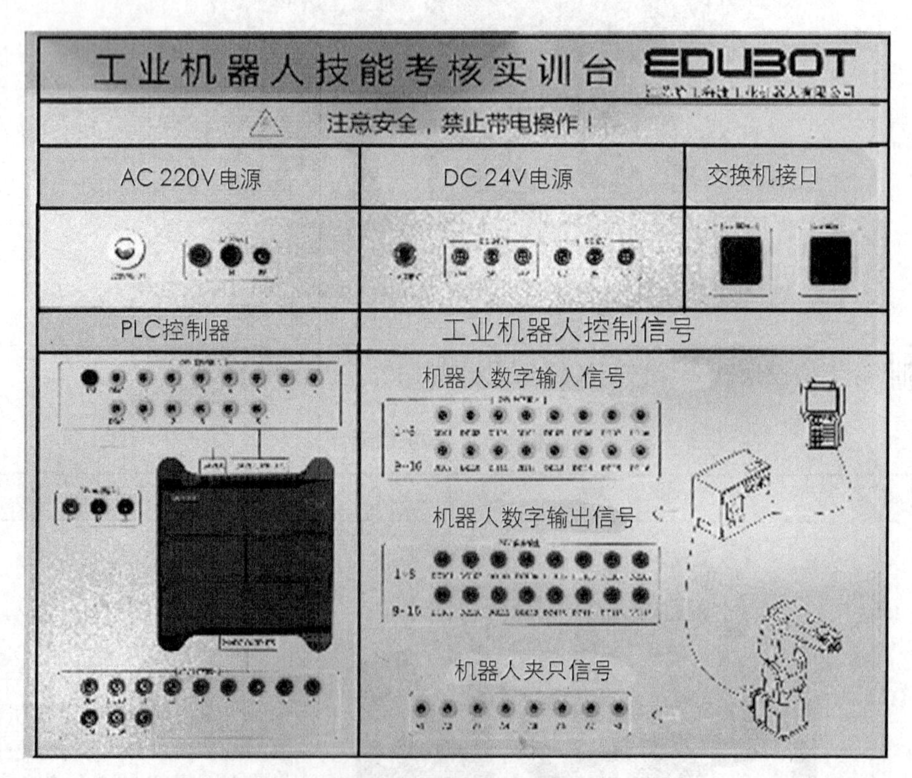

图7-10 实训台接口面板

1.PLC与伺服之间的配线

PLC与伺服之间的配线主要用于实现伺服电机的位置、转动方向、电机使能、原点复归、报警灯功能，其连接见表7-13（*CA、*CB 接0V）。

表 7-13　PLC 与伺服之间的配线

PLC 控制区		伺服信号接口面板	
代号	功能	代号	功能
Q0.0	伺服脉冲序列	CA	脉冲序列
Q0.2	伺服方向	CB	脉冲方向
Q0.1	报警复位 [RST]	CONT1	报警复位 [RST]
Q0.3	伺服 ON[S-ON]	CONT2	伺服 ON[S-ON]
Q0.4	原点复归 [ORG]	CONT3	原点复归 [ORG]
I0.3	原点复归结束	OUT1	原点复归结束
I0.4	报警检测 [a 接]	OUT2	报警检测 [a 接]

2.PLC与机器人之间的配线

PLC与机器人之间的配线主要用于实现机器人的外部控制，如启动、停止、电机通电、报警复位等，同时检测机器人的运行或工作状态，其连接见表7-14。

表 7-14　PLC 与机器人之间的配线

PLC 控制区		机器人输入 / 输出信号	
代号	功能	代号	功能
I0.7	伺服开始旋转	DO104	伺服开始旋转
Q0.7	伺服旋转到位	DI107	伺服旋转到位

3.回零传感器与伺服之间的配线

回零传感器与伺服之间的配线（见表7-15）用于实现伺服回零的功能。

表 7-15　回零传感器与伺服之间的配线

外部原点信号		伺服分度盘输入	
代号	说明	代号	说明
HOME	原点感应信号	CONT4	原点感应输入信号

4.伺服电源配线

伺服电源配线用来给伺服系统供电，包括AC220V电源和DC24V电源两部分，其连接见表7-16。

表7-16　伺服电源配线

面板 DC24V 电源		伺服电源输入	
代号	说明	代号	说明
24V	面板区 24V 电源接口	24V	伺服区 24V 电源接口
0V	面板区 0V 电源接口	0V	伺服区 0V 电源接口
面板 AC220V 电源		伺服电源输入	
代号	说明	代号	说明
L	面板区 220V 火线	L	伺服区 220V 火线
N	面板区 220V 零线	N	伺服区 220V 零线

7.3.3　I/O信号配置

本实训项目需要用到的I/O信号配置见表7-17，具体操作过程不再赘述。

表7-17　I/O 信号配置列表

序号	名称	信号类型	功能
1	DI107	输入信号	伺服旋转到位
2	DO101	输出信号	控制吸盘的开启和关闭
3	DO103	输出信号	伺服电机回零
4	DO104	输出信号	伺服开始旋转

7.4　编程与调试

伺服定位控制应用编程与调试包括实施流程、程序框架、初始化程序、伺服定位动作程序和综合调试。

7.4.1　实施流程

本实训项目要实现机器人与伺服分工位模块的信息交互，以达到搬运物料的目的，项目实施流程如图7-11所示。

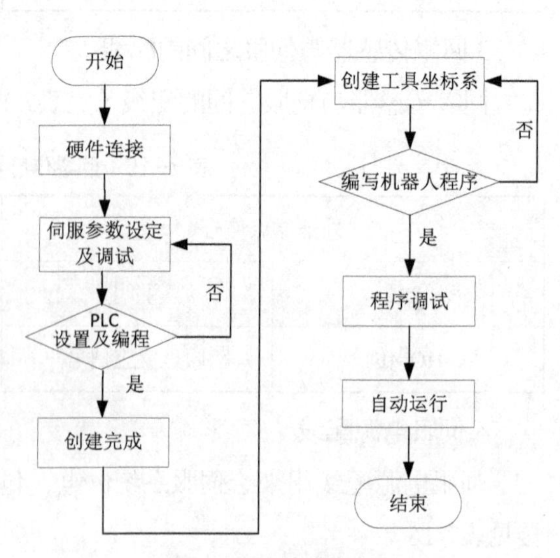

图7-11　项目实施流程

（1）系统安装配置完成后，首先设

定及调试伺服参数，确保伺服电机能够正常运行。

（2）由于本实训项目使用PLC控制伺服电机的转动，因此需要通过软件设置运动控制的相关参数，并编写相应的PLC程序。

（3）由于本实训项目用到吸盘，因此需要创建吸盘工具坐标系。

（4）编写机器人搬运程序。

（5）创建一个伺服分工位主程序SIFU（自定义）。

7.4.2　程序框架

SIFU程序是伺服分工位应用的主程序，可用于本地自动运行，在该程序的基础上，对伺服回零信号以及旋转到位信号进行判断，通过事先设定好的逻辑，完成机器人顺序抓取圆饼物料的工作，主程序结构流程如图7-12（a）所示，外部启动主程序如图7-12（b）所示。

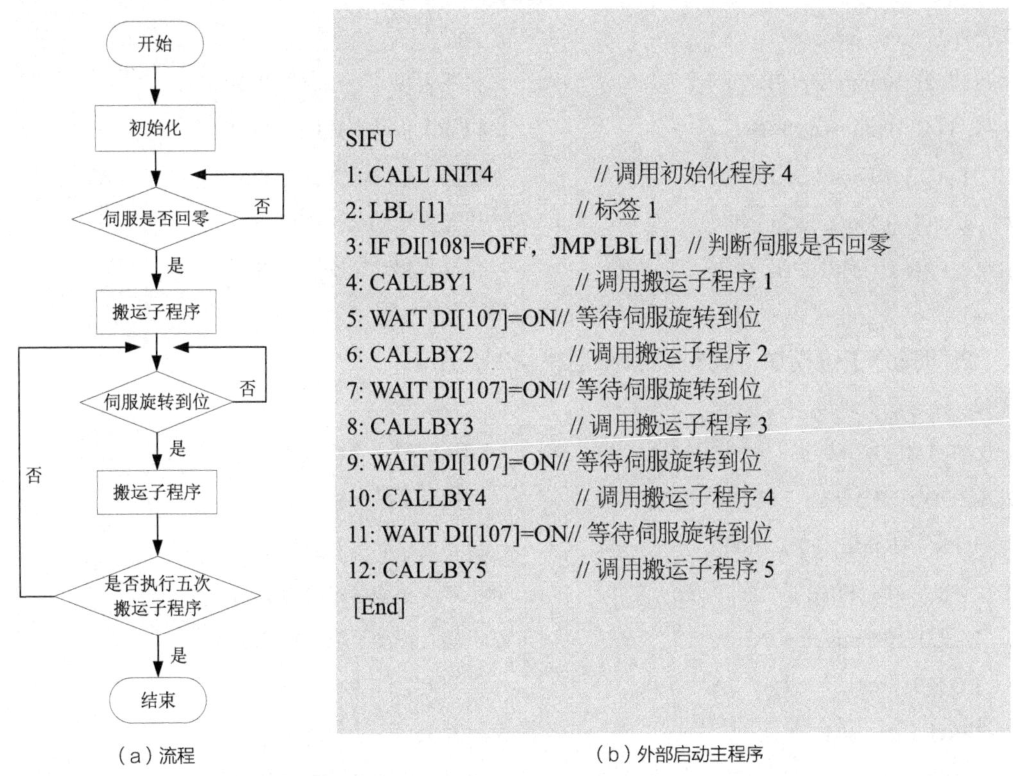

（a）流程　　（b）外部启动主程序

图7-12　程序框架

7.4.3　初始化程序

```
INIT4
1:  DO[101]=OFF                       // 关闭吸盘
2 : J  P[10:home]  20%  FINE          // 机器人移动至安全位置
[End]
```

7.4.4 伺服定位动作程序

本实训项目共分为5个搬运子程序，分别为BY1、BY2、BY3、BY4、BY5。

注：虽然这5个动作程序点位看起来一样，但是实际放置物料的位置不同，5个程序中的点位需要单独示教，不可以共用。

1.伺服分工位模块→物料码垛搬运模块1号工位

```
BY1
1: UFRAME_NUM=3                          // 切换至用户坐标系 3
2: UTOOL_NUM=3                           // 切换至工具坐标系 3
3 : J PR[1:HOME] 20% FINE                // 机器人移动至安全位置 1
4 : J P[2] 20% FINE                      // 机器人移动至过渡点 P[2]
5 : L P[3] 100mm/sec FINE                // 机器人移动至抓取点 P[3]
6 : DO [101]=ON                          // 打开吸盘
7 : WAIT 1.00（sec）                     // 延时 1s
8 : L P[2] 100mm/sec FINE                // 机器人移动至过渡点 P[2]
9 : L P[4] 100mm/sec FINE                // 机器人移动至抓取点 P[4]
10 : L P[5] 100mm/sec FINE               // 机器人移动至放置点 P[5]
11 : L P[4] 100mm/sec FINE               // 机器人移动至过渡点 P[4]
12 : J PR[1:HOME] 20% FINE               // 机器人移动至安全位置 1
[End]
```

2.伺服分工位模块→物料码垛搬运模块2号工位

```
BY2
1: UFRAME_NUM=3                          // 切换至用户坐标系 3
2: UTOOL_NUM=3                           // 切换至工具坐标系 3
3 : J PR[1:HOME] 20% FINE                // 机器人移动至安全位置 1
4 : J P[2] 20% FINE                      // 机器人移动至过渡点 P[2]
5 : L P[3] 100mm/sec FINE                // 机器人移动至抓取点 P[3]
6 : DO [101]=ON                          // 打开吸盘
7 : WAIT 1.00（sec）                     // 延时 1s
8 : L P[2] 100mm/sec FINE                // 机器人移动至过渡点 P[2]
9 : L P[4] 100mm/sec FINE                // 机器人移动至抓取点 P[4]
10 : L P[5] 100mm/sec FINE               // 机器人移动至放置点 P[5]
11 : L P[4] 100mm/sec FINE               // 机器人移动至过渡点 P[4]
12 : J PR[1:HOME] 20% FINE               // 机器人移动至安全位置 1
[End]
```

3.伺服分工位模块→物料码垛搬运模块3号工位

```
BY3
1: UFRAME_NUM=3                          // 切换至用户坐标系 3
2: UTOOL_NUM=3                           // 切换至工具坐标系 3
3 : J PR[1:HOME] 20% FINE                // 机器人移动至安全位置 1
4 : J P[2] 20% FINE                      // 机器人移动至过渡点 P[2]
5 : L P[3] 100mm/sec FINE                // 机器人移动至抓取点 P[3]
6 : DO [101]=ON                          // 打开吸盘
7 : WAIT 1.00（sec）                      // 延时 1s
8 : L P[2] 100mm/sec FINE                // 机器人移动至过渡点 P[2]
9 : L P[4] 100mm/sec FINE                // 机器人移动至抓取点 P[4]
10 : L P[5] 100mm/sec FINE               // 机器人移动至放置点 P[5]
11 : L P[4] 100mm/sec FINE               // 机器人移动至过渡点 P[4]
12 : J PR[1:HOME] 20% FINE               // 机器人移动至安全位置 1
[End]
```

4.伺服分工位模块→物料码垛搬运模块4号工位

```
BY4
1: UFRAME_NUM=3                          // 切换至用户坐标系 3
2: UTOOL_NUM=3                           // 切换至工具坐标系 3
3 : J PR[1:HOME] 20% FINE                // 机器人移动至安全位置 1
4 : J P[2] 20% FINE                      // 机器人移动至过渡点 P[2]
5 : L P[3] 100mm/sec FINE                // 机器人移动至抓取点 P[3]
6 : DO [101]=ON                          // 打开吸盘
7 : WAIT 1.00（sec）                      // 延时 1s
8 : L P[2] 100mm/sec FINE                // 机器人移动至过渡点 P[2]
9 : L P[4] 100mm/sec FINE                // 机器人移动至抓取点 P[4]
10 : L P[5] 100mm/sec FINE               // 机器人移动至放置点 P[5]
11 : L P[4] 100mm/sec FINE               // 机器人移动至过渡点 P[4]
12 : J PR[1:HOME] 20% FINE               // 机器人移动至安全位置 1
[End]
```

5.伺服分工位模块→物料码垛搬运模块5号工位

```
BY5
1: UFRAME_NUM=3                          // 切换至用户坐标系 3
2: UTOOL_NUM=3                           // 切换至工具坐标系 3
3 : J PR[1:HOME] 20% FINE                // 机器人移动至安全位置 1
```

```
4 : J P[2] 20% FINE                          // 机器人移动至过渡点 P[2]
5 : L P[3] 100mm/sec FINE                    // 机器人移动至抓取点 P[3]
6 : DO [101]=ON                              // 打开吸盘
7 : WAIT 1.00（sec）                         // 延时 1s
8 : L P[2] 100mm/sec FINE                    // 机器人移动至过渡点 P[2]
9 : L P[4] 100mm/sec FINE                    // 机器人移动至抓取点 P[4]
10 : L P[5] 100mm/sec FINE                   // 机器人移动至放置点 P[5]
11 : L P[4] 100mm/sec FINE                   // 机器人移动至过渡点 P[4]
12 : J PR[1:HOME] 20% FINE                   // 机器人移动至安全位置 1
[End]
```

注：以上5个程序可分别单独示教点位，也可采用偏移指令编写相关程序，本节采用的是分别示教5个搬运程序的点位。

7.4.5 综合调试

1.手动调试

手动调试步骤见表7-18。

表 7-18 手动调试步骤

序号	图片示例	操作步骤
1	处理中 单步 暂停 异常 执行 I/O 运转 试运行 SIFU 行0 T2 中止TED 关节 100% SIFU 1/13 1: CALL INIT4 2: LBL[1] 3: IF DI[108]=OFF,JMP LBL[1] 4: CALL BY1 5: WAIT DI[107]=ON 6: CALL BY2 7: WAIT DI[107]=ON 8: CALL BY3 9: WAIT DI[107]=ON 10: CALL BY4 11: WAIT DI[107]=ON [指令] [编辑]	（1）按 SELECT 键，进入程序一览画面。 （2）选择 SIFU，按 ENTER 键，进入程序编辑界面
2		启动程序要执行程序时，按住 SHIFT 键，按下 FWD 键 / BWD 键后松开。在程序执行完之前，持续按住 SHIFT 键

2.本地自动运行

为了实现机器人外部启动，需要在机器人外部启动之前测试机器人的生产工艺节拍以及整体运行速度。由于示教运行机器人程序时无法达到机器人的正常运行速度，因此需要采用本地自动运行来测试机器人运行时的相关参数。本地自动运行设定步骤见表7-19。

表 7-19　本地自动运行设定步骤

序号	图片示例	操作步骤
1	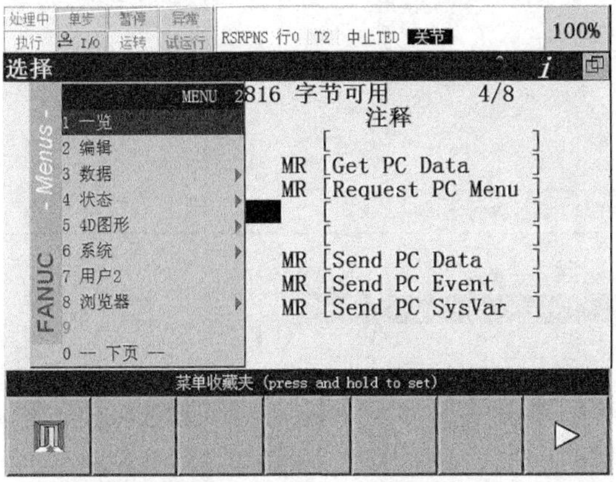	（1）按 MENU 菜单，进入主菜单画面。 （2）移动光标至“0-- 下页 --”，进入 MUNU2 画面
2	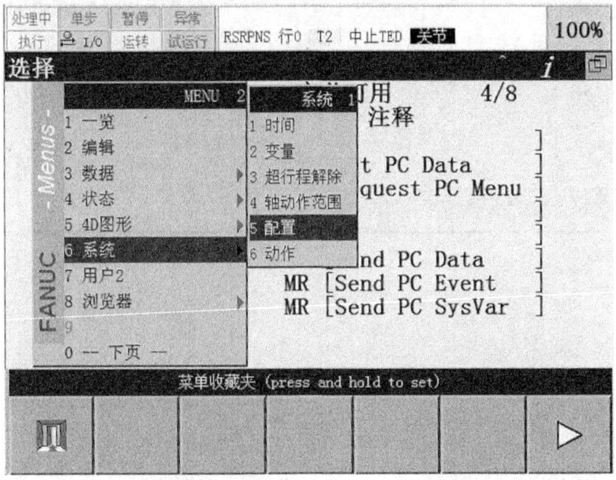	移动光标至“6 系统”，在弹出的“系统 1”界面中选择“5 配置”
3	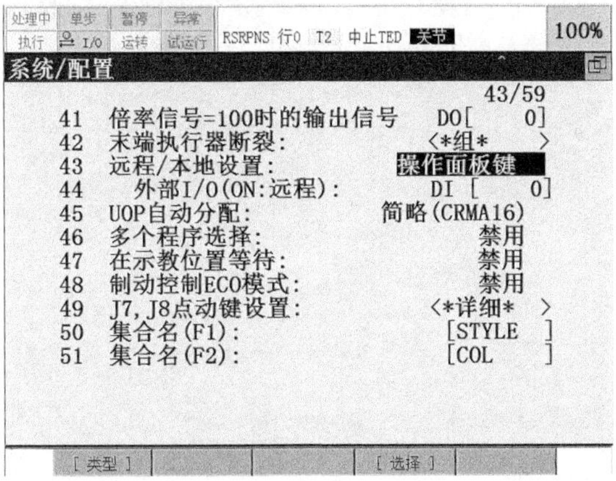	按 ENTER 键进入系统配置界面，移动光标至“远程 / 本地设置”

续表

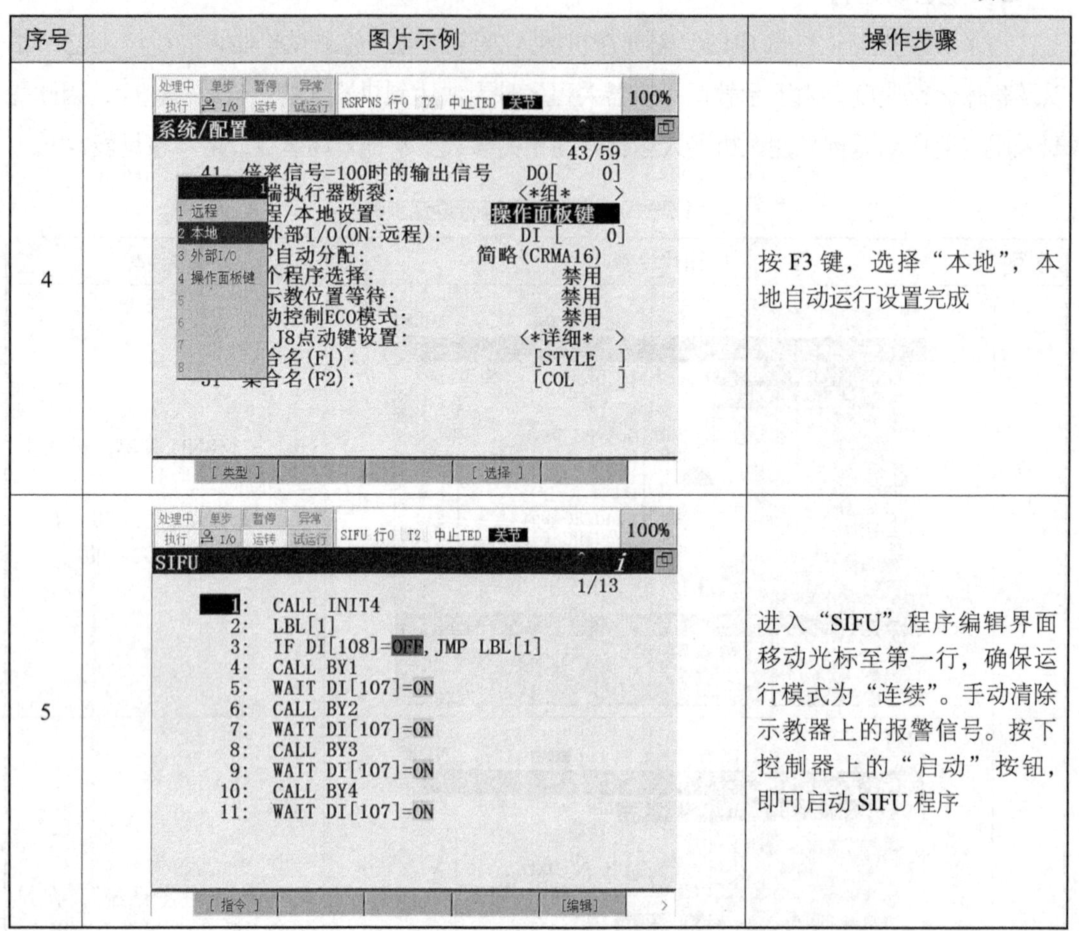

序号	图片示例	操作步骤
4		按 F3 键，选择“本地”，本地自动运行设置完成
5		进入“SIFU”程序编辑界面移动光标至第一行，确保运行模式为“连续”。手动清除示教器上的报警信号。按下控制器上的“启动”按钮，即可启动 SIFU 程序

CHAPTER 8

第8章 综合应用

在工业实际生产中，工业机器人动作及程序往往都是由一系列程序组成的，这就需要掌握整个实训台的电气接线、PLC编程、机器人配置及编程调试、触摸屏组态等内容。本章将工业机器人技能考核实训台的所有模块动作进行汇总，模拟工业生产程序，以达到综合能力训练的目的。实训环境如图8-1所示。

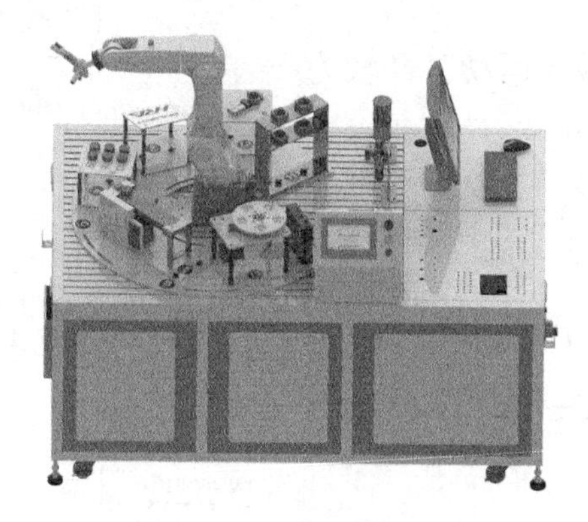

图8-1 综合应用实训环境

【学习目标】

（1）了解综合应用项目的实训目的。

（2）熟悉综合应用项目动作流程。

（3）掌握系统硬件连接及输入输出信号的配置。

（4）掌握工具坐标系、用户坐标系的建立及切换。

（5）掌握机器人的编程调试、自动运行和外部启停。

（6）了解FANUC机器人与PLC、触摸屏的人机交互。

8.1 任务分析

本实训项目主要是将各个功能的应用进行整合处理，使机器人能够连续作业，且能够实现自我判断，对不同的应用进行顺序处理，达到综合应用的要求。

8.1.1　任务描述

机器人首先回到安全位置并判断仓储模块是否存在半成品物料，如果没有检测到半成品物料，则依次执行激光雕刻和码垛应用；如果检测到半成品物料，则调用仓储应用子程序，仓储应用完成后，依次执行激光雕刻和码垛应用。执行完码垛应用之后，判断是否存在停止信号，如果有停止信号，则结束程序，如没有则再次执行整个程序。综合应用流程如图8-2所示。

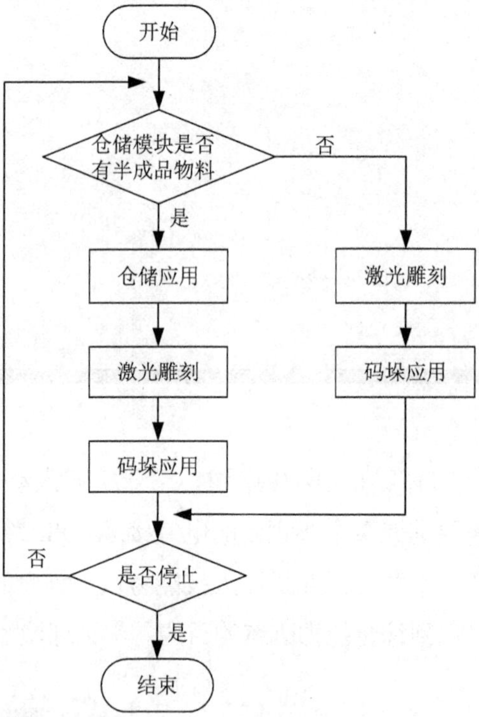

开始
仓储模块是否有半成品物料
是
仓储应用
激光雕刻
码垛应用
否
激光雕刻
码垛应用
是否停止
否
是
结束

图8-2　综合应用流程

8.1.2　路径规划

本实训项目中的机器人运动路径较为复杂，我们将其分为激光雕动作、码垛动作、装配动作3个过程路径。

1.激光雕刻动作

激光雕刻动作按照第4章的运动轨迹进行，即机器人先运动到安全点，然后开始雕刻HRG→E→D→U→B→O→T，具体动作路径如图8-3所示。

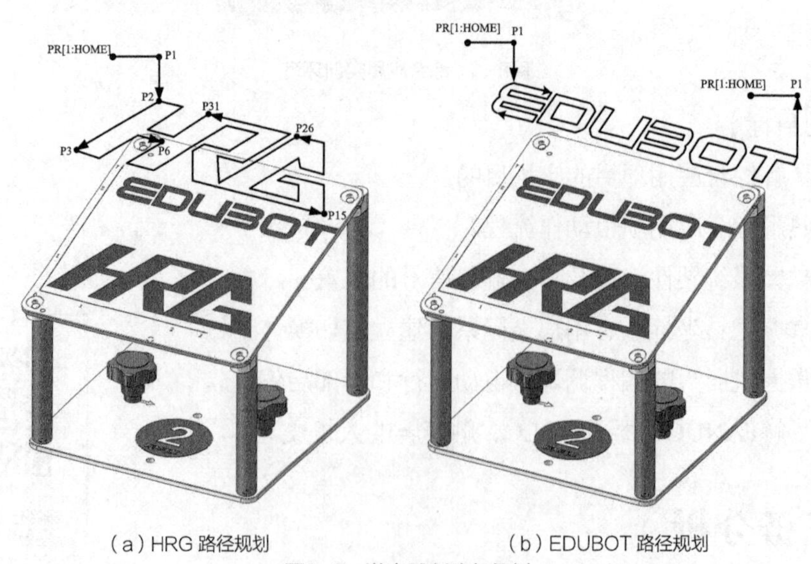

（a）HRG 路径规划　　（b）EDUBOT 路径规划

图8-3　激光雕刻路径规划

2.码垛动作

机器人切换用户坐标系和工具坐标系（此处使用吸盘），先运动到码垛搬运模块取料拾取点上方50mm处，然后减速运动到目标点，打开吸盘，等待0.5s，吸附物料，然后低速运动到物料拾取点上方50mm处，然后发送开始伺服旋转信号，接着运动到伺服分工位模块物料放置点上方50mm处，等待伺服旋转到位信号，然后减速运动到目标点，关闭吸盘，等待0.5s，放置物料，最后低速运动到物料拾取点上方50mm处。

按照该运动流程，依次将码垛搬运模块工位1~工位5中的圆饼搬运到伺服分工位模块的工位1~工位5上，如图8-4所示。

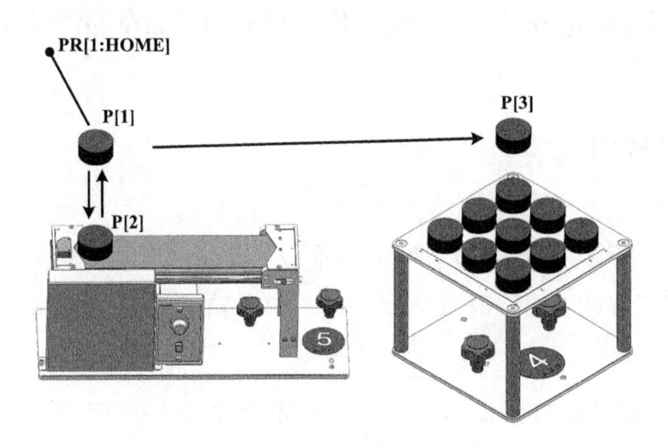

图8-4　圆饼物料搬运路径规划

3.装配动作

机器人将工具切换为夹爪，先判断仓储模块中，几号工位有物料半成品，根据事先指定的优先级，从仓储模块抓取一个物料半成品，弹开定位模块的气缸，放置在定位模块的工位中，接着等待异步输送带光电开关检测到的物料到位信号，将工具切换为吸盘，从异步输送带上抓取圆饼物料，放置到定位模块半成品的固定孔位中，完成装配过程。最后将装配好的成品从定位模块搬运到料仓的对应工位，如图8-5所示。

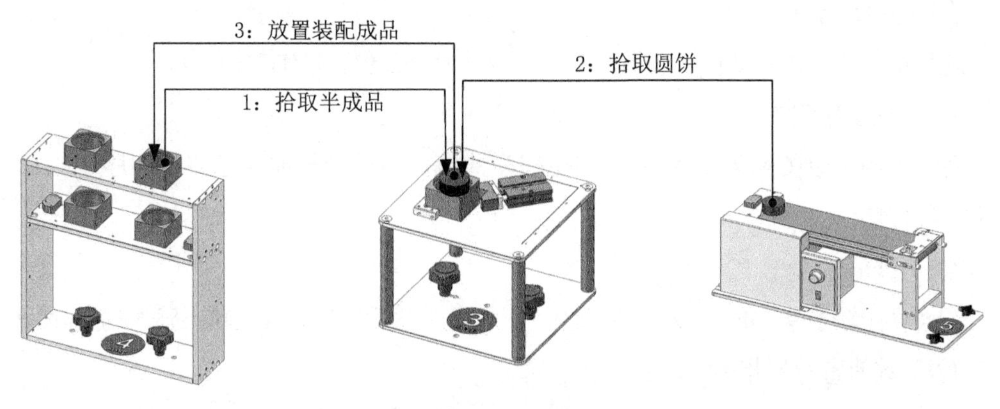

图8-5　装配动作示意图

8.2 知识要点

（1）本实训项目分别使用激光、吸盘和夹爪3个工具，因此需要建立3个工具坐标系，方便调试人员切换工具，调整机器人的姿态。

（2）因立体仓库模块工位状态的组输入信号在程序运行过程中实时变化，因此设置一个数值寄存器来保存初始状态下立体仓库的工位状态。

（3）实训项目需要外部启动、停止及监控机器人运行状态，因此需要进行机器人专用I/O的相关配置。

（4）机器人运动轨迹较多，为简化程序，可调用前面章的例行程序，实现模块化编程。

8.2.1 指令解析

（1）关节动作

关节动作（J）是将机器人移动到指定位置的基本移动方法。机器人沿着所有轴同时加速，在示教速度下移动后，同时减速后停止，移动轨迹通常为非线性。

（2）直线动作

直线动作（L）是从动作开始点到结束点控制工具中心点进行线性运动的一种移动方法。

（3）数字I/O信号指令

“DO[i]=ON/OFF”接通或断开指定的数字输出信号。

（4）机器人I/O信号指令

“RO[i]=ON/OFF”，接通或断开指定的机器人数字输出信号。

（5）标签指令

标签指令（LBL[i]）用来表示程序的转移目的地。标签可通过标签定义指令来定义。

（6）跳跃指令

跳跃指令（JMP LBL[i]）使程序的执行转移到相同程序内指定的标签。

（7）程序呼叫指令

程序呼叫指令[CALL（程序名）]使程序的执行转移到其他程序（子程序）的第一行后执行该程序。

（8）I/O条件比较指令

I/O条件比较指令（IF…）对I/O的值和另一方的值进行比较，若比较正确，就执行处理。

（9）数值寄存器指令

数值寄存器指令（R[i]=…）用来存储某一数值或小数值的变量。

（10）直接位置补偿指令

直接位置补偿指令是忽略位置补偿条件指令中指定的位置补偿条件，按照直接指定的位置寄存器进行偏移。

8.2.2　自动运转相关设置

自动运转是从遥控装置通过外围设备输入来启动程序的一种功能。自动运转具有如下功能。

机器人启动请求（RSR）功能，根据机器人启动请求信号（RSR1~RSR8输入）选择并启动程序。程序处在执行中或暂停中的情况下，所选程序进入等待状态，等待当前执行中的程序结束后又被启动。

程序号码选择（PNS）功能，根据程序号码选择信号（PNS1~PNS8输入、PNSTROB输入）选择程序。程序处在暂停中或执行中的情况下，忽略该信号。

通过外围设备I/O输入来启动程序时，需要将机器人置于遥控状态。遥控状态是指在自动运行执行条件成立时的状态。

1.自动运行执行条件

（1）示教器有效开关置于OFF。

（2）非单步执行模式。

（3）控制器上模式开关切换至AUTO档。

（4）ENABLE UI SIGNAL（UI信号有效）：TRUE（有效）。

（5）外围设备I/O的*IMSTP的输入处在ON（系统急停信号）。

（6）外围设备I/O的*HOLD的输入处在ON（暂停信号）。

（7）外围设备I/O的*SFSPD的输入处在ON（安全门信号）。

（8）外围设备I/O的*ENBL的输入处在ON。

（9）系统变量$RMT_MASTER为0（默认状态为0）。

2.自动运转方式

FANUC有多种自动运转方式，下面主要介绍RSR的自动运转方式。RSR的自动运转主要是通过机器人启动请求信号（RSR1~RSR8）选择和开始程序。RSR启动的特点是当一个程序正在执行或中断时，被选择的程序处在等待状态，一旦原先的程序停止，就开始运行被选择的程序，且只能选择8个程序。

（1）RSR启动的程序命名

RSR启动的程序命名要求如下。

①程序名必须为7位。

②由RSR+4位程序号组成。

③程序号=RSR程序号码+基准号码（不足以0补齐）（见图8-6）。

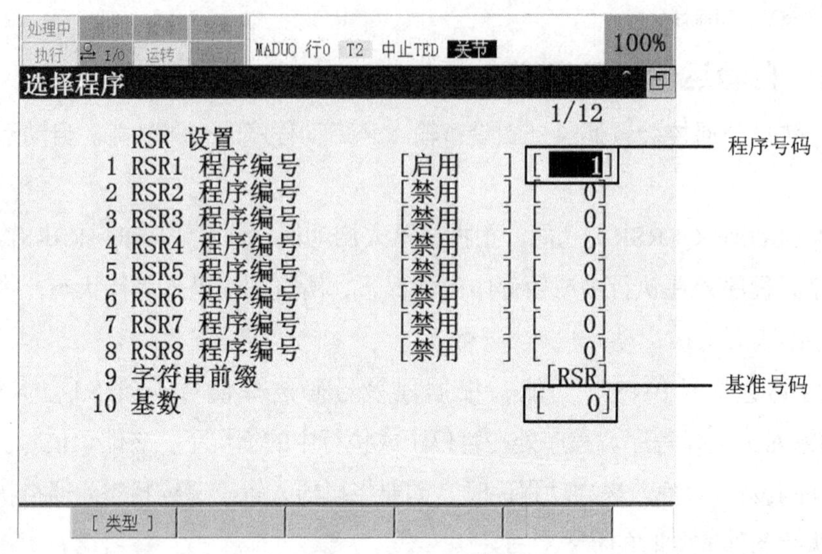

图8-6 选择程序界面

（2）RSR设定步骤

RSR设定步骤如表8-1。

表8-1 RSR设定步骤

序号	图片示例	操作步骤
1	处理中 单步 暂停 异常 执行 I/O 运转 试运行 MADUO 行0 T2 中止TED 关节 100% 选择程序 1/13 1 程序选择模式: RSR 2 自动运行开始方法: UOP 自动运行检查: 3 原点检查: 禁用 4 恢复运行时位置容差: 禁用 5 模拟I/O: 禁用 6 整体倍率< 100%: 禁用 7 程序倍率< 100%: 禁用 8 机器人锁定: 禁用 9 单步模式: 禁用 10 处理准备就绪: 禁用 [类型] 详细 [选择] 帮助	（1）按下MENU键。 （2）选择“6设置”。 （3）移动光标至“选择程序”。 （4）按ENTER键进入“选择程序界面”

续表

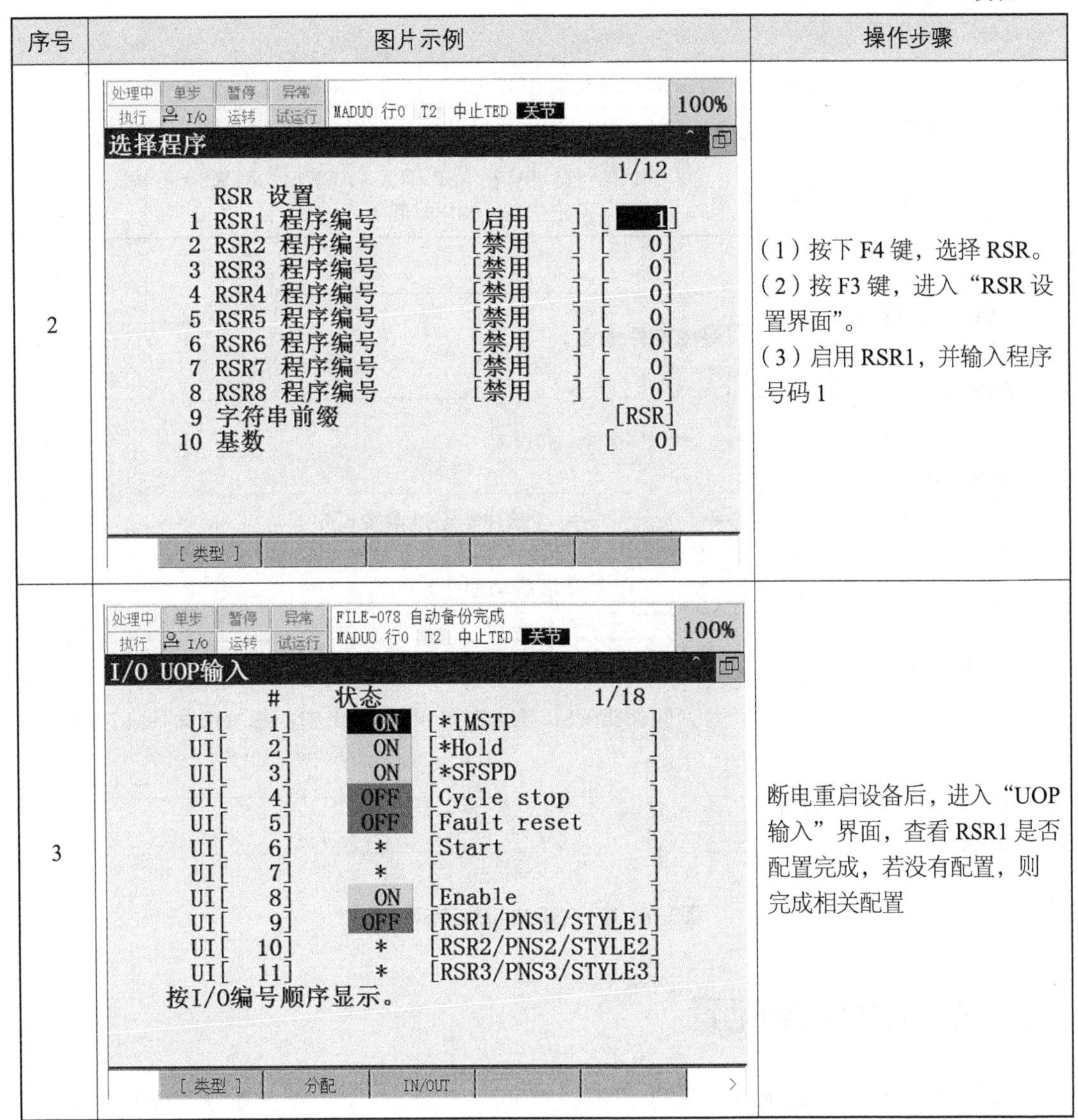

序号	图片示例	操作步骤
2	处理中 单步 暂停 异常 执行 I/O 运转 试运行 MADUO 行0 T2 中止TED 关节 100% 选择程序 1/12 RSR 设置 1 RSR1 程序编号 [启用] [1] 2 RSR2 程序编号 [禁用] [0] 3 RSR3 程序编号 [禁用] [0] 4 RSR4 程序编号 [禁用] [0] 5 RSR5 程序编号 [禁用] [0] 6 RSR6 程序编号 [禁用] [0] 7 RSR7 程序编号 [禁用] [0] 8 RSR8 程序编号 [禁用] [0] 9 字符串前缀 [RSR] 10 基数 [0] [类型]	（1）按下 F4 键，选择 RSR。 （2）按 F3 键，进入“RSR 设置界面”。 （3）启用 RSR1，并输入程序号码 1
3	处理中 单步 暂停 异常 执行 I/O 运转 试运行 FILE-078 自动备份完成 MADUO 行0 T2 中止TED 关节 100% I/O UOP输入 # 状态 1/18 UI[1] ON [*IMSTP] UI[2] ON [*Hold] UI[3] ON [*SFSPD] UI[4] OFF [Cycle stop] UI[5] OFF [Fault reset] UI[6] * [Start] UI[7] * [ ] UI[8] ON [Enable] UI[9] OFF [RSR1/PNS1/STYLE1] UI[10] * [RSR2/PNS2/STYLE2] UI[11] * [RSR3/PNS3/STYLE3] 按I/O编号顺序显示。 [类型] 分配 IN/OUT	断电重启设备后，进入“UOP 输入”界面，查看 RSR1 是否配置完成，若没有配置，则完成相关配置

（3）RSR启动时序图

RSR启动时序如图8-7所示。

基于RSR的程序启动，需要将机器人切换至远程模式，此外，包含基于RSR的动作组的程序启动，除了满足处于远程模式下的条件之外，在下面几个可动条件成立时，输出CMDENBL信号后，才可正确启动RSR程序，见表8-2。

表 8-2　RSR 设定条目

序号	条件	说明
1	RSR1 ~ RSR8 程序号码	在 RSR 处于无效的情况下，即使输入指定的 RSR 信号，也不会启动程序

续表

序号	条件	说明
2	基准号码	基准号码加 RSR 记录号码后，求取 RSR 程序号码
3	确认信号（ACK）功能	确认信号设定是否输出 RSR 确认信号（ACK1 ~ ACK8）
4	确认信号（ACK）脉冲宽度	确认信号脉冲宽在 RSR 确认（ACK1 ~ ACK8）的输出有效情况下，设定该脉冲输出时间

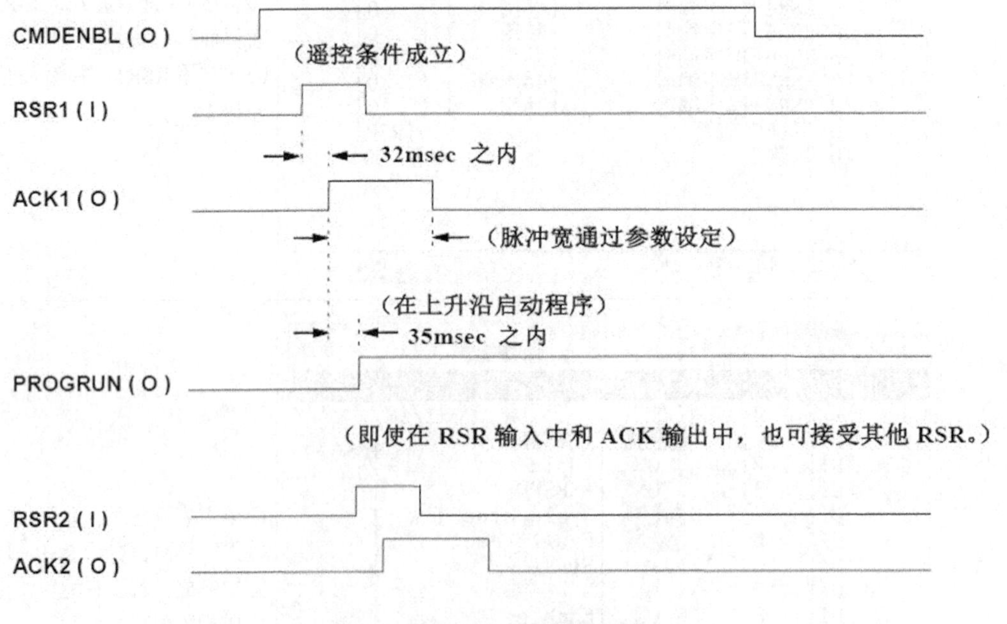

图8-7　基于RSR的自动运转顺序

8.3　系统组成及配置

本节以HRG-HD1XKA型工业机器人技能考核实训台（专业版）为例，来学习FANUC机器人综合应用。

8.3.1　系统组成

本实训项目的实训环境由FANUC机器人本体、控制器、示教器、实训台、激光雕刻模块、码垛搬运模块、异步输送带模块、伺服分工位模块、立体仓库模块、装配定位模块、末端执行器、编程计算机、触摸屏、报警指示灯、气动元件、PLC、电气板、电缆线、面板按钮等部分组成，如图8-8所示。

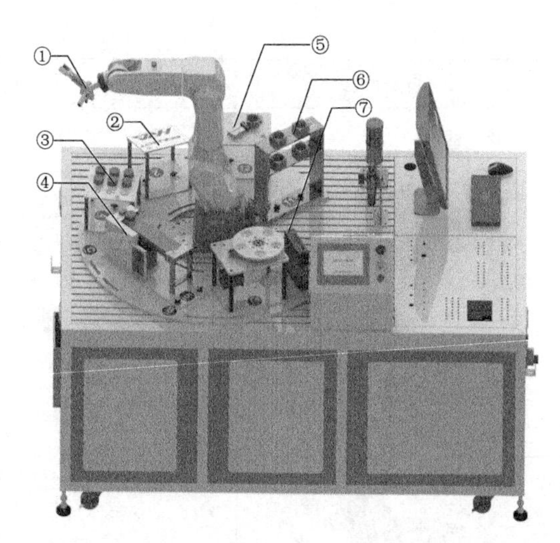

①-四面体工具，装配方形夹爪、吸盘、激光发生器；②-激光雕刻模块，模拟激光雕刻应用；③-码垛搬运模块，放置圆饼物料；④-异步输送带模块，输送圆饼物料；⑤-装配定位模块，固定方形物料；⑥-立体仓库模块，放置方形物料；⑦-伺服分工位模块，输送圆饼物料

图8-8 HRG-HD1XKA型工业机器人技能考核实训台

模块组成见表8-3。

表 8-3 综合应用模块组成

序号	模块名称	图示	功能说明
1	激光雕刻模块		夹具沿着面板的痕迹（EDUBOT HRG）运行，固定的雕刻顶板与实训台台面成一定角度，凸显六轴机器人进行用户坐标系标定时与其他模块的用户坐标系标定操作有所区别；激光雕刻夹具是由套筒固定的激光头组成，在机器人控制下沿着面板的痕迹运行全程，以模拟激光雕刻的动作
2	码垛搬运模块		模块顶板上有 9 个（3 行 3 列）圆形槽，各孔槽均有位置标号，演示工件为圆饼工件。将圆饼置于顶板随机的 6 个孔洞中，搬运通用夹具将其夹起搬运至另一指定孔洞中；由排列组合可知有多种搬运轨迹
3	异步输送带模块		通电后，输送带转动，尼龙圆柱工件从皮带一端运行至另一端，端部单射光电开关感应到工件并反馈，机器人收到反馈抓取工件移动放至指定位置。皮带机为异步电机驱动，传动方式可采取同步带或链轮传动

续表

序号	模块名称	图示	功能说明
4	立体仓库模块		仓库顶板和中板上各有 2 个由细线槽围成的方形区域，其中仓库 1 和仓库 2 位于搬运顶板，槽内分别装有微动开关进行感应；仓库 3 和仓库 4 位于搬运中板，中板两侧分别装有单射开关进行感应
5	装配定位模块		通电后，夹具将工件从料仓夹至面板的指定位置，再由定位气缸夹紧定位，夹具夹起面板上的工件开始装配，装配完成后气缸松开复位
6	伺服分工位模块		模块由伺服电机驱动转盘，转盘分 4 个工位，配合机器人的需要设定旋转角度

8.3.2 硬件配置

综合应用中涉及激光雕刻模块、码垛搬运模块、伺服分工位模块、异步输送带模块等，其系统配线除前面章节介绍的配线外，还包括PLC与总控信号的配线、PLC与机器人之间的配线。

1.PLC与总控信号的配线

系统通过外部按钮与PLC之间的连接实现启动、停止、急停及状态指示的功能，其配线见表8-4。

表 8-4　PLC 与总控信号的配线

PLC 控制区		总控信号	
代号	功能	名称	功能
I0.0	外部启动	启动	启动按钮
I0.1	外部停止	停止	停止按钮
I0.2	外部急停	急停	急停按钮

续表

PLC 控制区		总控信号	
代号	功能	名称	功能
Q0.5	报警灯	故障指示灯	红灯
Q0.6	运行灯	运行指示灯	绿灯

2.PLC与机器人之间的配线

PLC与机器人之间的配线主要用于实现机器人的外部控制，如启动、停止、电机通电、报警复位等，同时检测机器人的运行或工作状态，其连接见表8-5。

表 8-5 PLC 与机器人之间的配线

PLC 控制区		机器人输入 / 输出信号	
代号	功能	名称	功能
I1.1	机器人程序运行中	UO[3]	机器人程序运行中
I1.2	机器人报警信号	UO[6]	机器人报警信号
Q1.0	机器人报警复位	UI[5]	机器人报警复位
Q1.1	机器人伺服通电	UI[8]	机器人伺服通电
Q1.2	机器人启动请求信号	UI[9]	机器人启动请求信号
Q1.3	机器人循环停止	UI[4]	机器人循环停止

8.3.3 I/O信号配置

机器人综合应用中还需要进行的I/O信号配置见表8-6。

表 8-6 机器人系统 I/O 信号配置

机器人输入		机器人输出	
代号	功能	代号	功能
DI100	启动信号	DO101	吸盘
DI101	圆饼检测	DO102	定位气缸电磁阀
DI102	停止信号	DO103	伺服电机回零
DI103	1 号料仓	DO104	伺服正转信号
DI104	2 号料仓	DO105	工作模式
DI105	3 号料仓	DO106	机器人运行状态
DI106	4 号料仓	RO3/RO4	方形夹爪
DI107	伺服旋转到位	RO7	激光发生器

8.4 编程与调试

微课视频

编程与调试

下面通过调用不同模块的机器人程序，完成整个实训台的综合应用，包括初始化程序、主程序、PLC相关程序和综合调试。

8.4.1 初始化程序

初始化程序用于设置机器人运行速度，并复位I/O信号，包括关闭吸盘、打开夹爪、闭合定位机构，使伺服电机回原点并将伺服分工位模块置于初始状态，机器人运动到安全点等操作。

```
INIT5
1:  RO[3]=ON                          // 打开夹爪
2:  DO[101]=OFF                       // 关闭吸盘
3:  DO[102]=OFF                       // 关闭定位气缸
4:  DO[103]=OFF                       // 伺服回零
5:  RI[1]=GI[1]                       // 将组输入 GI[1] 的值赋值给数值寄存器 RI[1]
6:  OVERRIDE = 20%                    // 改变速度倍率为 20%
7:  J  P[10:home]  20%  FINE          // 机器人移动至安全位置
[End]
```

8.4.2 主程序

主程序通过调用各模块的动作例行程序，来实现完整的工作流程。综合应用中的动作程序包括激光雕刻子程序、仓储模块物料装配子程序和码垛子程序，其中激光雕刻子程序和码垛子程序可直接调用第4章、第5章的例行程序。对于仓储应用程序需要稍做修改，因此需要额外创建主程序用来运行整个综合应用的相关功能。

```
RSR0001
1:  LBL[1]                                    // 标签 1
2:  CALL INIT5                                // 调用初始化程序
3:  SELECT R[1]=0,JMPLBL[2]                   // 跳转至标签 2
4:        =1, CALL ZHUAQU1                    // 选择抓取物料 1
5:        =2, CALL ZHUAQU 2                   // 选择抓取物料 2
6:        =3, CALL ZHUAQU 1                   // 选择抓取物料 1
⋮            ⋮                                   ⋮
18:       =15, CALL ZHUAQU 1                  // 选择抓取物料 1
19:  LBL[2]                                   // 调用激光雕刻子程序
20:  CALL  MD                                 // 调用码垛子程序
```

```
21:  IF DI[102]=ON                              // 等待圆饼到位
22:  ELSE                                       // 调用装配
23:  JMP  LBL[1]                                // 跳转至标签 1，继续循环运动
24:  ENDIF
25:  LBL[3]                                     // 标签 3
26:  J  P[10:home]  20%  FINE                   // 机器人移动至安全位置
[End]
```

8.4.3　PLC相关程序

机器人启动程序主要是根据FANUC机器人外部启动时序的要求编写而成。该程序的主要作用是先后发送复位信号（UI5）、RSR启动信号（UI9）。为了能够实现一键启动的效果，需要利用PLC进行时序信号发送，外部启动程序框图如图8-9所示。PLC程序编写步骤见表8-7。

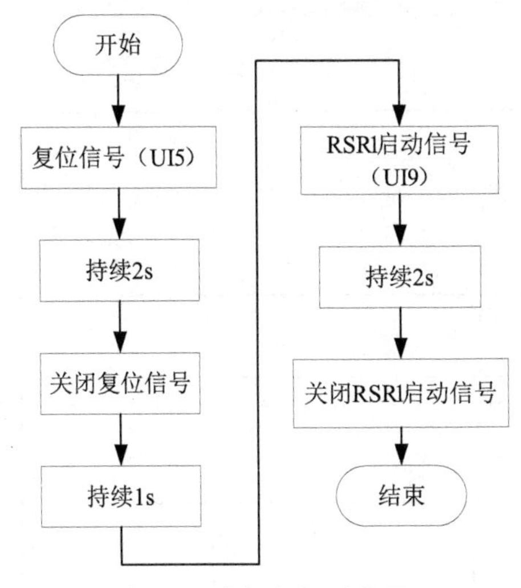

图8-9　外部启动程序框图

表 8-7　PLC 程序编写步骤

序号	图例	说明
1	程序段 1： "T3".Q　%I0.0 "Tag_1"　%M1.0 "Tag_17"　%M1.0 "Tag_17"	启动程序（1）

续表

序号	图例	说明
2	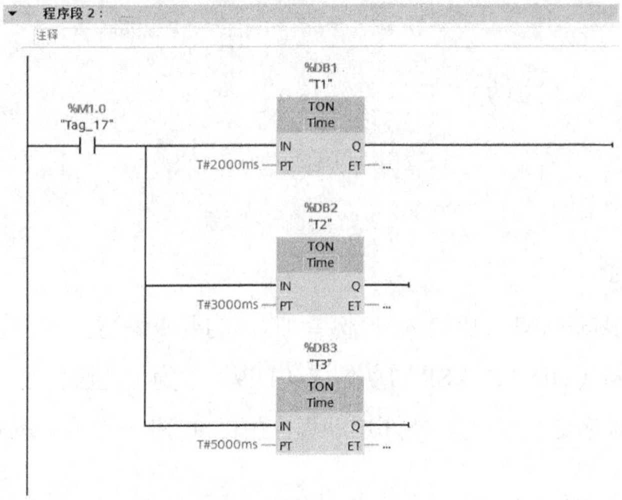 程序段 2： 注释 %M1.0 "Tag_17" %DB1 "T1" TON Time IN Q T#2000ms — PT ET — ... %DB2 "T2" TON Time IN Q T#3000ms — PT ET — ... %DB3 "T3" TON Time IN Q T#5000ms — PT ET — ...	启动程序（2）
3	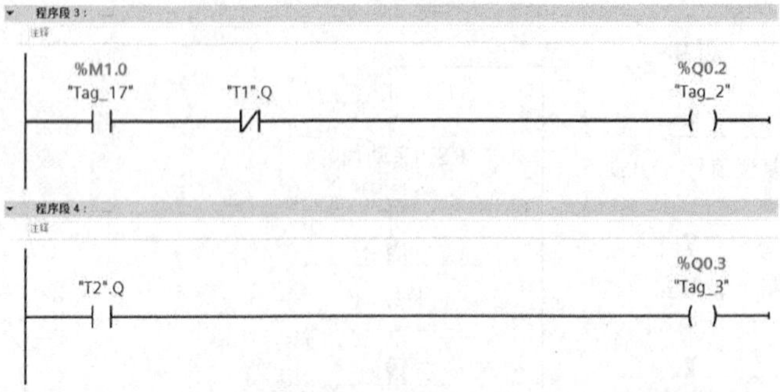 程序段 3： 注释 %M1.0 "Tag_17" "T1".Q %Q0.2 "Tag_2" 程序段 4： 注释 "T2".Q %Q0.3 "Tag_3"	启动程序（3）
4	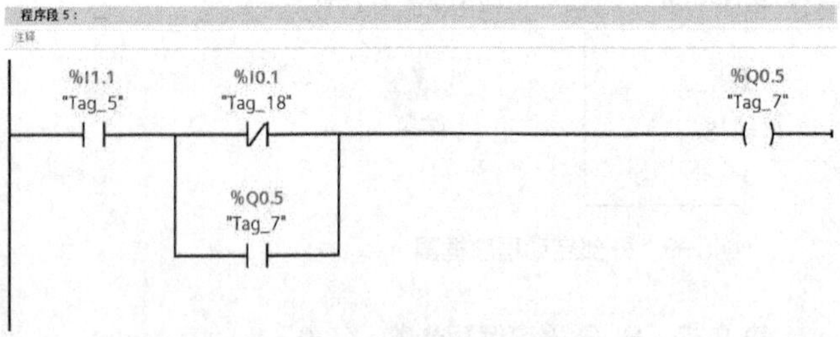 程序段 5： 注释 %I1.1 "Tag_5" %I0.1 "Tag_18" %Q0.5 "Tag_7" %Q0.5 "Tag_7"	停止程序

8.4.4　综合调试

1.手动调试

手动调试步骤见表8-8。

表 8-8 手动调试步骤

序号	图片示例	操作步骤
1	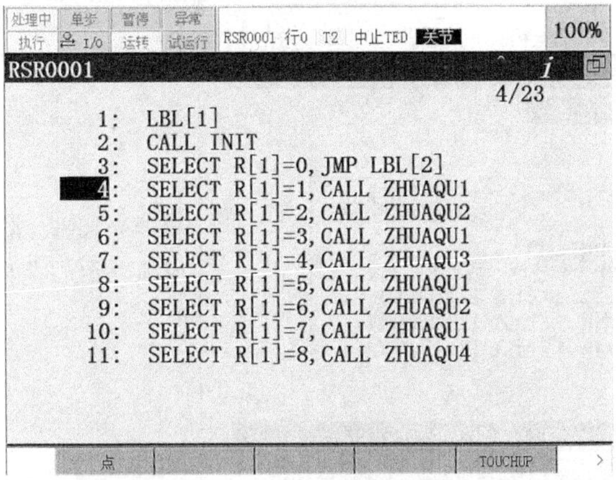	按 SELECT 键，进入程序一览画面。选择 RSR0001，按 ENTER 键，进入程序编辑界面
2		启动程序要执行程序时，按住 SHIFT 键，按下 FWD 键 / BWD 键后松开。在程序执行完之前，持续按住 SHIFT 键

2.自动运行

在手动试运行RSR0001程序无误后，需要远程自动运行验证，以达到机器人自动运行的目的。下面采用RSR自动运行的方式，RSR设定的操作步骤见表8-9。

表 8-9 RSR 设定步骤

序号	图片示例	操作步骤
1	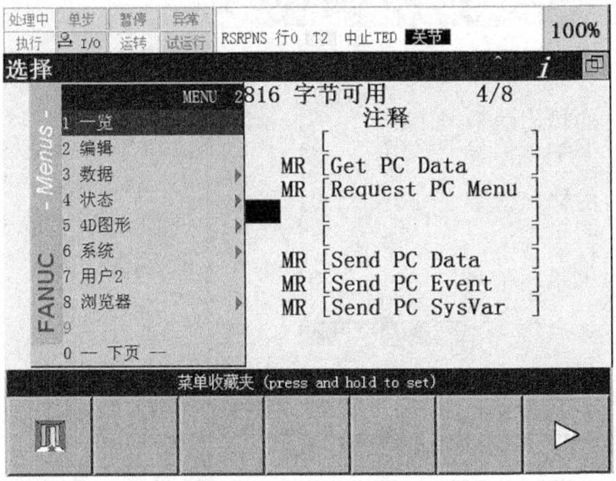	（1）按 MENU 菜单，进入主菜单画面。 （2）移动光标至“0-- 下页 --”进入 MENU2 画面

续表

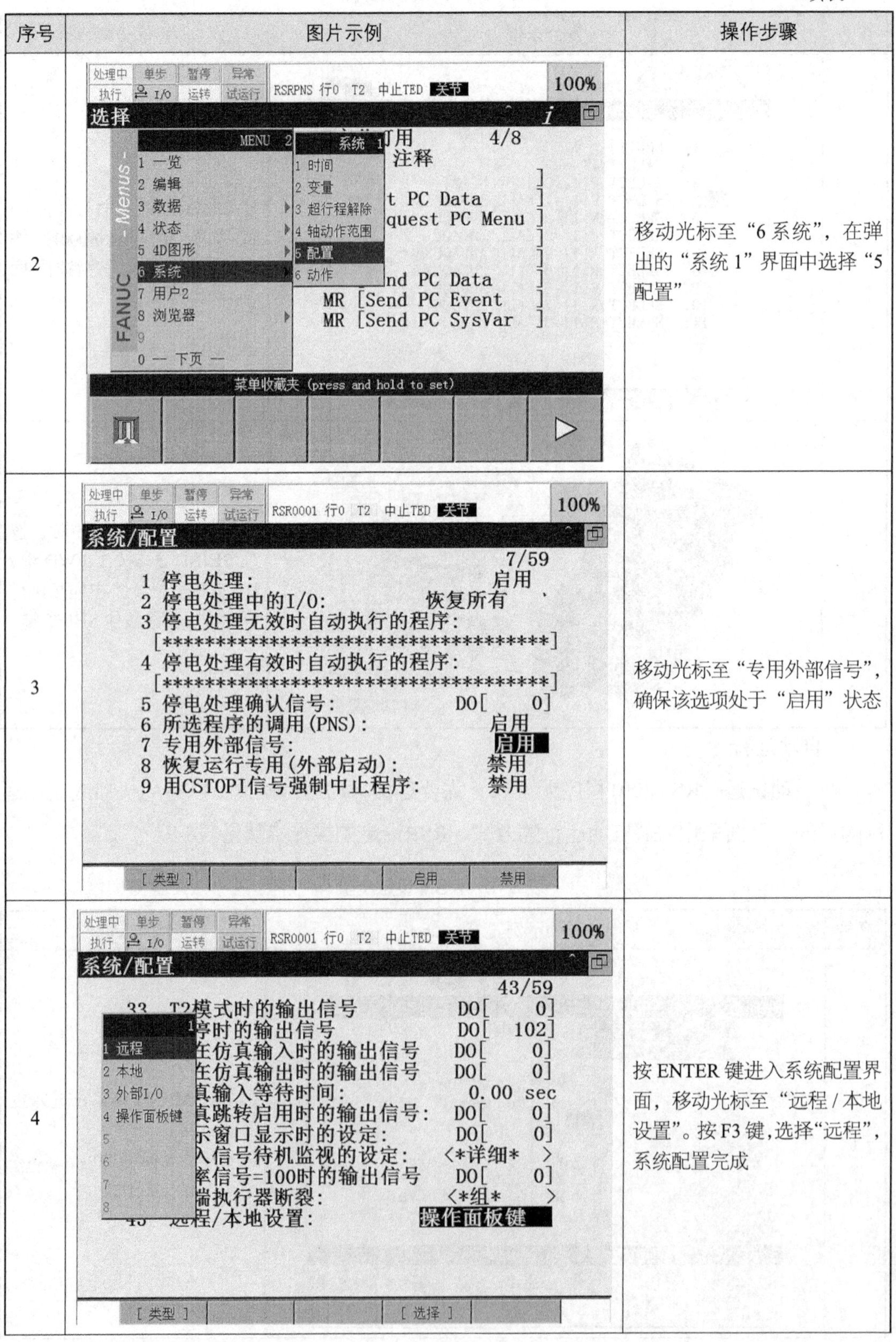

序号	图片示例	操作步骤
2		移动光标至“6 系统”，在弹出的“系统 1”界面中选择“5 配置”
3		移动光标至“专用外部信号”，确保该选项处于“启用”状态
4		按 ENTER 键进入系统配置界面，移动光标至“远程 / 本地设置”。按 F3 键，选择“远程”，系统配置完成

续表

序号	图片示例	操作步骤
5	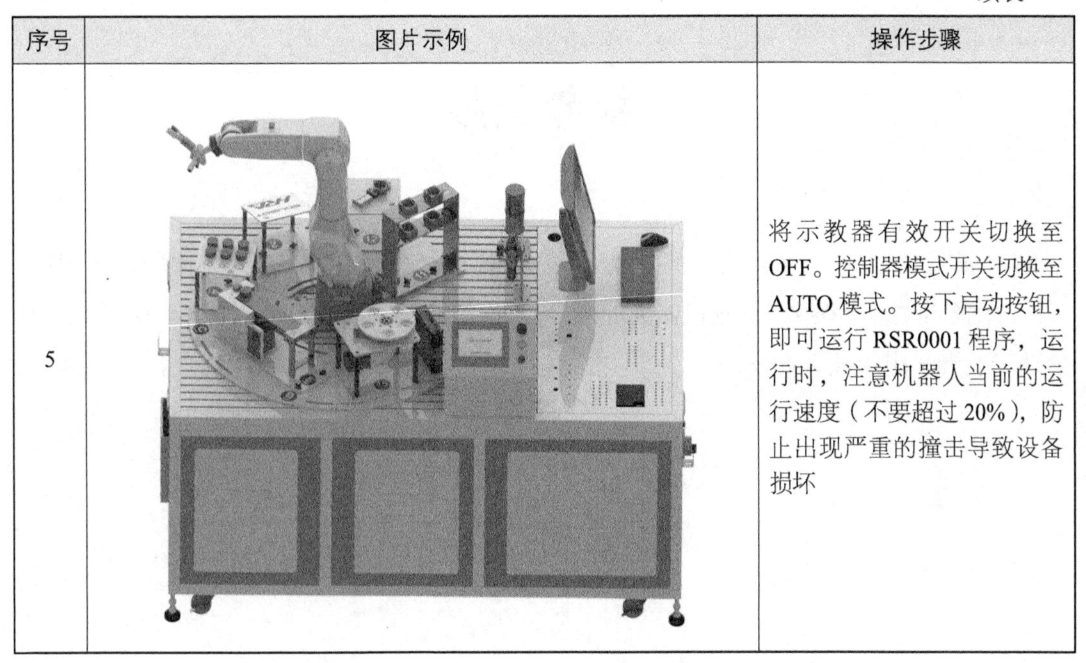	将示教器有效开关切换至OFF。控制器模式开关切换至AUTO 模式。按下启动按钮，即可运行 RSR0001 程序，运行时，注意机器人当前的运行速度（不要超过 20%），防止出现严重的撞击导致设备损坏

参考文献

[1] 张明文. 工业机器人技术基础及应用[M].哈尔滨：哈尔滨工业大学出版社，2017.

[2] 张明文，于振中. 工业机器人原理及应用（DELTA并联机器人）[M].哈尔滨：哈尔滨工业大学出版社，2018.

教学课件下载步骤

步骤一

登录“工业机器人教育网”

www.irobot-edu.com，菜单栏单击【学院】

步骤二

单击菜单栏【在线学堂】下方找到您需要的课程

步骤三

课程内视频下方单击【课件下载】

咨询与反馈

尊敬的读者：

感谢您选用我们的教材！

本书有丰富的配套教学资源，凡使用本书作为教材的教师可咨询有关实训装备事宜。在使用过程中，如有任何疑问或建议，可通过邮件（edubot@hitrobotgroup.com）或扫描右侧二维码，在线提交咨询信息，反馈建议或索取数字资源。

（教学资源建议反馈表）

全国服务热线：400-6688-955

先进制造业互动教学平台

——海渡学院APP

40+专业教材 70+知识产权

3500+配套视频

一键下载 收入口袋

源自哈尔滨工业大学 行业最专业知识结构模型

下载“海渡学院APP”，进入“学问”—“圈子”，晒出您与本书的合影或学习心得，即可领取超额积分。

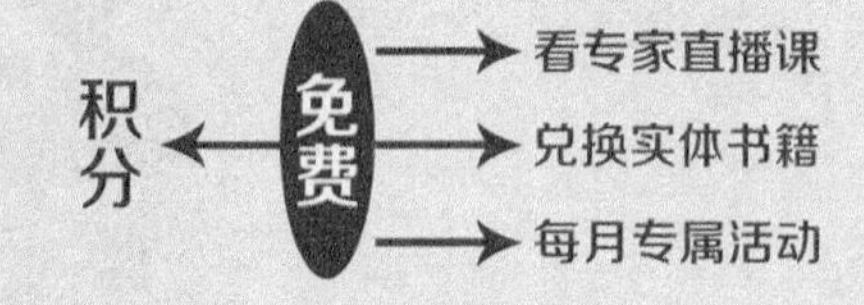

工业机器人应用人才培养丛书书目

ISBN 978-7-5603-6654-8

ISBN 978-7-111-60142-5

ISBN 978-7-5603-6626-5

ISBN 978-7-5680-3262-9

ISBN 978-7-5603-6655-5

ISBN 978-7-5603-7528-1

ISBN 978-7-5603-7534-2

ISBN 978-7-1223-3551-7

ISBN 978-7-5603-6967-9

ISBN 978-7-5603-7023-1

ISBN 978-7-5680-3509-5

ISBN 978-7-5680-4306-9

ISBN 978-7-5680-3263-6

ISBN 978-7-115-52029-6

ISBN 978-7-5603-6832-0

ISBN 978-7-5603-7317-1